五藤佑典 ｜ YUSUKE GOTO

Atomic Design

堅牢で使いやすいUIを効率良く設計する

技術評論社

はじめに

● UIをより効率良く開発したい

私は長らくWebフロントエンド・エンジニアとして、複数のWebサービスのUI開発に携ってきました。最近の開発では、新しくサービスを作るたびにそのアプリケーションの開発規模は大きくなり、開発するUIの数は増すばかりです。UIの数が増えると、その機能を実装するために書かなければいけないコードが増えます。コードが増えるということは、工数もそれ相応に増えます。しかし、開発に当てられる期間は、競合サービスがどんどん出てくるなか、想定よりもどんどん短くなっています。

また、書くコードが増えれば、バグが生まれやすくなります。どんな場合であってもバグは好ましくありませんが、特にUIのバグは、ユーザーの体験に直接的な影響を与えるため、より慎重に実装しなければいけません。

「ユーザーが使いやすいサービスをより少ない工数で作りたい」

こう私と同じように感じている方は多いのではないでしょうか。

● コンポーネント・ベースで、確実で効率が良い開発を実現する

本書は「WebアプリケーションのUI開発を効率的に行いたい」というWebフロントエンド・エンジニアのために書きました。大規模なアプリケーション開発でも不具合を生みにくく一貫性があるUIを作るために、Atomic Designを使ったコンポーネント・ベースでの開発方法を説明しています。

「機能をコンポーネントに分ける」という考え方は、ソフトウェア開発では一般的なものですが、UIについては、きれいにコンポーネントに分けて実践するのは難しいです。なぜなら、UIというものは、画面を通してユーザーが実際に触って感じるものであり、ブランディングされた見た目を伝えるための役割も担うので、人間の感性や感覚に大きく依存する要素を持っているためです。また、デザインやマーケティング的な戦略も含めチーム全体で向き合う要素が強いため、実際の開発では、ほかの職種のチームメンバーとの深いコミュニケーションを必要とします。それもUIのコンポーネント化をより複雑にする要因となっています。

しかし、コンポーネント・ベースでUI開発を進めることには、以下のようなさまざまなメリットがあります。

- **複雑なUIも確実に組み立てることができる**
- **しっかりとコンポーネントごとに分けられたUIの機能は再利用性が高い**
- **多くの画面に対して少ないコードで実装できる**
- **再利用性が高いコンポーネントは、統一された使い勝手をユーザーに提供できる**
- **画面別ではなく機能別に分けられたUI設計が複数人の平行実装を実現し、開発速度がアップ**

そして、この開発方法はテストにも大きく力を発揮します。UIは、1度アプリケーションに組み込まれると、アプリケーション全体の状態にUIの状態が依存するため、テストで状態のパターンを網羅することがかなり難しくなります。しかし、コンポーネントに分割されたUIは、さまざまな種類のテスト手法を組み合わせることで、効率良くテストすることが可能です。

本書では、始めにこれまでUI開発の現場を振り返りつつ、コンポーネント・ベースのUI開発の具体的な手順から、テストの方法、現場のUI開発においてエンジニアリング以外で問題になりがちなチームメンバーとのコミュニケーションの問題へのアプローチ方法までを説明しています。

● Atomic DesignとReactによる実践

本書では、UIのコンポーネント化を行う道具として、Atomic Designという設計手法とReactというライブラリをとりあげています。Atomic Designは、スケールしやすくメンテナンスしやすいUIの開発を実践できるデザイン手法です。私も2014年にカナダで開催された「Smashing Conference Whistler」のBrad Frost氏によるワークショップでAtomic Designの実践的な手法について学んだ後、「AbemaTV」というインターネットTVサービスの開発でUI設計に採用しています。最近ではUI設計手法としての認知度も確実に上がってきていて、多くの導入事例を耳にするようになりました。また、Reactも最近のモダンなWebアプリケーションのフロントエンド開発では必ず候補に挙がるほど普及しているUI開発用ライブラリです。

Atomic DesignとReact、この2つをUI開発の道具として、掲載するコードもできる限り実践的な内容になるように心掛けました。特定の道具を例として採用してはいますが、もちろんそのUI設計の考え方は、ほかの道具や手法を採用したとしても必ず活きる内容になっています。

● より良いユーザー体験を提供するために

私はモノを作る身として、「より良いユーザー体験を提供するアプリケーションが増えてほしい」と思っています。アプリケーションのUIは、ユーザー体験を直接的に大きく影響する存在なので、「UIコンポーネント設計を正しく行うことで、そういったアプリケーションを生み出しやすくできる」と確信しています。本書を通して、私の経験が、これからアプリケーション開発に関わる方のUI設計の一助になれば幸いです。

● 本書サポートページとサンプルコードの入手

本書で使用しているサンプル・プロジェクトのコードは、以下のサイトからダウンロードできます。

- **本書のサポートページ**
  http://gihyo.jp/book/2018/978-4-7741-9705-0/support

●図　サポートページへのQRコード

本書の内容については、誤りがないように細心の注意を払っておりますが、もし訂正がある場合は、上記のサイトを通じてお知らせいたします。

● 謝辞

本書を執筆するにあたり、たくさんの人にお世話になりました。査読に協力していただいた谷拓樹さん（株式会社サイバーエージェント）、鈴木伸緒さん（株式会社メルカリ）、水野隼登さん（株式会社ネクストカレンシー）からはさまざまな視点で鋭い指摘をいただき、おかげで本書の内容をより良いものにすることができました。また、須磨守一さん、石塚千裕さん、飯田有佳子さんを始めとしたAbemaTVの新旧メンバーの方々にも相談に乗っていただき感謝しています。

そして、編集者の西原康智さんには1年にわたりお世話になりました。執筆期間の半分は私がサンフランシスコに滞在していたため、リモートでのコミュニケーションに辛抱強く付き合ってくださいました。なにより、執筆上の相談にいつも適切な解決案に導いてくださったこと大変感謝しています。

最後に、執筆期間中サポートしてくれた妻の碧に感謝します。本書の図版の一部も彼女がデザインしてくれました。

もくじ

UI設計における現状の問題を振り返る

1-1 アプリケーションのUIに求められる直感性

アプリケーションを使う人の変化

スマートフォンが普及する以前は、アプリケーションは世の中の一部の人だけが利用する存在でした。業務システムを使うためにアプリケーションが必要だったり、プライベートでコンピューターを使った作業をしている人たちです。その他の人には、アプリケーションという概念は認識されていませんでした。

業務用アプリケーションであれば、その業務に長く携っている人が対象ユーザーとなります。プライベートでコンピューターを使って音楽やイラストなどの制作活動を行っている人は、制作対象に対して強い関心を持っています。こういったユーザーは自分がやりたいと思っている作業に対してのリテラシーが高いので、アプリケーションの使い方がわからなくても、そのうち使い方を覚えていきます。

しかし、いまアプリは多くの人の生活に欠かせない存在となりました。現在多くの人が使うアプリは、作業に対してのリテラシーが高くない人も対象ユーザーとしています。FacebookやTwitterで初めてインターネット上で人とコミュニケーションを取ることを覚えた人もいると思います。メルカリを使って物を売るという行為を初体験した人もいるでしょう。

これらのアプリケーションでは、こういったリテラシーが高くない人もかんたんに操作できるようにUI(ユーザー・インターフェース)を作る必要があります。そうでないと、ユーザーは作業に対してそこまで関心が高くないため、すぐに利用を止めてしまうことでしょう。

UIによってユーザーの使いやすさが変わる

たとえば、初めて使うオンライン・ショッピング・サイトについて2パターンの利用体験を考えてみましょう。

【体験1】

・1　オンライン・ショッピング・サイトにアクセスする

- 2　トップ・ページが8秒くらい経ってから表示される
- 3　検索フォームを探すが、すぐに見つけられない。しばらく探す
- 4　検索フォームを見つける。商品リストの表示が続いた後のページ下部にあった
- 5　検索フォームが見慣れない形をしていて、使い方がわからない
- 6　いろいろ触っているうちになんとなく検索ができた
- 7　検索結果の上位に自分が欲しいものと違うものが表示されるので、結果を何件か見る
- 8　欲しい商品が見つかった
- 9　商品を買うための購入ボタンが見つからないので、商品詳細ページに遷移してしばらく探す
- 10　しばらく探した後、「購入する」という小さいテキストにアンカーが貼られてるのを見つけ、たぶんこれだろうとクリックする
- 11　クレジット・カード決済のための入力フォームが表示される
- 12　フォーム欄のどこにどの情報を入れればよいかわからず、自分の感覚を頼りに埋めてみる
- 13　入力を終え、不安げに送信する
- 14　案の定、「エラーのため決済を完了できませんでした。」と言われる
- 15　エラー部分を修正しようとするが、何がまちがっているかを指摘されなかったため、途方に暮れる
- 16　しばらくフォームを見直した結果、電話番号欄のラベルに「(半角)」と書かれているのに全角で入力していたことに気づく
- 17　電話番号の全角を半角に入力し直す
- 18　再度、送信する
- 19　購入が完了して、ホッとする

欲しい商品は買えたものの、時間もかかったし、注文作業の間、手順が正しいかどうか不安なままでした。次回以降の買い物で、ユーザーはそのサービスではなく別のサービスを検討するでしょう。

商品を購入するという同じ体験でも、次のような場合は印象が異なります。

【体験2】

- 1　オンライン・ショッピング・サイトにアクセスする
- 2　すぐにトップ・ページが表示される

- 3　すぐに検索フォームが見つかる（ヘッダー右上にある）
- 4　フォームの使い方に迷うことなく商品を検索
- 5　検索結果の一番上に欲しい商品が購入ボタンと一緒に表示される
- 6　購入ボタンをクリックする
- 7　クレジット・カード決済に必要な入力フォームが表示される
- 8　フォームを迷うことなく入力完了する
- 9　購入を完了する

短時間で購入できたうえに、1つ1つのステップでユーザーは迷っていません。サービスを使いやすく感じて、次に買いたいものがあったときにも「ここで買ってもいいかな」と思ってもらえるでしょう。

ユーザーは作業すること自体に対して興味や関心が高くありません。そんなユーザーにとっては、アプリケーションの使い方に迷うことなく機能を使えることが何よりも重要です。つまり、ユーザーが「自分の直感でUIの操作方法がわかる」ということです。ユーザーはサービスが提供する機能を利用するためにアプリケーションを使い始め、最終的にはそこで得られる体験に対して対価を支払います。対価はお金だったり時間だったりしますが、対価に合わない体験を得た場合、ユーザーはサービスを使うことをやめるでしょう。逆に、アプリケーションを使って迷うことなく目的を達成することができれば、ユーザーはアプリケーションから最大の対価を得たと感じるはずです。

直感的なUIの7つの定義

直感的なUIについては、『UI is Communication』の著者であるEverett N. McKay氏が、次の7つの項目がバランス良く組み合わされていることと定義しています★1。

- 1　UIの見た目から与えられる情報が適切なこと
- 2　UIが期待通りに動作すること
- 3　UIが効率的で最小の工数で目的を達成できること
- 4　UIが適切なタイミングでフィードバックを返すこと
- 5　ユーザーがミスを犯してもすぐに修正可能なこと
- 6　ユーザーが安心してアプリケーションを遷移できること
- 7　それ以外でストレスがないこと

★1　http://www.uxdesignedge.com/2010/06/intuitive-ui-what-the-heck-is-it/

Webアプリケーションでこれらの項目を満たすのは、かんたんではありません。Webはもともと文書をネットワークを介して共有することを目的に作られたしくみです。HTMLの基本機能だけで検索機能を持ったWebアプリケーションを作る場合、検索キーワードを入力させてから検索結果を表示するには、画面遷移を伴ないます。キーワードを入力した後、何の予告もなく画面が1度真っ白になるため、ユーザーは自分がした行動が正しかったのか不安になります。これは「2 UIが期待通りに動作すること」「4 UIが適切なタイミングでフィードバックを返すこと」「6 ユーザーが安心してアプリケーションを遷移できること」などが守られておらず、直感的なUIとは言えないでしょう。画面が真っ白にならず、同じ画面で検索キーワード入力ボックスのすぐ下などに結果を表示してくれたほうが、ユーザーは不安を覚えずに済みます。

●図1-1　画面遷移を伴うUIと伴わないUI

画面遷移を伴うUI

画面遷移を伴わないUI

1-2 UI開発の現場1：JavaScriptの進化

Webアプリケーションの UI 開発の現場はどのように変遷してきたのでしょうか。まずは、実装する開発者側が抱えてきた課題を振り返ってみましょう。

かつてのJavaScript

今では、最も使われている言語とさえ言われるJavaScriptですが、1995年に誕生してからしばらくの間、JavaScriptは、Webページを少しだけリッチに動作させるために使われてきました。たとえば、「ユーザーがボタンを押したときに何か別のものを表示する」「要素の色を変える」などです。当時のJavaScriptには標準仕様がなく、Webブラウザごとにそれぞれ異なる仕様を理解しながらJavaScriptを使っていました。そのため、制作者側はJavaScriptではなく、サーバーサイドやFlashでほとんどの難しい処理を行っていました。

2005年、Googleマップの登場によってAjax（Asynchronous JavaScript + XML）が提供できる新しい価値が示されます。Googleマップの登場以降、JavaScriptはリッチメディアを扱えるクライアントサイド言語として認識されるようになり、さらに2007年以降にiPhoneが発売されてからは、iPhone上でFlashがサポートされなかったため、「スマートフォンにリッチメディアを提供できる事実上唯一の言語」として、対応するアプリケーションの大規模化が進んでいきました。

大規模アプリケーションにも使える言語へ

そして、JavaScriptそのものも、大規模化なアプリケーションを開発できる言語へと進化しました。各Webブラウザ上でバラバラだった言語仕様は、ECMAScriptにより統一化が示され、昨今はブラウザ間の言語仕様の差異を気にすることなく、クロスブラウザ・アプリを開発できるようになりました。

また、JavaScriptで大規模開発がしづらかった理由の1つとして、モジュール・ロードのしくみがない点が挙げられます。モジュールとは、実行できるプログラムがメインのプログラムとは切り離されている状態のことで、多くの1つのモジュールは再利用可能な1つまたは複数の機能を提供しています。しかし、もともとJavaScriptの言語仕様にはモジュールをロードする(取り込む)機能が定義されていなかったため、1つのJavaScriptファイルにすべてのプログラムを書くか、機能ごとのロードではなく単純に上から順番にロードする必要がありました。現在は、モジュール・ロードは仕様化され、一部のWebブラウザではその恩恵を受けられますし、古いWebブラウザでモジュール・ロードが利用できない場合でも、仕様に準拠した形でのポリフィルを利用することも可能です。

こうして、Webアプリケーションを作る言語としてJavaScriptは大規模な開発にも耐えられるようになってきました。

1-3 UI開発の現場2：CSSの努力

JavaScriptが進化し、より複雑なWebアプリケーションを開発するようになると、見た目を定義するためのCSS開発もより大規模かつ複雑化します。CSSはただ1画面分を書くだけであればかんたんです。しかし、数千数百の画面パターンに及ぶCSSを、アプリケーションの機能追加や修正による頻繁な更新に対応しつつ、長期に渡って運用することはとても難しいです。

大規模アプリケーション開発が難しいCSSの弱点

なぜ、大規模なアプリケーションではCSS開発が難しいのでしょうか。それは、CSSが1度設定した見た目の上書きをかんたんに許してしまう言語だからです。

CSSを何も書かなくても、HTMLで書かれたWebアプリケーションは見た目を持っています。ユーザーエージェント・スタイルシートと呼ばれるデフォルトのスタイルシートが、Webブラウザから HTML要素へ適用されるからです。私たちがCSSを書くのは、基本的にユーザーエージェント・スタイルシートで適用された見た目を上書きするためです。

このような上書きがかんたんにできるように、CSSは以下の3つのように設計されています。

- **より後に読み込まれたスタイルが優先される**
- **スタイルは継承される**
- **詳細に指定したスタイルが優先される**

より後に読み込まれたスタイルが優先されることで、開発者が追加したCSSは、最初に読まれるユーザーエージェント・スタイルシートより常に優先されることになります。この設計のおかげで、オリジナルの見た目をかんたんに上書きして定義できます。しかし、CSSを書けば書くほどいくらでも後から上書きできてしまうため、変更させたくない箇所が変更されてしまうリスクが常にあります。

スタイルの継承は、親要素に適用されたスタイルが子要素にも適用されるという性質です。この設計のおかげで、たとえばすべての親要素である<html>要素に`color:`

blue; というスタイルを設定するだけで、Webアプリケーション全体の文字を青色に上書きできます。しかし、子要素すべての変化を予測することは難しく、上位要素に継承されるスタイルが適用されることで意図しない変化が生じてしまうこともあります。

そして、CSSでは、より詳細に指定したスタイルが優先されます。また、スタイルの指定のパターンにより相対的な詳細度を設けて、高い詳細度を持った指定ほど優先されるように設計されています。

●図1-2　CSSの詳細度

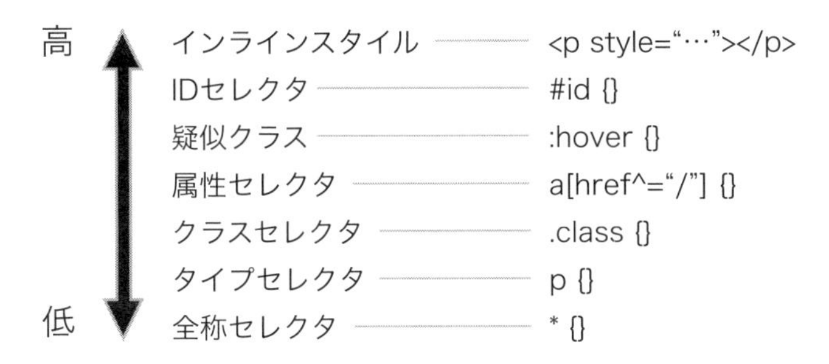

この設計により、部分的な要素にだけカスタマイズを施すことが容易になりますが、同時に意図せず詳細度を高めて、もともと優先させていたスタイルの詳細度を気付かず上回ってしまうこともあります。

これら3つの設計は、CSSをかんたんに書けるようにしているようにしています。しかし一方で、開発が長期に渡り、規模が大きくなったときは注意が必要です。開発初期に指定したスタイルを不用意に優先度が高い指定で上書きして余計なスタイルを適用してしまうと、既存のレイアウトを知らないうちに破壊してしまうといった人災を引き起こします。CSSは、1度書いたものがアプリケーションの全範囲に影響する性質を持っているので、過去に書いたすべてのスタイルを常に考慮した開発を強いられます。

オブジェクト指向で捉えるCSS

大規模Webアプリケーション開発に向かないCSSの性質を少しでも補うため、擬似的にCSSをモジュール化するアプローチが推奨されるようになりました。Nicole Sullivan氏がCSSにオブジェクト指向の概念を取り入れることを提唱したOOCSS（Object-Oriented CSS、オブジェクト指向CSS）はその代表格です。

オブジェクト指向の言語がオブジェクトを相互に作用させるように組み合わせることでアプリケーションを作るように、OOCSSでは、クラスセレクターを相互に作用させるように組み合わせてUIを作ります。複数のクラスセレクターを組み合わせることを前提にしているため、1つのクラスセレクターが担うスタイルへの責務を限定できます。つまり、UIの見た目を構成するための要素を、機能性が失われない程度に抽象的に分割できるのです。したがって、そのクラスセレクターを1つの機能を担当するオブジェクトとして扱うことができ、複数のクラスセレクターの組み合わせを変更することでCSSを追加することなく多くのスタイルを実現することも可能にします。

●図1-3　クラスセレクターを変更して複数のスタイルを作る

CSS

見た目に関する責務が異なる
5つのオブジェクト

```
.button {
  display: inline-block;
  …
  vertical-align: bottom;
}

.small { padding: 5px 20px; … }

.large { padding: 8px 32px; … }

.primary { background-color: #51C300; … }

.accent { background-color: #f0163a; … }
```

HTML

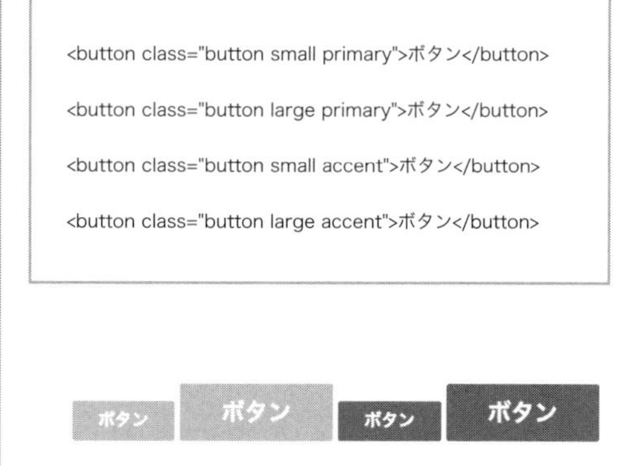

OOCSSは見た目に関する機能をオブジェクトとして人が管理しやすい単位で設計することを提唱し、結果としてコードの再利用性も高まるため、大規模アプリケーションにおけるCSS開発で広く採用されている考え方です。

◉ 命名規則によるセレクター表現

クラスセレクターは、ただの文字列にすぎません。CSS自体にはオブジェクトという概念はないので、「どのクラスセレクターがオブジェクトとしての境界線なのか」「そのクラスセレクターの役割が何か」をすべて文字列から推測しなければならない問題がありました。そこで、クラスセレクターに対して、命名規則を作ることでオブジェクト構造におけるセレクターの役割を明確にしようとするBEM★2やMindBEMding★3などの手法が登場しました。

たとえば、BEMはBlock、Element、Modifierという3パターンのクラスセレクターを

★2　https://en.bem.info/
★3　https://csswizardry.com/2013/01/mindbemding-getting-your-head-round-bem-syntax/

組み合わせて、UIを部分ごと（コンポーネント）に分けて開発をするためのアプローチです。HTMLの単体要素に付与したクラスセレクターを読むだけで、その要素がどんな役割を担っているかがわかります。

Blockはその要素が独立して再利用可能なUIコンポーネントであることを示すセレクターで、**.menu**や**.search-form**のようにそのUIコンポーネントが何であるのかが分かるような名前を付けます。Elementはコンポーネントを構成するパーツであることを示すセレクターで、コンポーネントにおいてどんな役割のパーツなのかを表す名前を付けます。**.menu__link**や**.search-form__input**のように「Block名__役割」という命名をします。Modifierは BlockやElementの状態に変化を加えることを示すセレクターです。**.search-form__input_disabled**のように「Block名やElement名_状態名」となる名前を付けます。

MindBEMdingは、csswizardryことHarry Roberts氏がBEMや元Twitterのエンジニアである Nicolas Gallagher氏による改良版を元に考えたCSSの命名規則です。BEMよりさらに明確にBlockとElementとModifierのクラスセレクターを識別するためのさまざまな工夫が施されていますが、基本原理はBEMと同じです。

●図1-4　MindBEMdingで表現されるセレクター

CSS

```
.media {
  display: flex;
  align-items: flex-start;
}

.media--reverse {
  flex-direction: row-reverse;
}

.media__figure {
  margin-right: 1em;
}

…
```

HTML

```
<section class="media">
  <img class="media__figure thumbnail" … />
  <p class="media__body">…</p>
</section>

<section class="media media--reverse">
  <img class="media__figure thumbnail" … />
  <p class="media__body">…</p>
</section>
```

アプリケーションのUIでよく見かけるサムネイル画像＋本文を表示するためのメディアオブジェクトと呼ばれるUI

モディファイアーを付与することでUIモジュールにバリエーションを持たせることもできる

それでも破綻しやすいCSS

OOCSSやMindBEMdingなどの考え方を採用することにより、CSSに擬似的な名前空間やコンポーネント性を生み出すことができます。しかし、CSSの言語的な性質により本当の意味でのコンポーネント化はできません。開発者が気を抜くとかんたんに壊れてしまいます。本書では、CSSの言語的な性質をふまえたうえで、スタイルのコンポーネント性を保つための工夫についても説明します。

1-4 UI開発の現場3：スタイルガイドの普及

1
2
3
4
5
6

オブジェクトCSSが提唱されて以来、WebアプリケーションのUI開発にも、モジュールという概念が普及してきました。しかし、せっかくモジュール化されても、その存在や役割が整理されていなければ、再利用できません。UIモジュールをどこかで検索可能な状態にする必要があります。

この課題を解決するために、スタイルガイドを作るという方法が広まりました。一般的に、スタイルガイドは、UIが再利用できる形で一覧化されていて、利用するためのHTMLやCSSなどのコード・スニペットと一緒に管理されていることが多いです。またスタイルガイド自身がWebブラウザ上で動作するように実装されるため、各デバイスで実際のインタラクションや操作感なども確認できるようになっています。

スタイルガイド・ジェネレーター

スタイルガイドはUIを管理することにおいてとても有用です。とはいえ、作るとなると大変です。特に作ったことがない人にとっては、どういったものを作ればいいのか想像がつかないため、ハードルが高いかもしれません。

2012～2014年頃は、CSSのコメントからかんたんにスタイルガイドを生成できるStyleDocco★4やKSS★5などのスタイルガイド・ジェネレーターが登場し、スタイルガイドが世の中に普及しはじめました。

多くのスタイルガイド・ジェネレーターは、プロダクトのために書いたCSSのコードにスタイルガイド用の情報をフォーマットに従ってコメントとして追加したものをパースして自動的にスタイルガイドとして参照するUIコンポーネントを一覧にしたHTMLを出力してくれるため、スタイルガイドを最新の状態に保っておくことが容易になります。

★4 https://jacobrask.github.io/styledocco/
★5 http://warpspire.com/kss/

●図1-5　スタイルガイドの例

CSS

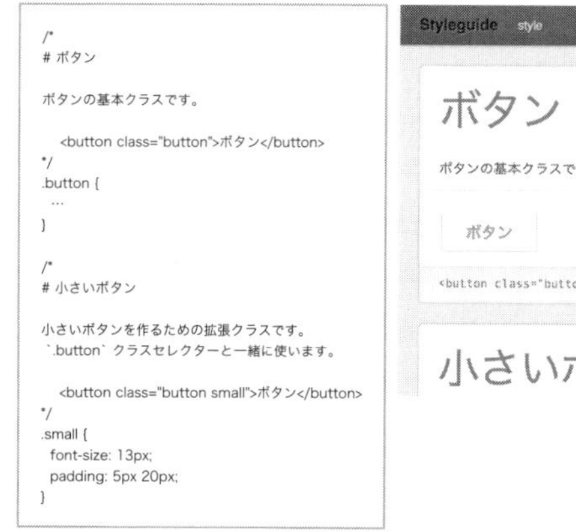

```
/*
# ボタン

ボタンの基本クラスです。

    <button class="button">ボタン</button>
*/
.button {
  ...
}

/*
# 小さいボタン

小さいボタンを作るための拡張クラスです。
`.button` クラスセレクターと一緒に使います。

    <button class="button small">ボタン</button>
*/
.small {
  font-size: 13px;
  padding: 5px 20px;
}
```

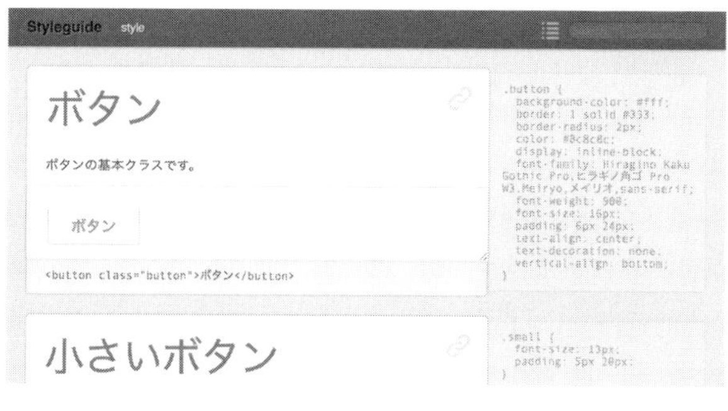

スタイルガイドがプロダクトからかい離する問題

スタイルガイドは作成したら終わり、というものではありません。プロダクトの成長とともにスタイルガイドも成長していく必要があります。そうでないと、プロダクトが拡張されたり修正されるたびに、スタイルガイド上のUIの実装とプロダクトで使われているUIの実装が隔離してしまい、スタイルガイドは参照しても意味のないものになってしまいます。しかし、こういったかい離は実際の開発現場では容易に発生します。

スタイルガイドも実装するものなので、UIを追加する場合にはスタイルガイド・ジェネレーターなどを使っても多少なりとも工数がかかります。たとえば、開発スケジュールがタイトで進行に遅れが出ていれば、どこかで工数を削ることになります。そうなれば真っ先に削ることになるのは、プロダクトとしてユーザーが直接触ることがないスタイルガイドでしょう。その時点では、優先度が下がっただけでプロダクト・リリース後に実装しようと考えますが、リリースされたらすぐ別の機能を開発する必要が出てきたり、別のリファクタリングを優先したくなったりして、そのままスタイルガイドは更新されることなく、過去の遺物になることもよくあります。

この問題は、UIの開発フローと開発環境を工夫することで解決することが可能です。本書では、その工夫についても触れていきます。

1-5 UI開発の現場4：デザインカンプ・ファーストなUI開発ワークフロー

UI開発の現場において、デザイナーとディベロッパーが分かれていると、多くの場合デザインカンプ・ファーストなワークフローになっているでしょう。つまり、デザイナーがPhotoshopやSketchなどで固定レイアウト・ベースのデザインカンプを先に作成し、それを元にディベロッパーが実際にアプリケーションの各画面を実装していくというワークフローです。このワークフローはとても一般的ですが、デザインカンプと実際のアプリケーション上のデザインとのギャップが生まれやすいワークフローです。デザインカンプは基本的に静的なビジュアルを表現することしかできませんが、実際のアプリケーション上のデザインはユーザーの環境によって見え方が異なります。

Webアプリケーションを開発している場合、ユーザーの環境はデスクトップPC用Webブラウザだけでも何種類もあり、それに加えスマートフォン用、タブレット用など、最近ではゲーム機やスマートウォッチまでもサポートしなければならないことも珍しくありません。これらのユーザー環境はスクリーン・サイズが異なるので、そもそもデザイナーが頭に思い描いた静的なデザインカンプと同じ状況でデザインが表示されることはほとんど期待できません。

●図1-6　多くのデバイスに対応する

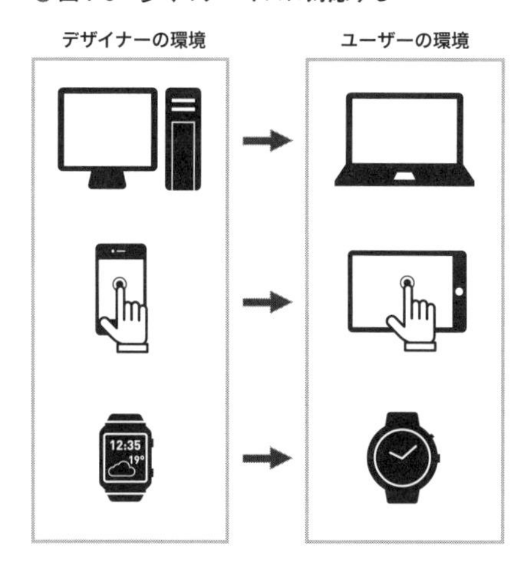

デザインカンプで再現できないものは、スクリーン・サイズによる見た目の変化だけではありません。UIを触ったときのインタラクションや操作感も静的なデザインカンプでは表現できません。特にサポートするデバイスの種類が多くある場合、たとえば同じボタンでも、デスクトップPC上でマウスを使ってクリックするときと、スマートフォン上で指でタップするときの感覚の違いを考慮してデザインできるかどうかは、アプリケーションの使い勝手を大きく左右する要素です。

1-6 UI開発の現場5：UIフレームワークの普及

1
2
3
4
5
6

デザイナーが存在しない現場

プロジェクトによっては、開発者にデザイナーがいないパターンもあるでしょう。その場合、デザイナーではない誰かがUIデザインを考える必要があります。

多くの場合、開発ディレクターが画面のワイヤーフレームを作るか、その画面を実装するエンジニアが実装と同時にUIデザインを考えると思います。このとき、デザインカンプは作成されない場合もあります。

UIはアプリケーションを使う人なら誰もが直接触れるもののため、誰でもそれっぽい画面をデザインすることができてしまいます。しかし、使いやすいUIをデザインすることは相当難しいです。少なくとも、ディレクションやエンジニアリングと兼任して考えられるほど、UIデザインはかんたんではありません。Webフロントエンド・エンジニアの中にはデザイナー出身者も多く、UIデザインを考えることに長けている人もいますが、そういった人でも十分に集中してデザインを考える時間が確保できないのであれば、実装しながら品質を保ったデザインはできないでしょう。できあがったUIを触ってみた結果、使い勝手がチグハグで、やっぱり専任のデザイナーが必要だね、と再認識したことはアプリケーション開発者の誰もが経験しているのではないでしょうか。

しかし、デザイナーがいなくてもUIを作らないわけにはいきません。そんなとき、デザイナーの代わりにWebアプリケーションのUIが持つ問題を解決する引き出しを提供してくれるUIフレームワークは救世主となります。

Twitter Bootstrapの登場

2011年にTwitter社で開発されたTwitter Bootstrapは、UIフレームワークの代表格です。執筆時点の2018年1月にはバージョン4までリリースされています。

- **Twitter Bootstrap**
  https://getbootstrap.com//

多くのWebアプリケーションのUIが直面するであろうデザイン的な課題に対する解決パターンをコンポーネントとして提供します。開発者はそのコンポーネントを適切に組み合わせることにより、多くのアプリケーションで実証されてきた汎用的なデザイン・パターンがアプリケーションに適用されます。そのため、デザイナー不在の開発でも、フレームワークがカバーする範囲であれば適切なユーザビリティを担保することができます。

もちろん、既存の汎用UIフレームワークで解決できるものは、あくまで汎用的なデザイン課題だけです。サービス特有のデザイン課題をフレームワークで解決することは期待できません。Webアプリケーションで実現できることがどんどん進化していく中、汎用的なデザイン・パターンはもちろん役に立ちますが、それだけでは解決できないアプリケーション・デザインの課題にぶつかることもさらに多くなっていくでしょう。本書では、これらメジャーなUIフレームワークが一般的なWebアプリケーションにおけるデザイン・パターンの再利用を目指したことと同様に、「いかに、自分たちが開発するサービスのデザイン的な課題を解決するUIを、パターンとして再利用するか」についても考えていきます。

UI開発の現場6：Single Page Applicationの普及

Webアプリケーション上でJavaScriptが制御できることが多くなり、現在はよりリッチで軽快に動くことがあたりまえになってきています。1-1節では「画面の遷移を伴うことでUIの直感性が妨げられる」という点に触れましたが、Webアプリケーションは、デスクトップやスマートフォンのアプリのように、ユーザーに画面遷移を感じさせないシームレスな遷移を求められるようになっています。

従来のWebアプリケーションでは、画面間の移動をハイパーリンクによる遷移で行い、遷移のたびにサーバーから次に画面に必要なHTML/CSS/JavaScriptを含むすべてのデータを取得して表示していました。この方式では、画面の遷移のためにユーザーが行っている作業を必ず1度止める必要があります。また、ページ間で共有できる情報があったとしても、遷移の際には再取得する必要があるので、重複したデータの取得も多くなり、遷移にかかる時間は長くなります。

そこで、Webアプリケーションによる画面遷移をよりシームレスにネイティブ・アプリに近づけるために、Single Page Application（SPA）という設計手法が普及しました。この手法は、サーバーがHTML自体を返すことを1度だけに留めるためSingle（単一）という名前がついています。サーバーから1度だけ返されたHTMLに、画面遷移ごとに必要なデータをサーバーからHTMLとして取得する代わりに、JavaScriptで非同期に最低限だけ取得して動的に生成したDOMでくり返し書き替えることで、ユーザーの作業を止めることなく軽快でシームレスな遷移を実現します。

Webフロントエンド・フレームワークの普及

Single Page Applicationは、基本的にすべての画面遷移をJavaScriptで制御する設計手法です。今までWebブラウザに任せてきた制御をアプリケーション側で実装することになるため、この設計を助けるために、多くのJavaScriptフレームワークが生み出されました。よく開発に利用されるものには、Backbone.js、Angular、Polymer、React、Vue.jsといったフレームワーク★6があります。

★6　厳密には、フレームワークではなくライブラリと呼ばれるものもありますが、ライブラリを使ったWebフロントエンド開発では、ライブラリが提供する骨組み（フレームワーク）にしたがって実装を進めていくので、本書ではフレームワークと呼ぶこととします。

多くのWebフロントエンド・フレームワークは、UI実装のためにコンポーネント指向の骨組みを提供しています。そのため、自然とコンポーネント・ベースでUI開発を進めていくことになります。

見直されるUXの価値

UIフレームワークや、Webフロントエンド・フレームワーク、スタイルガイド・ジェネレータなど多くのツールの登場により、私たちはWebフロントエンド開発における多くの技術的でシステム的な問題を容易に解決できるようになりました。Webフロントエンド技術だけに限らず、より多くのサービスが技術的に高度な機能を提供できるようになってきたため、自分のサービスを差別化するために、サービスを使うユーザーの体験（UX）をより良いものにすることが、より大きな効果を得られるようになってきています。

コンポーネント・ベースでのUI開発は、大規模なアプリケーションを効率よく開発するための開発者側の利点も大きいです。しかし、じつは利用者側の視点から見ても大きなメリットがあります。本書では、開発者側のメリットはもちろん、ユーザー体験、つまりUXを向上させる1つの手段としてもコンポーネント設計によるUI開発を説明していきます。

コンポーネント・ベースのUI開発

2-1 なぜコンポーネント・ベースで開発するのか

第1章で説明したようにWebアプリケーションにおける最近のUI開発はWebフロントエンド・フレームワークなどの登場によりコンポーネント・ベースのスタイルに変わってきています。この章では、コンポーネント・ベースでUI開発を行う理由やメリットについて説明します。

複雑なUIを確実に組み上げる手段

コンポーネント・ベースでUIを開発する理由は多くありますが、最大の理由は、複雑なUIを確実かつ堅牢に組み上げられる手段だからです。

ユーザーがリッチなインターフェースのアプリケーションに触れることがあたりまえになってきて、UIに要求されるクオリティは日々高くなっています。同時にアプリケーションは多くの機能を提供するようにもなっており、開発規模も大きくなっているため、それに伴なって複雑なUI設計が求められます。

互いが複雑に作用し合うUIは意図しない時に崩れたり不具合を起こします。機能追加のためにあるUIに変更を加えたら、その影響で別のUIが正しく動かなくなったり、レイアウトが崩れたりします。そんな複雑なUIたちを確実に組み上げるための1つの方法がコンポーネント・ベースのUI開発です。

コンポーネント化したUIを組み立てていく開発のスタイルは建築に似ています。建築物は、ドアや階段といった利用者（ユーザー）が触れる部分、つまりUIを持っています。そして、大規模であるにもかかわらず、不具合がありません。なぜなら、建築物はコンポーネント・ベースで開発されているからです。

建築物はたくさんの部品（コンポーネント）を使って作られます。木材であったり、コンクリートであったり、ネジだったりしますが、それぞれは専門の業者が個別で作っています。これらの部品はそれぞれ耐久性や強度といった観点で品質がテストされています。個別の部品の品質が担保されているため、建築業者がこれらを正しく使って建築物を作ることで建築物自体の耐久性や強度も保証できます。UI開発においてもコンポーネント化されたUIが個別で不具合なく動作することがテストされていることで、それを正しく使ったアプリケーションのUI品質も保証できるのです。

2-2 堅牢なUI開発を実現する

アプリケーションのUI設計では、コンポーネント化することで、次のようなメリットを得られます。

- **コンポーネント単位でテストできる**
- **不具合のリスク・ポイントを減らすことができる**
- **メンテナンスがしやすくなる**
- **解決する問題が小さくなる**

コンポーネント単位でテストできる

アプリケーションの品質を担保するためにコンポーネント・ベースのUI開発が持つ最も重要なポイントがコンポーネント単位でテストできることです。部品の品質を保証するためには、それを直接テストすることが効果的です。

UIはアプリケーションに組み込まれてしまうと、アプリケーションの状態に左右されてしまうため単体が正しく動作することをテストすることが難しくなります。これはUIに限ったことではありませんが、UIは画面に応じてデザインされることが多く、画面上に直接実装されることも多いという特徴を持つため、テストがしづらいと言われています。

しかし、コンポーネント化されたUIはアプリケーション環境に依存することなくテスト環境でも単体で実行することが可能なので、単体でテストすることができます。アプリケーション全体のように大きな実装ではなく、小さな実装であるため、必要なテスト・ケースも少なくなり、テスト項目も作りやすく漏れも減ります。

また、最近ではWebフロントエンド・フレームワークとその周辺のツールと組み合わせることにより、さまざまなアプローチでUIをテストすることが可能になっています。あるアプローチではテストしづらい部分も、別のアプローチではテストしやすくなります。効率的にテストしやすいアプローチを選択することでテスト品質を向上させます。

不具合のリスク・ポイントを減らすことができる

ソフトウェアの不具合は人がコードを書くことで発生します。極端なことを言えば、コードを書かなければ不具合は生まれることはありませんが、それではアプリケーションも作れません。ただ、書くコードの量が減れば不具合が発生する確率が低くなることは確実です。

コンポーネント化されたUIは画面に依存することなく、実行することができます。そのため、多くの画面で再利用することができます。UIを再利用するということは、追加で書くコードが減るということです。多くの場所で再利用されているコードの品質がテストにより担保されていれば、不具合発生のリスク・ポイントを大幅に減らすことに直接的に貢献します。

それは開発速度が上がることを意味します。コンポーネント・ベースUI開発では、コンポーネントが増えれば増えるほど、新規の画面を作るときに再利用できるコンポーネントが増えるため、比例して開発速度も増していきます。また書くコードが減るということは、生み出されるバグも少なくなるということです。そのため、バグ修正にかける時間も減るので、さらに開発速度が上がります。

メンテナンスがしやすくなる

UIがコンポーネント化されていると、アプリケーションのメンテナンスがしやすくなります。コンポーネント化されたUIでは、UIに機能を追加したり修正したりした際にその変更が影響する範囲はコンポーネント内に留まるため、明確になるためです。

あるUIに何かしら問題があったときに修正を施したらアプリケーションのある機能に影響して壊れたり、ほかのUIの問題を誘発してしまったりしたことはUI開発に携わる誰もが経験していると思います。 コンポーネント化されたUIの内部および外部からの入力や出力に関わるインターフェースをテストしておけば、UIに修正を加えてもほかの箇所の不具合を発生させてしまった、ということもなくなります。

また、コンポーネント化されたUIは別のコンポーネントと差し替えることが容易なため、もしそのUIが致命的な問題を含んでいるのであれば、そのコンポーネントごと別のコンポーネントに差し替えてしまうこともかんたんにできます。もちろん、差し替えるコンポーネントがしっかりテストされていることが前提です。

解決する問題を小さくすることで不具合発生リスクを減らす

当然ながら、複雑なコードよりかんたんなコードを書くほうが不具合の発生リスクは低くなります。アプリケーションが提供する機能が多くなると、それらの機能を提供するUIを実装するためそのコードも複雑になります。複雑なコードは書くのも大変ですが、読むのも大変です。複雑なコードを最初に実装した開発者が不具合を生む可能性も高いですが、それに修正を加える別の人がコードを読みまちがえて別の不具合を生んでしまうリスクもあります。

UIをコンポーネント化するということは、アプリケーションのUI全体が解決しなければいけない問題を小さく分割するということです。コンポーネントの実装者は分割された問題だけを解決するコードを書けばよいだけなので実装は単純になります。書くコードの難易度が下がるため、後に追加の修正を別の開発者が行うときも読む難易度も下がり、結果的に不具合を生みづらくなります。

1つ1つのコンポーネントは、単純な問題を解決するために作られるため、実装の難易度を低くできます。実装の難易度が低くなれば、新しく入ったメンバーでもすぐに実装に参加できるため、いわゆるオンボードまでの時間が短縮されます。さらに、エンジニアでなくても、実装に参加できる可能性もあります。

たとえば、あるコンポーネントで解決するべき問題が見た目に関わることだけに分割されていれば、デザイナー自身でCSSを修正して見た目を変更できます。見た目の修正は作業自体はかんたんなわりに、「デザイナーが考えて、エンジニアが作業し、デザイナーが確認する」という作業が必須なため、コミュニケーション・コストが高くなりがちです。UIのコンポーネント化により問題を分割することによりそういった余計なコストを削減できれば、開発がさらにスムーズになります。

開発作業を効率化する

コンポーネント・ベースでUIを開発することによるメリットは堅牢で高品質なアプリケーションUIを作ることができることだけではありません。品質の高さを担保するとともに開発速度を上げることにもつながります。具体的には、次のようなメリットにつながります。

- **再利用で実装量を減らす**
- **平行開発で待ち時間を減らす**
- **仕様変更による手戻り作業を最小化する**
- **新規参入開発メンバーを最短で戦力化する**
- **複数のテスト・アプローチでテスト工数を下げる**
- **複数アプリケーションの開発を容易にする**

再利用で実装量を減らす

先に説明したとおり、コンポーネント化したUIは、複数の画面で再利用できます。実装量が少なくなるため、再利用しやすいUIコンポーネントをたくさん作ることは、そのまま開発速度の向上に直結します。再利用しやすいコンポーネントとはどんなものでしょうか？　本書では、第3章、第4章でAtomic DesignというUIコンポーネントの設計方法を使って再利用しやすいコンポーネントの作り方を考えていきます。

平行開発で待ち時間を減らす

作業者が複数人いるときは作業者の待ち時間が少なくなればなるほど、作業効率が上がります。全員が平行して作業できる状態が、最も効率が良い状態と言えるでしょう。コンポーネント・ベースで作ると、UIは平行開発しやすくなります。

従来、アプリケーションのUIは画面単位で開発することが多くありました。その場合、タスクの切り方も画面に必要な機能で区切ることになります。ある画面で使用するUIの数が多い場合でも、タスクの単位が大きいため、開発量が多い画面があった場合、その画面を担当する開発者の作業の完了を待つことになります。

UIをコンポーネント化する場合は、画面とは切り離してコンポーネント単位で開発します。そのため、1画面に必要なUIを複数人で平行して開発することができます。1画面に必要なUIの数が多くても、タスクを分散して平行開発することができるため、複数人が待ち時間なくフル稼動している時間を無理なく作ることができます。

そして、コンポーネントはアプリケーションからは切り離されている特性上、ほかのタスクに依存することなく開発できます。そのため、タスクがブロックされることによって発生する余計な待ち時間も発生しなくなります。

仕様変更による手戻り作業を最小化する

アプリケーションの仕様を考えるのも人間なので、開発途中で仕様にミスや矛盾が見つかったり、より良いサービス提供のために仕様を変更することはよくあります。今はアジャイルで開発するプロジェクトも多いので、開発中に発生する仕様変更は想定しないわけにはいきません。

開発中のアプリケーションの仕様が変わった場合、高い確率で画面仕様にも何かしらの変更を加える必要があるでしょう。そのため、画面ごとにUIを開発していた場合、画面仕様が変われば作業に手戻りが発生することになります。

しかし、コンポーネント化されたUIで作られた画面は、小さい部品の集まりです。本書で紹介するAtomic Designでは、その小さな部品を組み合わせてより大きな部品を作っていくという手順で開発していきます。そのため、仕様が変わっていった場合でも、その影響を受ける画面自体に依存した実装コードは少なくなります。しかも、より大きな部品は後に実装されるため仕様変更のタイミングでまだ画面自体の実装に着手していないこともあるでしょう。そういった幸運なケースでは、仕様変更によって受ける手戻りはゼロになります。

新規参入開発メンバーを最短で戦力化する

開発が佳境に入ったり、初期の想定よりサービス規模が大きくなってくると、新規の開発メンバーが増えることもあるでしょう。新規メンバーにとっては新規の環境なので、その環境に慣れるまで多少時間がかかります。新規のメンバーが持っているパフォーマンスを最大限活かせるようにすることをオンボードと言いますが、コンポーネント・ベースのUI開発ではオンボード前の開発者にもタスクを割り当てやすくなります。

オンボード前のメンバーは、サービスの仕様やアプリケーションで採用している新しい技術スタックをキャッチアップするまで、なかなか1つのタスクを割り当てづらいと思います。その期間は、新規のメンバーはもちろんのこと、既存のメンバーもはがゆい思いをしますが、UIコンポーネントの実装タスクであれば、初日からタスク着手可能です。これは、コンポーネント内で使用する技術スタックのみを知ればよいので、サービス仕様についても背景程度に知っておくだけでタスクを完遂することができるからです。

コラム　AbemaTVで即戦力となった新規参入エンジニアの例

私はAbemaTVのWebアプリケーションを立ち上げたとき、開発リソースが足りなかったため、外部のプロジェクトからエンジニアの参入を要請したことがありました。彼女はサーバーサイド開発とAndroidアプリ開発をメインで担当してきたエンジニアだったので、もちろんWebフロントエンド開発に関してのスキルセットはそれほど高いものではありませんでした。しかし、やる気に満ち溢れていた彼女は、「なんとか何かプロジェクトに爪痕を残してから初日を終えたい」と意気込んでいました。

そこで、サービス仕様などをオリエンテーション程度に説明した後、すぐにUIコンポーネントの開発タスクを1人で任せました。タスクについての説明も以下のように最小限だけでした。

- **コンポーネントが受け取る入力**
- **UIが最終的に表示する見た目のデザインカンプ**
- **インタラクションの挙動**

普段はJavaを書いている彼女なので、JavaScriptやCSSに四苦八苦していましたが、その日のうちにコンポーネントを実装し終えてGitHubにプルリクエストを投げて帰宅しました。

複数のテスト・アプローチでテスト工数を下げる

UIは見た目やアニメーション、ユーザーとのインタラクションを含んでいるので、明確に定義できない部分や不確定要素も多く、テストしづらい側面を持っています。そのため実装よりテストに時間がかかるなんてこともしばしばです。

コンポーネント化されたUIは単体でテストが可能という話を先述しましたが、とはいえ単体テストを行うための条件を再現するにも、そのためのコードを書いたり、それなりに時間がかかります。中にはどうしてもプロダクト上でしかテストできないケースというのも出てきます。

しかし、UIコンポーネントがアプリケーションに依存しない環境で単体実行できるメリットを活かすことで、さまざまなアプローチでのテストが可能になります。テストしづらいケースを時間をかけて何とかテストしなくても、アプローチを変えることでかんたんにテストできてしまうこともよくあります。これらのテスト・アプローチに関しては、第5章で詳しく説明します。

複数アプリケーションの開発を容易にする

少し大規模な話になりますが、より大きなサービス開発では、複数のアプリケーションを同じブランディング下で提供することもあると思います。そういった場合、別アプリケーション／別ドメインのWebサービスであっても、同一アカウントで認証できるようにしたいでしょうし、認証プロセスも同じユーザー体験に統一したいと思います。見た目にしてもブランディングが統一されている以上、同じルック&フィールのものを提供したいはずです。

コンポーネント化されたUIの場合、部品としてUIがアプリケーションから分離できる形になっているため、別のアプリケーションでそのままコードを再利用することが可能です。そうすれば新しいアプリケーションのUI開発では、新規に必要となるコンポーネントの作成と画面上でのコンポーネントの組み合わせだけになるので開発コストをかなり抑えることができます。

また、サービスの全体設計に工夫が必要になりますが、複数アプリケーションで同じコードを参照できるしくみを構築できれば、全体のメンテナンス・コストも効率化できます。全体ブランディングに変更が発生した場合でも、全アプリケーションが同じUIコンポーネントのコードを参照しているので各々に修正作業する必要もありません。もちろん、こういったしくみの場合、UIコンポーネントに変更を加えたときの影響範囲が全アプリケーションになるので、より堅牢に運用できるしくみにする必要があることは言うまでもありません。しかし、プラットフォーム化した巨大ブランドにおけるサービス開発では、コンポーネント化したUIで開発効率化を図る意味はより大きくなります。

2-4 コンポーネント・ベースUI開発がもたらすユーザー・メリット

UIの開発速度が上がることは嬉しいことですが、それはおもに実際に実装をするエンジニアが喜ぶものです。「堅牢なUI」と言ってもエンジニア以外にはメリットがないかもしれません。しかし、コンポーネント・ベースでUIを開発することには、アプリケーションのユーザビリティ（使い勝手）を高くするメリットもあります。

多機能アプリケーションのユーザビリティを向上させる

コンポーネント・ベースで開発されたUIは、多機能なアプリケーションをユーザーにとって使いやすいものにします。アプリケーションが多機能になってくると、たくさんのUIを画面に表示するため複雑になります。ユーザーにとっても操作の選択肢が多いため、アプリケーションの機能を利用する前に覚えなければいけないことも多くなります。やりたいことをやるために新しいことを覚えている時間はとてもストレスが溜まる状態です。

利用したい機能は目の前にあるはずなので、ユーザーはコンピューターに自分のやりたいことを伝えられずにもどかしく思っています。

UIとは会話である

そもそも、UIが持つ役割とは何でしょうか？　UIは、ユーザーがコンピューターと会話するための唯一の手段です。人と人との会話の手段であれば、私たちは日本語や英語などの言語を使って自分の意思を相手に伝えます。多くの言語は基本的に単語を複数組み合わせて使います。

●図2-1　I want to tell you something　＝　私はあなたに何か言いたい

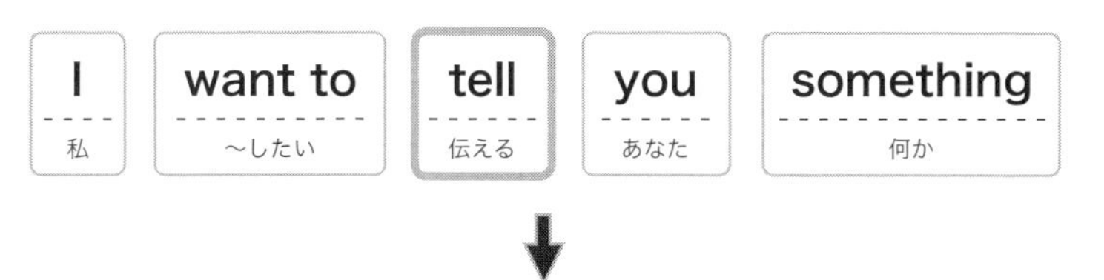

私は あなたに 何か 言いたい

単語1つ1つでは会話は成り立ちませんが、文法に従って組み立てると伝えたいメッセージを意味するようになります。しかも、単語を1つ入れ替えると別の意味を作ることもできます。

●図2-2　I want to give you something　＝　私はあなたに何かあげたい

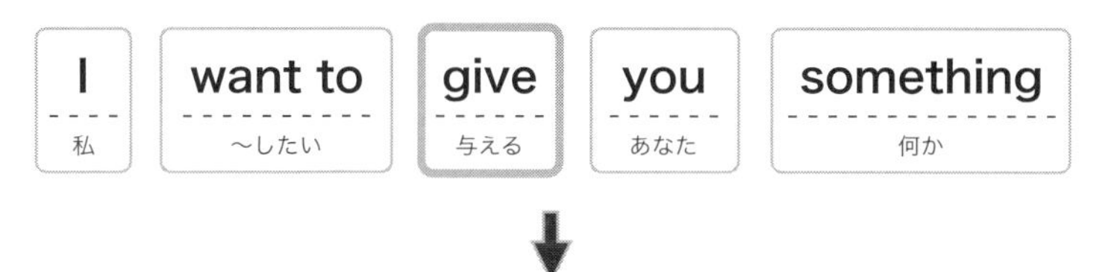

私は あなたに 何か あげたい

複数の単語を知り、その組み立て方である文法を学ぶだけで無限大のパターンを作ることができます。あたりまえのことを言っているように思うかもしれませんが、これは「小さな部品を一定の法則で組み合わせることで、会話の手段を最小の学習コストで無限に生み出せる」ことを意味しています。これこそが、コンポーネント・ベースでUIを開発する理由です。私たちは、最小の学習コストでユーザー・コンピューター間の会話のパターンを無限大に増やしたいのです。

UIコンポーネントは単語

UIが会話であるとすると、単語に相当するものがUIコンポーネントです。コンポーネント・ベースのUI開発では、複数のUIコンポーネントを作り、それらを組み立てていくことでユーザーと会話するための画面を作っていきます。1つの単語が複数の会話で利用可能なのと同様に、UIコンポーネントも複数の画面で利用可能です。

●図2-3　tellの複数の意味の使い分け

I want to tell you something

私はあなたに何か言いたい

I want to tell my secret

私の秘密を教えたい

Please, tell me a way to the station

駅への道を教えてください

私たちは「tell」という単語の意味と使い方を知っているので、別の会話で「tell」という単語が出てきたとしても、その意味を理解できます。しかし、会話全体が示す意味は、会話ごとに異なるはずです。あるUIコンポーネントが別の画面で使われたとしても、そのコンポーネントが同じである限り、ユーザーはすでにそのUIコンポーネントの使い方を知っているので、すぐにその画面が提供する機能を使い始められます。画面ごとに提供する機能は違うでしょうが、UIコンポーネントの使い方が同じであればユーザーが迷うことはありません。

同じUIコンポーネントが多くの画面で再利用されていることは、アプリケーションが多機能になればなるほど重要です。多機能だということは、アプリケーションは多くの画面を持っていることでしょう。ユーザーがUIコンポーネントの使い方を1つ覚えるだけで、よりたくさんの画面で使いたい機能を使いこなせれば、多くの機能を提供するアプリケーションにおけるユーザーのストレスを大幅に削減します。

2-5 コンポーネント設計の基本を知る

コンポーネントがもつ4つの特徴

ここまでコンポーネントという言葉を多く使ってきましたが、ソフトウェア開発におけるコンポーネントとは何でしょうか？　コンポーネントには次の4つの特徴があります。

- **1　カプセル化されている**
- **2　置換可能である**
- **3　再利用可能である**
- **4　コンポーネントを別のコンポーネントを組み合わせて作成可能である**

1　カプセル化されている

ソフトウェア開発におけるコンポーネントとは、ある特定の機能をカプセル化したパッケージです。「カプセル化する」とはどういうことでしょうか？

ある機能をコンポーネント化するとき、その開発者はインターフェースの使い方を示します。ほかの開発者がそのコンポーネントを使いたいときは、インターフェースの使い方さえ知っていればコンポーネント内部の実装を気にする必要がありません。これがカプセル化です。

2　置換可能である

コンポーネントへの命令のやり取りがインターフェース経由に限定されてしまうことを不自由に感じないかと疑問に思う人もいるかもしれません。しかし、やり取りの場所が一元化されていることは大きなメリットをもたらします。

機能がコンポーネント化されていると、コンポーネントをかんたんにほかのコンポーネントに「置換可能」だというメリットがあります。特に大規模なシステム開発では、このメリットは大きく威力を発揮します。

大規模なシステム開発は長期に渡るため、実装をリファクタリングする必要なども出てくると思います。このとき、パフォーマンスチューニングをカリカリにほどこしたためにまったく実装が異なるコンポーネントだったとしても、そのコンポーネントが同じインターフェースさえ持ってさえいれば、システムの動作をまったく損なうことなく元のコンポーネントと差し替えることが可能です。これは、命令のやり取りがインターフェースに限定されているために、実装の変化によるシステムへのほかの影響も限定できるからこそ可能なのです。

ここで話をソフトウェア開発からUI開発に絞りましょう。コンポーネント化されたUIでも、この「置換可能」という特性は大きなメリットです。なぜなら、UI開発ではリファクタリング以外にも、同じ機能を持つ異なる見た目のUIと差し替える要件が頻繁に発生するからです。たとえば、ボタンのUIを開発するとします。

●図2-4 ボタン

このUIはコンポーネント化されていて、ボタンのラベルを設定するためのインターフェースだけ提供されています。アプリケーションでボタンを置く必要な箇所には、このボタンUIを使って開発が進んでいきます。

しかし、いくつかの画面では、このボタンUIがほかの要素に比べて小さいために目立たないことがわかりました。そうすると、ボタンを大きくする必要があります。

●図2-5 変更後のボタン

このとき、見た目が違うボタンのUIコンポーネントを元のコンポーネントと同じようにラベルを設定するインターフェースを提供して開発すれば、アプリケーションの機能に影響することなく古いコンポーネントを新しい見た目のコンポーネントに差し替えることが可能です。

これはボタンのように比較的単純なUIコンポーネントに限らず、商品情報を一覧表示するような複雑なUIコンポーネントでも同様のことが言えます。たとえば、図2-6の2種類のUIコンポーネントは異なる見た目をしていますが、持っている情報としては同じです。2つとも商品名、商品画像、価格、ユーザー評価の平均値、評価数を表示しています。それぞれ強調する情報が違うため異なる見た目をしているだけです。この2種類のUIコンポーネントが商品名、商品画像、価格、ユーザー評価の平均値、評価数を入力するためのインターフェースを共通して持っていれば、この2つは相互に置換可能なものとして扱うことができます。

●図2-6　置換可能な商品一覧のUIコンポーネント

◉ 3　再利用可能である

良いコンポーネントは再利用性が高いです。再利用可能なコンポーネントは、そのコンポーネントが担っている責務に対して過不足なく機能を提供しています。同じような役割が求められる別の多くの画面で追加実装なく使用することが可能になります。

ただし、「過不足なく」機能を提供するというのは、意外と難易度が高いです。特に開発者は、1つのコンポーネントに機能を過剰に付け加えがちです。新しくコンポーネントが必要になったとき、もちろん機能に不足があれば使いものにならないので、実装者はすぐに足りない機能を追加するでしょう。そのため、不足なく機能を提供することはそんなに難しいことではありません。しかし、ある画面の文脈では必要だと思って付け足した機能が、別の画面では邪魔になることもあります。開発者が必要な追加機能を何となく実装しやすい場所に実装したりしていると、コンポーネントの機能はかんたんに過剰になってしまい、そのために再利用性を損うことは実際の開発でもよく発生します。開発者は、コンポーネントに課した責務を意識することが重要です。

◉ 4　組み合わせて別の大きなコンポーネントが作成可能である

再利用性が十分に高いということは、そのコンポーネント自体をほかのコンポーネントを作るためにも使用できるということでもあります。コンポーネントは単体では小さな問題解決しかできませんが、大きな問題を分割したものを適切なコンポーネントに振り分ける役割を持ったコンポーネントを作れば、それ自体がより複雑で大きな問題を解決するコンポーネントになります。

●図2-7　大きな問題を振り分けるコンポーネント

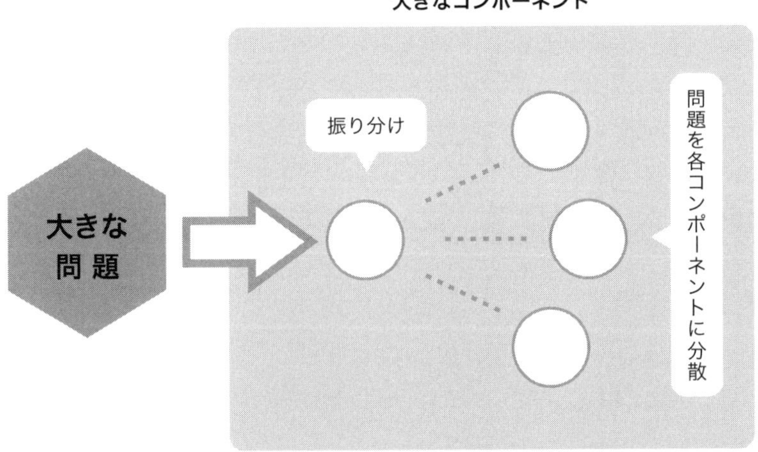

たとえ入口のコンポーネントが大きな問題を受け取ったとしても、それを分割して振り分けるコンポーネントの責務自体は振り分けることに集中させることができます。結果的に1つ1つのコンポーネントに課す問題自体を小さく保ち実装が容易になります。

コンポーネント設計で押さえておきたい2つのポイント

ここまでの話をまとめると、UIをコンポーネント化するというのは、「UIが持つ機能をカプセル化し、UI同士の置換や再利用が可能な状態にして、組み合わせにより別のより大きなUIを作ることができるように実装する」ということにほかなりません。

「UIをカプセル化したり置換可能な状態にする」ことに関しては、本書で紹介するReactやCSS ModulesなどのコンポーネントベースのUI開発に特化したツールを使うことで、大部分を解決できるでしょう。しかし、たとえ便利なツールを使ったとしても、それだけではコンポーネントは再利用性が高くメンテナンスしやすいものにはなりません。これらの恩恵を最大限に受けるためには、そのようにコンポーネントを設計する必要があります。

ここでは、コンポーネントを設計する際に意識すると良い「単一責任の原則」と「関心の分離」について説明します。

◉ 単一責任の原則

コンポーネント化によりアプリケーションが解決すべき問題は分割されますが、1コンポーネントが責任を持つ問題は1つに絞ったほうがよいです。オブジェクト指向開発でよく使われる「単一責任の原則」という言葉がありますが、コンポーネントを設計するうえでもこれを意識すると、実装が比較的かんたんでメンテナンス性も高い、再利用しやすいものが作れます。

複数の問題を一気に解決するよりも1つの問題だけに集中できたほうが、プログラムは書きやすくなります。コードを読む側にとっても、1つの問題だけ念頭に置いて読めばよいので読みやすくなります。また、コンポーネントが複数の問題に責任を持っていると、変更による影響がわかりづらくなり不具合を生む原因になりますが、逆にコンポーネントが責任を持っている問題が1つであれば、変更した結果は容易に予測できます。

◉ 関心の分離

アプリケーションに変更が発生するときは、何か目的があって提供する機能を変更したいときです。そんなとき、コンポーネントの機能が目的別に分離されていれば、変更したい目的を担当するコンポーネントだけを修正すれば済みます。担当する機能を目的別に分離することを、ソフトウェア開発では「関心の分離」と表現します。UIにおける関心の分離をどのように実践すれば、再利用性が高く、組み合わせやすいコンポーネントを作ることができるのか、次の第3章では、そのスタートポイントとしてAtomic DesignというUI設計手法を紹介します。

2-6 コンポーネント・ベースUI開発の現状

WebのUIはHTML、CSS、JavaScriptを使って開発します。HTMLは文書構造を表現するのと同時にコンテンツを格納します。HTMLだけだとWebブラウザが持つユーザーエージェントに依存した見た目でコンテンツを表示されるので、CSSでオリジナルの見た目を定義します。そしてJavaScriptはWebブラウザ自体が行う処理を除くHTML/CSSが表現できない処理すべてを担うことになります。

コンポーネント化に向かない特性

残念なことに、HTMLもCSSもJavaScriptもプログラムのコンポーネント化に向いていない言語です。ソフトウェアの実装をコンポーネント化していくと、機能別にコードをファイルに切り出して管理したくなります。切り離された一連のコード群のことを「モジュール」と呼びます。Javaであればパッケージという単位で別ファイルに切り離されたプログラムを読み込むことができますが、HTMLとJavaScriptにはもともとモジュール機能がありませんでした。

また、コンポーネント化された実装はコンポーネント外に影響を与えないことが重要ですが、第1章でも触れたように元来CSSは名前空間という概念が存在しないため、セレクターを指定したときのそのセレクターの適用範囲は、そのCSSが読み込まれたすべてのページ内の要素になってしまいます。そのため、1つのセレクター名を決めるときは、意図しない要素にスタイルが適用されてしまわないように細心の注意が必要です。CSSによる開発はWebサイトの規模に比例して難易度が高くなる傾向にあります。

さらにCSSでは、上位ノードに設定されたCSSのプロパティはカスケードして下位ノードに影響するスタイルの継承という特性もコンポーネント化を難しくしています。CSSの「Cascading（カスケーディング）」という名前は、「親の性質を基本的にすべての子が継承し、子が局所的にその性質を上書かない限り影響を受ける」ことを意味しています。

●図2-8　上位ノードの変更で下位ノードが影響を受ける

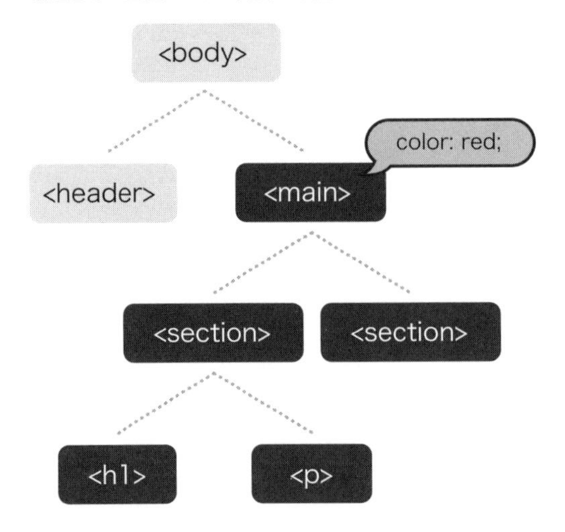

MindBEMdingのようなCSSの命名記法を利用して、セレクターがコンポーネントの外で衝突させなくしたとしても、親要素に設定された値をカスケードする性質を持ったあらゆるプロパティはどうしても子に影響してしまいます。

コンポーネント化を実現する言語仕様

喜ばしいことに、HTMLもCSSもJavaScriptも、言語仕様としてコンポーネント化がサポートされる方向に進化してきました。JavaScriptの仕様であるECMAScriptでは、モジュール機能（ECMAScript modules）がすでに定義しており、2014年7月にはその文法も確定しています。そのため、一部のWebブラウザではすでに実装されています(執筆時点の2017年11月現在は、最新版のEdge、Safari、Chromeに実装されています)。そして、HTML自体もJavaScriptをモジュール化されたコードとして扱うために`<script>`要素の拡張が施されています。

CSSに関しても、同様にコンポーネント化が現実的になっています。CSSのスコープが存在しない問題に関しては、Shadow DOMという仕様があります。Shadow DOMは、Webブラウザ上で適用されるDOMとCSSをカプセル化してくれます。カプセル化するということは、「その中に書かれたDOMやCSSが外部にいっさい影響を与えない」ということです。そのため、たとえアプリケーション全体に影響しそうなセレクターでも、気にせずスタイルを定義できます。

```
<div>影響がない div 要素</div>
<script>
const element = document.createElement('div');
element.attachShadow({ mode: 'open' }).innerHTML = `
  <style>
    div {
      background-color: #51C300;
    }
  </style>
  <div>Shadow DOM 内の div 要素</div>
`;
document.body.appendChild(element);
</script>
```

●図2-9　Shadow DOMが外部に影響を与えないスクリーンショット

影響がない div 要素

Shadow DOM 内の div 要素

もちろんカプセル化されているので、外部からの影響もいっさい受けません。そのため、プロパティの継承（カスケード）も意図的に断ち切ることができます。

```
<style>
section {
  color: #f0163a;
}
</style>
<section>
  <h2>影響がある見出し</h2>
  <p>影響があるサブタイトル</p>
  <div id="body"></div>
</section>
<script>
const element = document.getElementById('body');
element.attachShadow({ mode: 'open' }).innerHTML = `
  <p>Shadow DOM 内の p 要素（ここは影響を受けない）</p>
`;
document.body.appendChild(element);
</script>
```

●図2-10　Shadow DOMが外部の影響を受けない

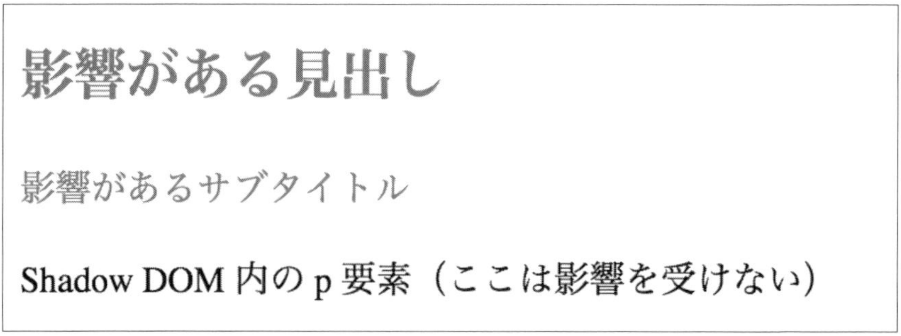

影響がある見出し

影響があるサブタイトル

Shadow DOM 内の p 要素（ここは影響を受けない）

Shadow DOMは、2017年11月現在でW3Cの作業草案として仕様が公開されています。仕様が改訂される可能性もありますが、すでに一部のブラウザで使用可能です（2017年11月現在は、最新版のSafari、Chrome、Opera、Androidブラウザに実装されています）。

これらの言語仕様はまだ策定段階ですが、将来的に多くのWebブラウザに実装されるようになるでしょう。これらはWebブラウザ上で特別な実装を施すことなく、UIをコンポーネントとして扱うためのWeb Componentsという技術を実現するための仕様としても注目されています。

コンポーネント化されたUIは、名前を付けてかんたんに呼び出せることも重要です。これには、1つのHTML要素としてかんたんに扱うことができるようにするCustom Elementsという仕様もあります。こちらも現在W3Cの作業草案ですが、こういった仕様が一般的に使われるWebブラウザに実装されると、Web開発に携わるあらゆる人にとってコンポーネントという概念が身近になってきます。確実にコンポーネント・ベースでUIを開発する方法が主流になると思われます。

現状でコンポーネント・ベース開発を実現するツール

UIのコンポーネント化を実現する未来がやってくることはわかりましたが、現状では、これらの言語仕様を実装していないWebブラウザも多く、すぐにプロダクトとして提供するアプリケーションに広く適用できない場合も多いでしょう。しかし、UIをコンポーネント化することによるメリットは、本章で説明してきました。

UIをコンポーネント化するには、策定されようとしている仕様同様に、HTML、CSS、JavaScriptをかんたんにコンポーネント化することができればよいのです。それは、現在のWebブラウザに対してもいくつかのツールを使うことで実現できます。本書では、コンポーネント・ベースのUI開発を行う具体的なツールとしてReact、webpack、そして

CSS Modulesを紹介します。

コンポーネント・ベースのUI開発に特化したReact

Reactは、コンポーネント・ベースでUI開発することに特化したJavaScriptライブラリです。本書はコンポーネント・ベースのUI開発設計について学ぶためのものですが、先述したように、Webフロントエンド開発におけるUIコンポーネント化にはいろいろな障壁があります。UIを完全にコンポーネント化しようと思うといろいろと工夫が必要です。そういった工夫をReactがやってくれるため、UIのコンポーネント化が比較的かんたんにできます。Reactを使う利点は以下の4つです。

- **コンポーネント化がかんたんにできる**
- **コンポーネント化の手段が統一される**
- **宣言的にコードが記述されるためコンポーネントを理解しやすい**
- **現時点では広く使われているライブラリである**

コンポーネント化がかんたんにできる

Reactでコンポーネントを作るのはとてもかんたんです。たとえば、単純なものであれば、次のようなコードだけでコンポーネントを作ることができます。

```
const Button = () => <button>クリック！</button>;
```

このコードで定義したコンポーネントは、Buttonという変数に保存してあるので、任意の場所で次のように使うことができます。

```
<Button />
```

●図2-11　単純なボタンのReactコンポーネント

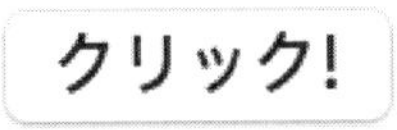

クリック!

もちろん、このコンポーネントはまったく便利なものではありません。ただ「クリック！」というラベルが付いたクリックしても何も反応しないボタンが再利用できるだけです。しかし、UIがかんたんにコンポーネント化できることがわかるでしょう。

◉ コンポーネント化の手段が統一される

コンポーネント化する上でReactを利用することで、手段をReactが提供するインターフェースへと統一できます。これは、開発者にとってコードを書いたり読んだりするうえで迷うことが減り、バグを生む確率を下げることに貢献します。そして、Reactが提供するインターフェースはJavaScriptが標準で関数やクラスを実装するときの作法に則っているため、ライブラリを使用し始めるのに必要な学習コストが高くありません。

```
// 関数を作ることでReactコンポーネントを実装する例
const Button = () => <button>クリック!</button>;

// クラスを作ることでReactコンポーネントを実装する例
class Button extends React.Component {
  render() {
    return <button>クリック!</button>;
  }
}
```

◉ 宣言的にコードが記述されるためコンポーネントを理解しやすい

そして、実装したコンポーネントを使う点においても、コードがきれいで読みやすくなるという特徴があります。ReactはJavaScriptライブラリですが、コンポーネントの実装を記述するコードは、JSXというJavaScriptの言語拡張を使用してHTMLライクに書くことができます★1。JavaScriptのように、最初に何を処理して、次に何を処理する、みたいな手続きな状態の変更を書く言語と違い、HTMLは記述されている通りの見た目を表示します。このHTMLのように処理の順序ではなく振る舞うべき結果を記述していく形式は宣言的と表現されますが、そのHTMLライクな記述がされたReactのコンポーネント実装コードは読みやすくなります。

◉ 現時点では広く使われているライブラリである

Webフロントエンド用のUI開発するためのライブラリはいくつかあります。React以外にもAngular、Vue.js、Backbone.jsなどいろいろあります。少なくともGitHub上のスター数を見る限りでは、Reactはこの中で1番人気があり、そして実際に周囲を見渡しても広く使われている印象があります。そのため、本書で紹介する具体的なコードも実際の開発案件にそのまま活かしやすいと思います。

★1 ReactではJSXというJavaScriptにXMLライクのシンタックス追加する言語拡張を利用することが推奨されています。

モジュール化したJavaScriptのコードをバンドルするwebpack

先述したとおり、ECMAScript modulesが実装されていないWebブラウザ上では、JavaScriptのコードをモジュール化して使うことはできません★2。そのため、Webアプリケーション開発の規模が大きくなっても、1ファイルにすべてのプログラムを書くことになります。ファイルには多くの機能のコードが書かれると思いますが、機能間の依存性は見通しづらく、1機能に変更を加えたときに思わぬ箇所に影響が生じることもありえます。

複数のscript要素を使ってJavaScriptファイルを読み込むことはできますが、その場合はファイル同士がどのように依存しているかがわかりません。JavaScriptファイルの読み込み順を制御することで依存関係を解決することもできますが、順番に依存するので柔軟性は低いです。

しかし、ツールを使うことでファイルごとに機能を分割しながら依存性の表現を柔軟に行うことが可能です。webpackを始めとするモジュール・バンドラーと呼ばれるツールは、JavaScriptの構文を使って任意のタイミングで任意のファイルをモジュールとして読み込むことができる機能を提供します。モジュール・バンドラーという名前のとおり、実際にはモジュールごとのファイルを実行時に読み込んでいるのではなく、事前に読み込み元のファイルのJavaScriptを解析して読み込み対象のファイルを1つのJavaScriptファイルとして繋げる（バンドルする）ことでファイルのモジュール化を実現しています。

★2 モジュールとはソフトウェアを構成する部品のことで、コンポーネントと同じような意味で使われることが多い言葉です。しかし、コンポーネントがそれ単体で機能が完結しているものを指すのに対して、モジュールはシステムに依存した部品であるという意味合いが強いようです。

●図2-12　webpackが複数のJavaScriptをまとめて、ユーザーはバンドル後のファイルを見る

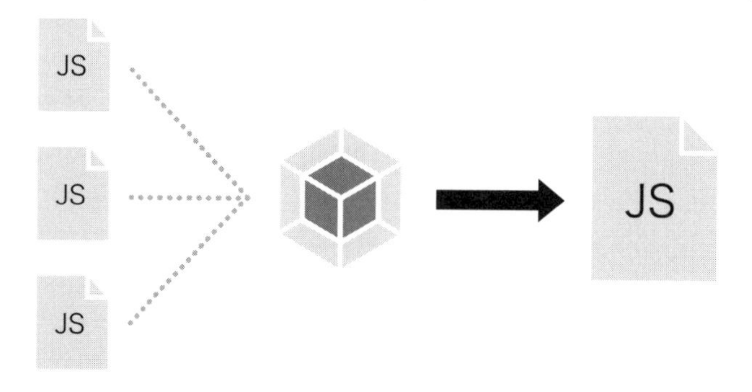

webpackは多機能なモジュール・バンドラーで、任意のローダー（読み込み処理のアドオン）を組み合わせることでJavaScript以外のファイルもJavaScriptからモジュールとして読み込むことができます。次に紹介するCSS Modulesというツールもこのローダーを使ってCSSをコンポーネント化するための処理を施しています。

CSSに擬似的なスコープを与えるCSS Modules

ReactがHTMLをJSXという形でJavaScriptに取り込んだため、HTML、CSS、JavaScriptのうち、2つはコンポーネント化することができるようになりましたが、唯一CSSだけはReactでコンポーネント化することができません。そこで、CSSもJavaScriptに取り込んでしまおうという発想があります。

HTMLの各要素はstyle属性で要素にスタイルを直接指定でき、JSXにも同様にstyle属性があります。CSS上でセレクターをいっさい定義することなく、JavaScriptで制御したスタイルを直接HTML要素に設定すれば、JavaScriptのスコープ内にCSSを管理することができます。このテクニックは、CSS in JSと呼ばれます。

CSS in JSを使うことにより、CSSも疑似的にコンポーネント化することが可能です。しかし、このテクニックには2つ問題があります。

- **カスケードからの影響を避けられない**
- **疑似要素セレクターや疑似クラス・セレクターなどが使用できない**

◉ カスケードの影響を避ける

1つ目の問題は、やはりCSSのカスケードする特性です。CSSを適用するセレクターをJavaScriptで制御したとしても、スタイルを完全にコンポーネント化することはできま

せん。とはいえ、CSS in JSによりセレクターのスコープをコンポーネント内に制限できることは、大規模なCSS開発を大幅にラクにしてくれるため、現状で大規模なWebフロントエンド開発を行う場合は、CSS in JSを利用することをおすすめします。CSS in JSを利用した場合は、カスケーディングするスタイルを制御する工夫が必要なので、第4章では、コンポーネントが外のノードに影響を与えないための工夫についてもお話します。

CSSのままモジュール化する

CSS in JSの2つ目の問題は、セレクターを使用しないため、疑似要素セレクターや疑似クラス・セレクターでできるCSSの表現が基本的にできないことです★3。疑似要素セレクターというのは、`::before`、`::after`など選択要素内の特定のパーツにスタイルを与えるもので、疑似クラス・セレクターは`:active`、`:nth-child()`、`:checked`など選択要素の特定の状態に対してスタイルを与えるものです。これらのセレクターは、状態やインタラクションに応じた見た目の定義、CSSで完結したある程度複雑な表現でも宣言的に簡潔に書けるため、普段からとても重宝するので、使用できないのは大きなデメリットです。

この問題は、ツールを使うと解決できます。本書ではCSS Modulesというツールを紹介します。CSS Modulesでは、通常どおりに書いたCSSをJavaScriptでインポートすることができます。

```
.balloon {
  border-radius: 2px;
  background-color: #1a1a1a;
  color: white;
  display: inline-block;
  font-size: 12px;
  padding: 6px 8px;
  position: relative;
}

.balloon::after {
  border-style: solid;
  border-width: 3px 3px 0 3px;
  border-color: #1a1a1a transparent transparent transparent;
  bottom: 0;
  position: absolute;
  content: "";
  display: block;
```

★3 CSS in JSのアプローチを拡張したstyled components（https://www.styled-components.com/）などのライブラリでは疑似クラス・セレクターをサポートしているものもあります。

```
  height: 0;
  left: 50%;
  transform: translate(-50%, 100%);
  width: 0;
}
```

これは、after疑似要素セレクターを含んだCSSです。これをstyles.cssという名前で保存して、JavaScriptから次のようにインポートすることができます。

```
import React from 'react';
import styles from './styles.css';

const Balloon = ({ children }) => (
  <span className={ styles.balloon }>{ children }</span>
);
```

●図2-13　after疑似要素が適用されてチップが表示された

CSSをJavaScriptでインポートと聞くと、「え、どういうこと?」と思う方もいるかもしれません。なぜ、そのようなことができるのかと言うと、CSS Modulesがwebpackのようなモジュール・バンドラーを使うことを前提にしたツールだからです。先程も説明したようにモジュール・バンドラーは、インポート対象のモジュールのコードを事前に解析するため、対象がCSSであってもJavaScriptで扱いやすい形に操作してバンドルに含めることが可能になります。

●図2-14　モジュール・バンドラーでCSSを操作する

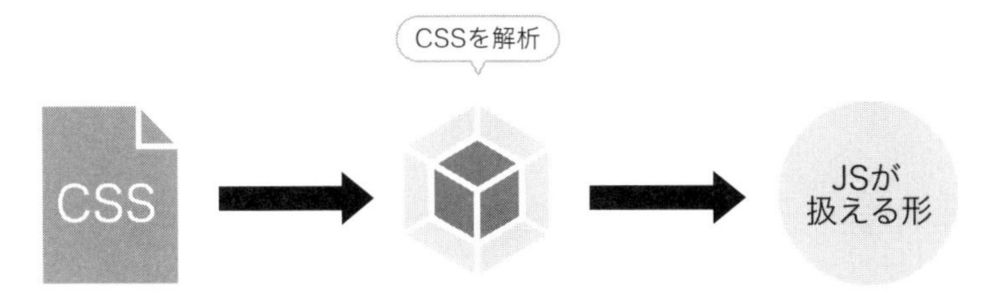

ここでは、インポートしたCSSをstylesというハッシュオブジェクトとして読み込んでいます。CSSの`.textbox`セレクターと同じ名前でstylesが持っているキーの値は**textbox___[ランダムな文字列]**のような文字列になります。この値は、**[セレクター名]___[ハッシュ値]**となるようにCSS Modulesによって生成された文字列で、生成後のセレクター名が、ほかのコンポーネントで使っているセレクター名と重複することがないように処理されています。そのため、たとえ別のコンポーネントで`.textbox`というセレクターを使ってスタイルを設定したとしても、そのセレクターがTextBoxのスタイルに影響することはありません。これによりコンポーネントの特徴の1つであるカプセル化がCSSにおいても実現できます。

CSS Modules以外にも疑似要素セレクターや疑似クラス・セレクターなどを利用可能にしつつセレクターに明確な適用範囲を与える手段やツールはいくつもあります。CSS Modulesはモジュール・バンドラーに依存したツールなので、開発環境によっては使用できないこともあるかと思います。しかし、CSS ModulesはCSSをCSSのままに書けるため、モジュール・バンドラーの設定さえしてしまえば、ツールに依存した学習は必要ありません。そのため、本書ではUIコンポーネント設計手法を学ぶことにより集中できるようにCSS Modulesを利用することとします。

Webフロントエンド技術はまさにコンポーネント・ベース開発がしやすくなる方向へと進んでいっています。言語レベルの仕様では現状では草稿段階であったり、対応Webブラウザが限られていたりする部分もあります。しかし、本章でも紹介したとおり実用レベルでコンポーネント・ベース開発を支えるツールが世の中にたくさんあります。

Atomic Design による UIコンポーネント設計

3-1 Atomic Designとは

UIコンポーネント設計のためのデザイン・フレームワーク

Atomic Designは小さいUIコンポーネントを組み合わせてより大きなコンポーネントを作っていくためのデザイン・フレームワークです。UIコンポーネントを5つの階層に分類することにより、最終的にはアプリケーションのUIをこれ以上分割できない機能にまで分割することを開発者に意識させます。そのため、より大きなUIが必要になる場合はコンポーネントを組み合わせて作るしかありません。Atomic Designは、どんな単位でUIをコンポーネント化すればよいかを示してくれるとてもシンプルなフレームワークです。

Atomic Designは、アメリカ・ピッツバーグを拠点に活動するWebデザイナーBrad Frost氏が提唱しました。Brad Frost氏は、従来の画面ごとにUIデザインを作っていくという考え方ではなく、コンポーネントのしくみを設計することがWebをデザイン（設計）することだと考えています。Atomic Designの「Design」という言葉は、ビジュアル的なデザインという意味ではなく、「設計」という意味のほうが強いです。

コンポーネントは化学要素と同じ

Atomic Designの「Atomic」は「原子の～」という意味です。学校の化学で習った原子というのは、物質を構成する最小要素です。そして、原子はほかの原子と結合して分子を構成します（図3-1）。

●図3-1　いくつかの原子が結合して水分子をつくる

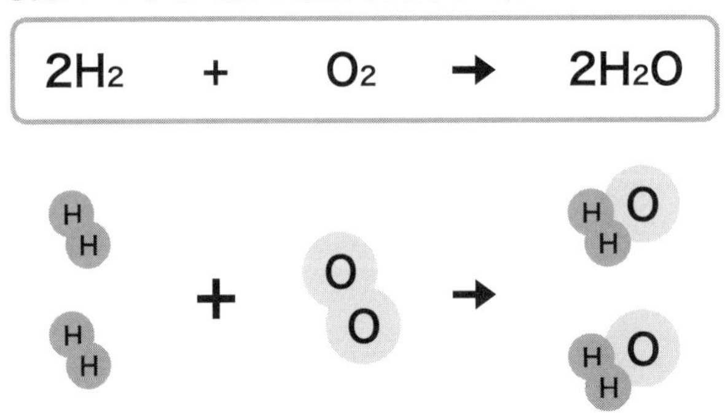

さらに、分子は集まって1つの有機体となります。分子の組み合わせが変われば別固体の有機体となります。世界にあるすべての物質は全部で100種類程の原子から構成されています。この世界には数え切れないほどの種類の物が存在していますが、かんたんに言ってしまえば、それらはすべてたった100数種類の原子から作られています。

●図3-2　元素の周期表

1 H																	2 He
3 Li	4 Be											5 B	6 C	7 N	8 O	9 F	10 Ne
11 Na	12 Mg											13 Al	14 Si	15 P	16 S	17 Cl	18 Ar
19 K	20 Ca	21 Sc	22 Ti	23 V	24 Cr	25 Mn	26 Fe	27 Co	28 Ni	29 Cu	30 Zn	31 Ga	32 Ge	33 As	34 Se	35 Br	36 Kr
37 Rb	38 Sr	39 Y	40 Zr	41 Nb	42 Mo	43 Tc	44 Ru	45 Rh	46 Pd	47 Ag	48 Cd	49 In	50 Sn	51 Sb	52 Te	53 I	54 Xe
55 Cs	56 Ba	57-71 Lanthandies	72 Hf	73 Ta	74 W	75 Re	76 Os	77 Ir	78 Pt	79 Au	80 Hg	81 Tl	82 Pb	83 Bi	84 Po	85 At	86 Rn
87 Fr	88 Ra	89-103 Actinides	104 Rf	105 Db	106 Sg	107 Bh	108 Hs	109 Mt	110 Ds	111 Rg	112 Uub	113 Uut	114 Uuq	115 Uup	116 Uuh	117 Uus	118 Uuo

Lanthanides	57 La	58 Ce	59 Pr	60 Nd	61 Pm	62 Sm	63 Eu	64 Gd	65 Tb	66 Dy	67 Ho	68 Er	69 Tm	70 Yb	71 Lu
Actinides	89 Ac	90 Th	91 Pa	92 U	93 Np	94 Pu	95 Am	96 Cm	97 Bk	98 Cf	99 Es	100 Fm	101 Md	102 No	103 Lr

アプリケーションを構成するUI要素も、原子と物体の関係と同じです。私たち開発者はボタンやプルダウンメニュー、テキストフォームなどの限られた種類のUI要素を組み合わせて、世界中にあふれるさまざまなアプリケーションを生み出しています。

●図3-3　HTML5要素の周期表★1

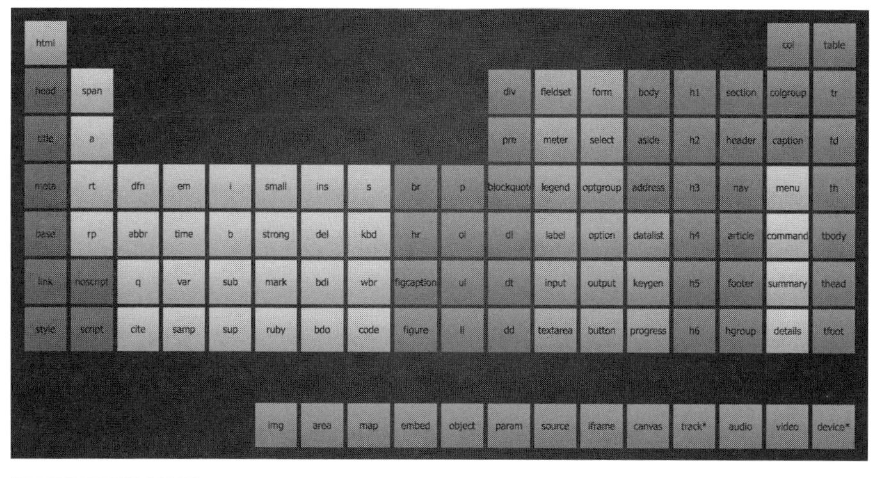

★1　オーストラリアのフロントエンド・エンジニアJosh Duck氏が作ったHTML5要素の周期表。

Atomic Designを提唱したBrad Frost氏は、最小単位の原子が組み合わさって分子を構成し、その分子が集まって有機体を構成する自然界のモデルをUIのコンポーネント設計に適用しています。そのため、Atomic Designによるコンポーネントの粒度は以下のように分類されています。

●図3-4　Atomic Designのコンポーネントの粒度

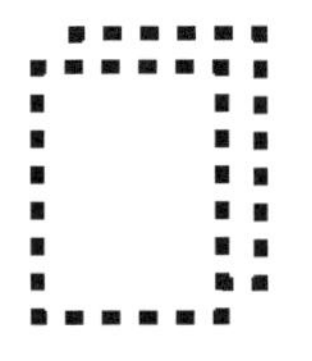

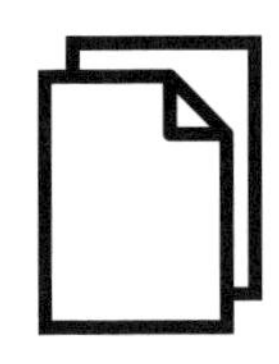

コラム　化学用語とWeb用語が混在している理由

Atomic Designの大きな特徴の1つは、Atoms、Molecules、Organisms、と化学用語が続いた後で、Templates、Pagesと通常の開発用語が登場することです。ここには、「開発者だけで使う用語」と「開発者以外に対しても使う用語」という区別が表現されています。つまり、化学用語のAtoms、Molecules、Organismsというコンポーネントの概念は開発者だけが認識していればよいものであり、一般的な用語のTemplatesとPagesについては、開発者以外の経営者やクライアントと話す際にも説明する必要がある概念だという意味が込められています。

私自身も「AbemaTV」プロジェクトのUI設計にAtomic Designを採用した際、UI開発者であるエンジニアとデザイナーの間では、UIを説明する共通言語として頻繁にAtomsやMoleculesなどの化学用語を使ってコミュニケーションを取りましたが、プロデューサーや経営者との会話でこれらの用語を使いませんでした。いきなり化学用語が登場すると会話に混乱が生まれるという心配が理由でしたが、そもそも使う必要もありませんでした。ビジネス戦略やプロジェクト進行について打ち合わせることが多いプロデューサーや経営者との会話の中で、UIが内部的にどのように構成されているかを説明することはほとんどないでしょう。

3-2 UIコンポーネントの分割基準を考える

Brad Frost氏によるAtomic Designの説明では、残念ながら、詳細なUIコンポーネントの分割基準は示されていません。かんたんな分類方針が示されているだけです。そのため、5つの層のうちどのUIコンポーネントをどの層に分類すればよいか、具体的な基準は自分たちで決める必要があります。

階層の依存関係を整理する

Atomic Designは小さいコンポーネントを組み合わせて大きいコンポーネントを作るので、「小さなコンポーネントが大きなコンポーネントを含まない」という依存の方向性が存在します。そのため、Atomic DesignはUIデザインを階層化アーキテクチャ（レイヤード・アーキテクチャ）の概念を取り入れて設計するものとして考えることができます。階層化アーキテクチャは、アプリケーションを責務に応じたいくつかの層に分割して設計する手法です。

●図3-5　層の依存関係

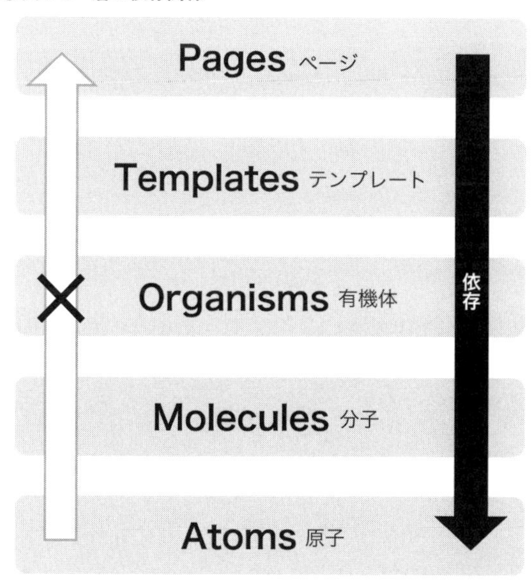

図3-5のように、層には上位層と下位層の関係があります。上位層は下位層に依存しますが、下位層は上位層に依存したり参照利用しないように設計します。すべてのコンポーネントの責務を、これらの層のどこかに属するようにを決めます。そのため、1つの層は共通性がある責務を持ったコンポーネントの集合体として捉えることができます。

デザイン視点で関心の分離を考える

階層化アーキテクチャは責務（＝関心）に応じて層を設計するので、2-5節で説明した関心の分離が重要です。UIではどのような関心事があるかを考えてみましょう。

UIデザインはアプリケーションを使うユーザーがUIを通してどのように行動してほしいかをデザインすることです。意図するユーザーの行動プロセスと、デザインすべき対象を、次の表3-1に示します。

●表3-1　意図するユーザーの行動プロセスとデザインすべき対象

順番	行動プロセス	デザインすべき対象
1	画面全体から情報を探す	画面全体のレイアウト
2	興味を引くコンテンツを見つける	ユーザーの行動を促すコンテンツの見せ方
3	コンテンツに促されて行動をする	行動を阻害しない操作性
4	全体を通してサービスに良い印象を抱く（そして再訪する）	デザインの統一性

◉ 画面全体のレイアウト

最初に訪問したユーザーは、アプリケーションの画面から自分が必要としている情報や興味がある情報を探します。画面上に情報が適切にレイアウトされているかは、情報の探しやすさに直結します。もし、ユーザーに見つけさせたい情報が見つけやすい場所に配置されていなければ、ユーザーはそのアプリケーションに何の価値も見出さないことになってしまいます。

◉ ユーザーの行動を促すコンテンツ

ユーザーがアプリケーション内の情報に興味を持つかどうかは、コンテンツの見せ方にも大きく影響されます。コンテンツが魅力的に見えれば、ユーザーはサービスの意図したとおりのモチベーションを持って行動してくれます。

◉ 行動を阻害しない操作性

ユーザーがコンテンツによって行動を促された時、その行動をいかにかんたんに実行できるかが重要になります。せっかくコンテンツが魅力的でも、行動を完了するために複雑な操作を強いられるようでは、ユーザーは途中で諦めてしまうかもしれません。

デザインの統一性

最も基本的なことですが、デザインが統一されていることは重要です。デザインが統一されていれば、ユーザーは細かいところで迷うことがありません。そうなれば、ユーザーはアプリケーションを使いやすいと思ってくれますし、また再訪してくれる可能性が高まります。

UIデザインの関心事をAtomic Designで階層化する

UIデザインにおける関心事を4つに分類したので、これらをAtomic Designの階層に割り当てます。

表3-2　Atomic Designの階層と関心事の対応

層	関心
Templates	画面全体のレイアウト
Organisms	ユーザーの行動を促すコンテンツ
Molecules	行動を阻害しない操作性
Atoms	デザインの統一性

Pages層は、コンポーネントが所属する層ではなくプロダクトそのものです。UIデザインの関心から除外すると、すべてのUIコンポーネントが持つべき関心が分類できたことになります。

階層化するメリット

アプリケーション開発におけるUIデザインは、トライ&エラーをくり返すものです。1度決めたデザインが最大のコンバージョンを生み出す可能性はゼロに等しく、ユーザー分析やユーザー・テストなどをくり返して、地道に最大のコンバージョンへと近づけていきます。アプリケーションのUIは、紙媒体のデザインよりも比較的かんたんに更新できるので、こうしたトライ&エラーも許される領域でしょう。

階層化アーキテクチャは、メンテナンス性をもたらしてくれる設計です。メンテナンス性が高ければトライ&エラーもしやすいので、UI設計の特性ともとても相性が良いです。UIコンポーネントの階層化は、設計に次のようなメリットを与えてくれます。

- 全体を考慮する必要がなく1つの層の責務に関わる課題だけに集中できる
- 同一層に属するコンポーネントであれば差し替えることができる
- 上位層のUIコンポーネントの変更が下位層に影響することがない

◉ 1つの層の責務に関わる課題だけに集中できる

責務を分離したことにより、UIデザインにおける課題が分割されます。たとえば、ユーザー分析の結果、ユーザーが欲しい情報を見つけられていないことがわかったとします。これは「画面全体のレイアウト」の問題が原因として考えられるため、その関心事が紐づいているTemplates層のUIコンポーネントに集中して、解決案を考えればよいのです。また、ユーザーが興味があるコンテンツを見つけているのにも関わらずコンバージョンに至っていないのであれば、「行動を阻害しない操作性」に問題があるかもしれません。Molecules層のUIコンポーネントのデザインを変更することで、解決できる可能性が高いです。

●図3-6　課題解決のフロー

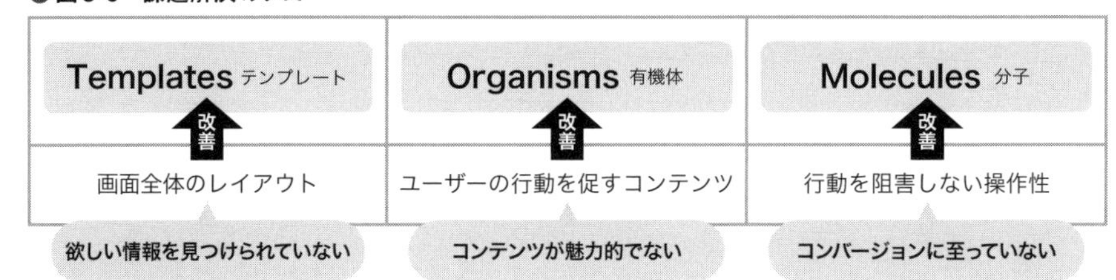

◉ 同一層で代替可能

階層が責務によって分割されているので、あるUIコンポーネントで解決できない問題があった場合、同一層の別コンポーネントに差し替えることが可能です。コンポーネントのバリエーションを作りやすくなり、複数バリエーションに対するユーザーの反応を定量的に分析するテスト（A/Bテストなど）も行いやすくなります。

● 図3-7　バリエーションを増やす
コンポーネントBをコンポーネントB'に代替

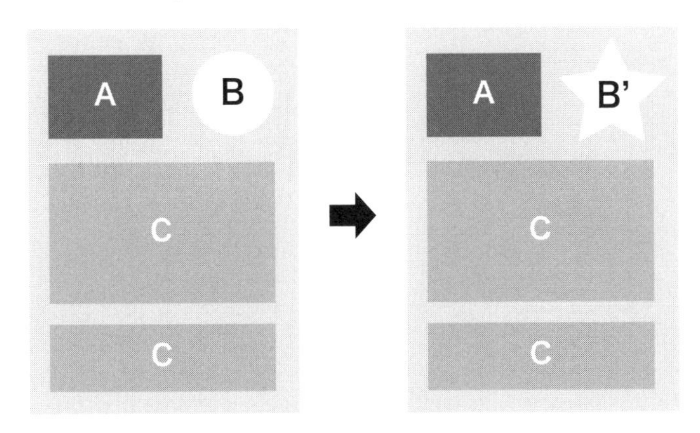

下位層のUIコンポーネントは変更に強い

サービスのコア・コンセプトに変更が無い限り、アプリケーションのUIデザインにおいて変更頻度が最も高いのは、TemplatesやOrganismsなどの上位層です。しかし、階層化アーキテクチャでは下位層は上位層の変更に影響を受けないように設計されます。最適なUIデザインの解を探すためにトライ&エラーをくり返したとしても、実装として変更を加える場所は最小限に留められます。

● 図3-8　上位層の変更に階層が影響を受けない

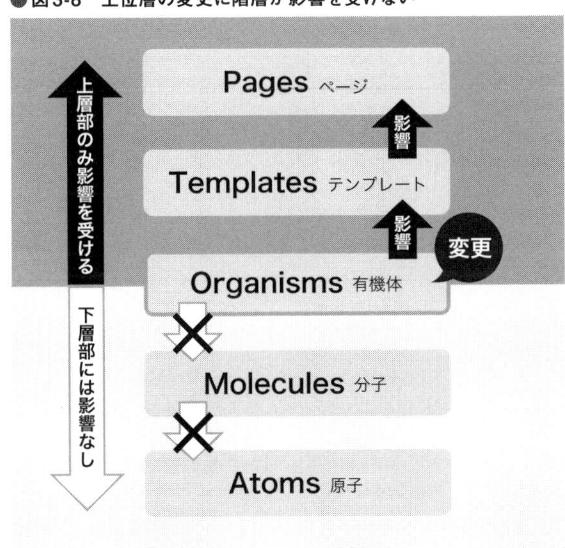

3-3 Atoms（原子）を設計する

UIコンポーネントの分割の基準が整理できたので、ここからは下位層から順に詳しく見ていきましょう。

世界のあらゆるものを構成する最小単位である原子と同じように、Atomic DesignにおけるAtomsは、あらゆるUIコンポーネントの最小単位です。以降の節で説明しますが、Atoms以外4つの粒度のコンポーネントは、すべてAtoms層に分解できるように設計します。「Atomic（原子的な）」という名前で示しているように、このデザイン・フレームワークの核であり、最も大切な粒度です。

ここで注意しなければいけないのは、Atoms層はUIコンポーネントとしての最小単位なので、コンポーネントには何らかの機能が必要だということです。つまり、Atoms層は、「それ以上UIとしての機能性を破壊しない最小要素」となるように分割します。

Atoms層でコンポーネント化したほうがよいものは以下の4つのカテゴリーです。

- **プラットフォームのデフォルトUI**
- **プラットフォームのデファクト・スタンダードなUI**
- **レイアウト・パターン**
- **セマンティックな（意味を付加するような）デザイン要素**

プラットフォームのデフォルトUI

プラットフォームがデフォルトで提供しているUIはまさに最小単位です。Webアプリケーションの場合は、画面をHTMLで記述しますが、たとえば、`<input type="text" />`という空タグはHTMLとしてはこれ以上分割することができませんが、ユーザーにテキストを入力させたり、入力値を取得するDOMインターフェースを提供します。

<input>要素以外でもHTMLが提供している要素の多くは、Atoms層のコンポーネントとして扱えます。当然ですが、HTMLは特定のアプリケーションに依存した要素を提供することはありません。あらゆるWebサイトやWebアプリケーションで使うことになるであろう、いわばスタンダードなUIのみをHTML要素として提供しています。

しかし、これらのHTML要素を素のタグのまま使用すると、見た目が各Webブラウザ

のユーザーエージェント・スタイルシートになってしまうため、ほとんどの場合、自分たちのサービスのトンマナ（トーン&マナー）に合わせてCSSを書くでしょう。デフォルトUIに対してオリジナルの見た目を定義するCSSと一緒にコンポーネント化したものをAtoms層として作っておくと、再利用性とトンマナの統一性を同時に実現できます。

●図3-9　標準のUIに独自のスタイルを適用してコンポーネント化する

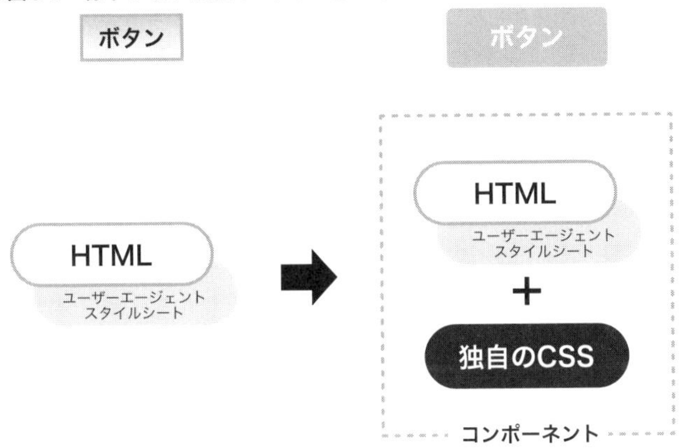

◉ ボタン

たとえば、ボタンは、クリック時何らかの処理を開始する機能をユーザーに提供する最小コンポーネントです。同時に、処理を開始するためにクリック可能な範囲を視覚的に表現する機能も提供しています。これらの機能は破壊することなくUIを分割できないので、ボタンはAtoms層に分類するUIコンポーネントと言えます。

●図3-10　クリック時何らかの処理を開始する機能

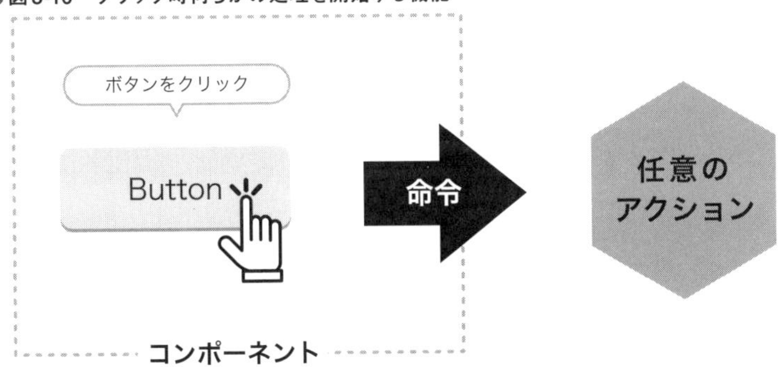

なお、ボタンの機能には、どんな処理をするかまでは含めません。具体的にどんな処

理をするかまで機能に含めると、「それ以上機能的に分解できない最小単位」ではなくなってしまうからです。

◉ テキスト・インプット

テキスト・インプットは、キーボードなどを通してテキストデータを入力する機能を提供する最小コンポーネントです。同時に、入力を開始するためのトリガー機能を、テキスト・インプットのクリック時に提供しています。入力されたテキストデータをユーザーへのフィードバックとして表示する機能が必要です。そしてそのテキストデータを外部から取り出すためのインターフェースも必要になります。

●図3-11　テキスト・インプットの機能

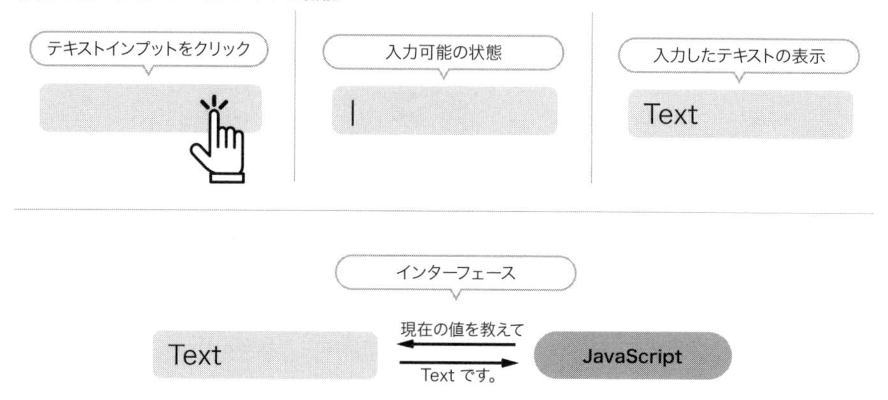

◉ テキスト

もっと単純な機能を持つUIコンポーネントは、テキストです。テキストの機能は「任意の情報（コンテンツなど）を表示する」です。とても単純ですが、テキストもこれ以上機能的に分割することができないコンポーネントです。

プラットフォームのデファクト・スタンダードなUI

プラットフォーム自体が提供していないUIでも、多くのアプリケーションで使われていて、デファクト・スタンダードとなっているUIがあります。たとえば、バルーンチップやバッジ、カードなどのUIは、いろいろなアプリケーションでよく見るため、ユーザーはすでにUIの機能や意味を瞬時に理解できます。これらのUIも、アプリケーションに依存する機能ではないので抽象的です。

●図3-12　バルーン、バッジ、カード

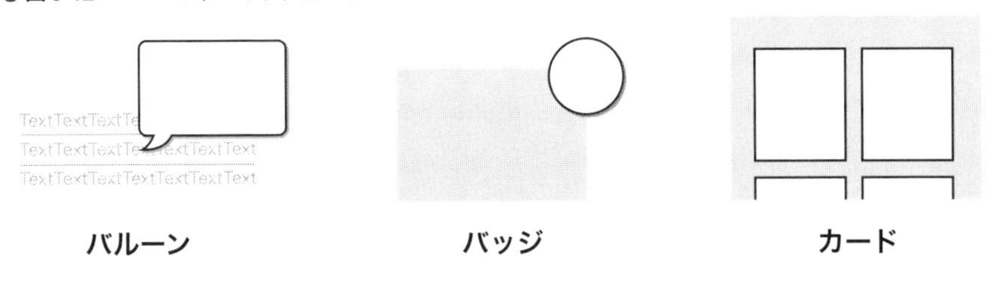

デファクトUIも、プラットフォームのデフォルトUIと同様の働きをするため、Atoms層としてコンポーネント化しておくと、再利用性とトンマナの統一性を同時に実現できます。

レイアウト・パターン

Webアプリケーションのような画面を持つインターフェースでは、UIのレイアウト・パターンも機能と考えられます。Webアプリケーションでは、次のようなレイアウトのパターンをよく見かけると思います。

●図3-13　グリッド、聖杯レイアウト、メディア

レイアウトは、特定のコンテンツに依存しない機能なので、Atoms層のコンポーネントとして作成するとよいでしょう。第4章では、レイアウトのコンポーネント化についても説明します。

セマンティックなデザイン要素

画面上のコンテンツに意味を付加する（セマンティックな）デザイン要素もAtoms層としてコンポーネント化するとよいでしょう。同じ意味を持つコンテンツに常に同じ見た目をデザインすると、ユーザーは見た目を通してすぐに意味を理解できます。

◉ 見出し

記事などの見出しは、ユーザーが最も興味を持つコンテンツです。その記事が興味があるものかどうか、ユーザーに順次に判断してもらうために、画面上ですぐに見出しだとわかる見た目にすることが重要です。見出しの見た目がアプリケーション内で統一されていれば、ユーザーは自然にその見た目をした要素を画面上で探すでしょう。アプリのトンマナを統一するために、見出し要素をAtoms層としてコンポーネント化しておきましょう。

◉ 本文

記事に見出しがあれば、もちろん本文もあります。本文は、画面の広い面積を占めるため、画面上で特別目立つ存在というより、ユーザーに極力違和感を与えてはいけない存在です。そして、長い文章をユーザーに苦痛なく読ませるための工夫が必要です。行間や行送りの幅を適切にしたり、背景に対して強すぎず弱すぎないコントラストの文字色にしたり、書体にも気を遣います。これらの要素がページごとで統一されていないと、ユーザーは真っ先に違和感を感じてしまうので、確実にコンポーネント化しておきたいものです。ニュース系サービスなど以外では、記事本文デザインをその他の文字デザインと区別せず、単純なテキスト表示コンポーネントとしてひとまとめに扱う場合もあるかもしれません。しかし、その場合でも、長文に使用するのであれば、これらのポイントを留意することになるでしょう。

◉ コンテンツ画像

アプリケーション上で画像を使うことも多いでしょう。どんな意図で画像を使うかによって、コンポーネントが持つべき責務が変わってきます。記事などのコンテンツの1つとして画像を表示する場合は、画像自体が表示されなければコンテンツが完成しません。そのため、コンテンツ画像を表示するためのUIコンポーネントは、「コンテンツがそこに存在していることをユーザーに知らせる」という責務を持つ場合が多いでしょう。

画像は、テキスト・データに比べてデータ量が多いため、ほとんどの場合HTMLとは別に読み込まれます。そのため、テキストが表示されてから画像が表示されるまでの間をつなぐ機能などをコンポーネントに含めることもあります。

●図3-14　画像表示の遅延

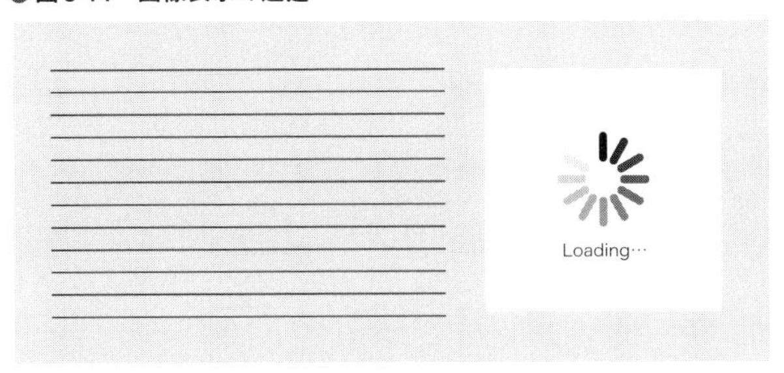

コンテンツが存在することを教える機能は、プレースホルダー画像やローディング・インディケーターなどを使ってデザインする場合が多いです。これらのデザイン要素が統一されていることで、ユーザーは画像コンテンツの存在を迷わず知ることができます。

アイコン

アイコンも画像の1つですが、コンテンツ画像とは異なる役割を持ちます。アイコンは、テキストの代わりに機能などを説明する記号です。特定の言語を理解しないユーザーに対しても、アイコンはメッセージを伝えることができます。また、文字ではなく絵でメッセージを伝えるため、うまく使えば、ユーザーはより直感的にメッセージを理解できます。

アイコンはコンテンツではないため、主役にはなりません。あくまで脇役として、文字より省スペースかつ直感的にメッセージを伝えたり補足することがアイコンの機能です。そのため、コンテンツ画像のような「そこに存在することをユーザーに示す機能」は必要ありません。むしろ、なくても成り立つように考えることが重要です。アイコンを表示するUIコンポーネントの関心は、画像が読み込まれない場合でも存在を主張しないことにあります。

デコレーション枠や区切り線

デコレーション枠などは、特定のエリアに意味を持たせるために使われます。たとえば、Material Design★2でいう「ペーパー」という概念は、デコレーション枠で3次元のレイアウトを表現します。ペーパーと呼ばれるオブジェクトの周りにドロップ・シャドウのデコレーションを施し、シャドウの大きさとぼかしにより立体的な位置をユーザーに直感的に伝える手法です★3。

★2　Google社が提唱するデザイン手法。https://material.io/guidelines/layout/principles.html
★3　https://material.io/guidelines/material-design/elevation-shadows.html#elevation-shadows-shadows

●図3-15　Material Designのペーパー

ペーパーのドロップ・シャドウのようなデコレーション枠が決まったルールに従って見た目を表示しているので、ユーザーはアプリケーションで定義された物理法則を学習して、直感的に理解します。

それ以外にも、本文の途中でワンポイント的なテキストや注釈などを表示したりする際に、そのテキストの周りを特徴的なデコレーション枠で囲んだり、区切り線を引くことで本文と明確に区別する意味を持たせられます。これらの要素もアプリケーションを通じて見た目と意味を一貫させないとユーザーを混乱させてしまいます。

◉ アニメーション

ここまでは静的なデザイン要素について触れてきましたが、時間軸を含めたアニメーションもUIを構成する重要なデザイン対象です。アニメーションは、画像同様に自身がコンテンツになることもありますが、ここで触れるのはいわゆるUIアニメーションと呼ばれるUIの操作性を補助するための機能です。

UIデザインにおいてアニメーションは装飾のように認識されがちですが、アニメーションのエキスパートのPasquale D'Silva氏は、「UIアニメーションは機能だ」と説明しています★4。アニメーションは、「あるUIの状態から次の状態に遷移する際のコンテキストを説明する」という機能を持っています。

たとえば、9つのアイテムが一覧されているリストに、1アイテムを追加するUIを考えてみましょう。アニメーションがない状態では、9個のアイテムが唐突に10個に増えても、ユーザーは何が起きたか理解できません。しかし、ここにアイテムが増える過程を表現するアニメーションを追加してみたらどうでしょう？　9個のアイテムのうち、2個目と3個目の間が隙間が生まれた後、そこに新しいアイテムがフェードインするようなアニメーションです。このような過程を説明するアニメーションを入れることで、どういうコンテキストで前の状態から次の状態に遷移したかをユーザーは直感的に理解できます。

★4　https://medium.com/@pasql/transitional-interfaces-926eb80d64e3

●図3-16　アイテムが増えるアニメーション

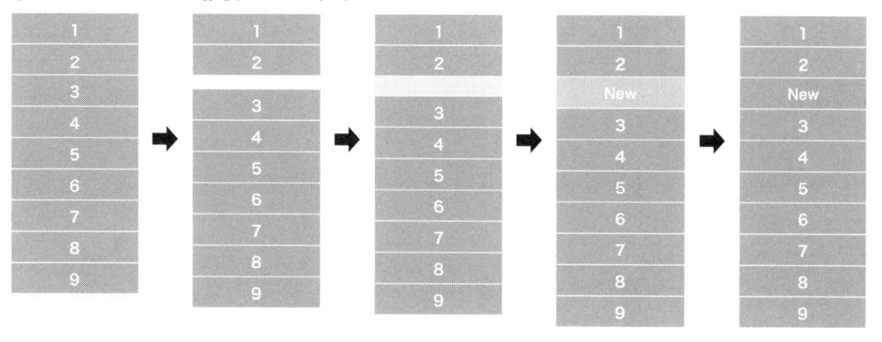

このアニメーションがページによって異なる動きをしてしまうと、ユーザーは、そのアニメーションが何の意味をしているのかを見失ってしまいます。UIアニメーションもサービス内で統一された動作をする必要があります。

デザインの統一感を支える

ここまで説明したAtomsのデザイン要素は、すべてデザインの統一感に直結するものばかりです。同じアイコンが画面によって異なる機能を表現していたら、ユーザーは混乱します。レイアウトひとつ取っても画面によってレイアウトがバラバラではユーザーは探したいコンテンツをすぐに見つけることができません。ちょっとした違和感はユーザーの中で蓄積します。デザインが統一されていないために、ユーザーが使いにくさを感じて、サービスの利用を止めてしまうことは避けなければいけません。

●図3-17　レイアウトがバラバラな場合と統一されている場合

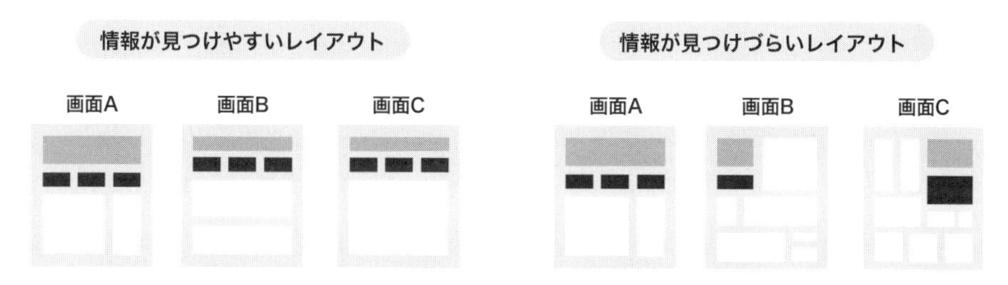

サービスのブランディングという観点においても、トンマナが統一されていることは重要です。人は、主張が一貫しているものに強い印象を受け、信頼を寄せます。逆に主張が二転三転するものは、人の印象に残りにくく、結果として信頼されることもありません。

すべてのUIの基礎となるAtoms層のコンポーネントが、統一されたデザイン・コンセプトに従っていれば、UIを通してユーザーに強いブランドイメージを残すことができます。同時に、使いやすさを提供し、結果として長く使われるサービスを提供する基礎となります。

3-4 Molecules（分子）を構成する

Molcules層のコンポーネントは、2つ以上の原子が結合して分子になるように、Atoms層のUIコンポーネントを複数組み合わせて作ります。

ユーザーの動機に対する機能を提供する

Atomsは最大限抽象化した機能を持たせたコンポーネントですが、Moleculesはどんな粒度でコンポーネント化するのがよいでしょうか。Atoms層のコンポーネントが提供するインターフェースの機能は「ボタンをクリックする」や「テキストを入力する」だけで、ユーザーがどんな動機でそれを行うのか、という部分が抜けています。Molecules層のコンポーネントでは、何のために「ボタンをクリックする」のか、何のために「テキストを入力する」のか、機能を組み合わせてユーザーの具体的な動機に応える機能の単位でUIをコンポーネント化します。

検索フォーム

たとえば、「何かキーワードで検索したい」というユーザーの動機に応じるには、Atomsの例として紹介したボタン、テキスト・インプット、テキストの3つのコンポーネントを組み合わせて、検索フォームを作成します。

●図3-18　Atomを組み合わせて構成した検索フォーム

ページを検索　Text　検索

検索フォームを構成した3つのコンポーネントに注目すると、Atomsだったときには非常に抽象的だった機能が、検索フォーム（Molecules層）を構成する部品として使われると、かなり具体的な役割を担うようになります。

●表3-3　検索フォームにおけるAtomコンポーネントの機能

コンポーネント名	Atom時の機能	検索フォームでの役割
テキスト・インプット	任意のテキストを入力する	検索したいキーワードを入力する
ボタン	クリック時に任意の処理を開始する	検索を開始する
テキスト	任意のテキスト情報を表示する	何が検索できるかの説明を表示する

◉ メッセージ・フォーム

同じAtoms層コンポーネントを使って、まったく別の機能を持ったMolecules層コンポーネントを作ることもできます。たとえば、検索フォームと同様に、ボタン、テキストインプット、テキストといったAtomsを組み合わせて作るメッセージ・フォームです。メッセージ・フォームは、「何かメッセージを投稿したい」というユーザーの動機に応えるものです。図3-19を見ると、検索フォームよりUI要素の数が増えていますが、メッセージフォームを構成するAtoms層のコンポーネントの種類は検索フォームと同じです。

●図3-19　Atomsを組み合わせて構成したメッセージ・フォーム

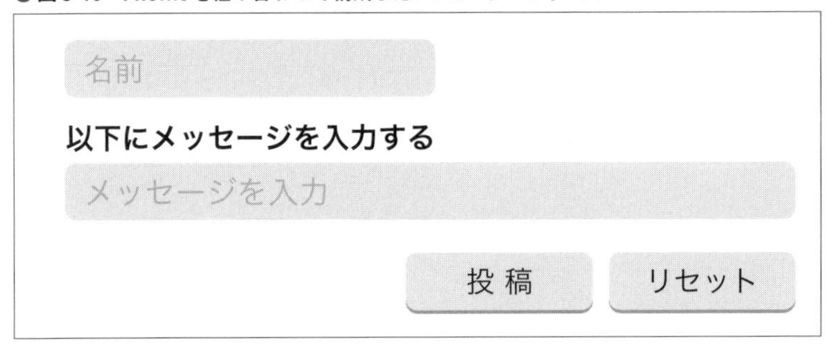

ただし、それぞれのAtoms層コンポーネントが持つ役割は、検索フォームのときとメッセージフォームのときでは異なります。

●表3-4　メッセージ・フォームにおけるAtomコンポーネントの機能

コンポーネント名	Atoms時の機能	メッセージ・フォームでの役割
テキスト・インプット	任意のテキストを入力する	投稿者の名前を入力する
テキスト・インプット	任意のテキストを入力する	投稿したいメッセージを入力する
ボタン	クリック時に任意の処理を開始する	メッセージを投稿する
ボタン	クリック時に任意の処理を開始する	入力したメッセージをリセットする
テキスト	任意のテキスト情報を表示する	投稿を促す説明を表示する

このように、同じAtoms層コンポーネントを使っていても、Molecules層によって違う

役割を与えられるのは、Atomsが抽象的な機能だけ持つように作られているからです。もし、ボタン自体に「メッセージを投稿する」という処理をコンポーネントの機能として含めていたら、そのボタンは検索フォームに使えません。限られたAtomsを最大限に有効利用してMolecules層ごとに異なる機能を与えるためにも、Atoms層を機能的に分解できる最も抽象的なコンポーネント群として定義しておく必要があります。

コラム　化学と同じAtomsとMoleculesの関係性

同じAtoms層のコンポーネントを使って、別の機能を持ったMolecules層を構成できることは、自然界の原子と分子の関係がモデルになっています。自然界でも、同じ原子で構成された分子が、原子の組み合わせ方によってまったく違う性質を持つことがあります。

たとえば、水と過酸化水素です。水（H2O）と過酸化水素（H2O2）はともに水素原子(H)と酸素原子(O)が結合してできている分子ですが、この2つの性質はまったく異なります。水は言うまでもなく皆さんが普段飲んでいる水ですが、過酸化水素は殺菌剤や漂白剤としても利用されるような腐食性を持ったものです。殺菌剤や漂白剤を飲むなんてとんでもないことなので、この2つの分子の性質が異なることは明白です。

●図3-20　H原子とO原子から構成される水H2Oと過酸化水素H2O2

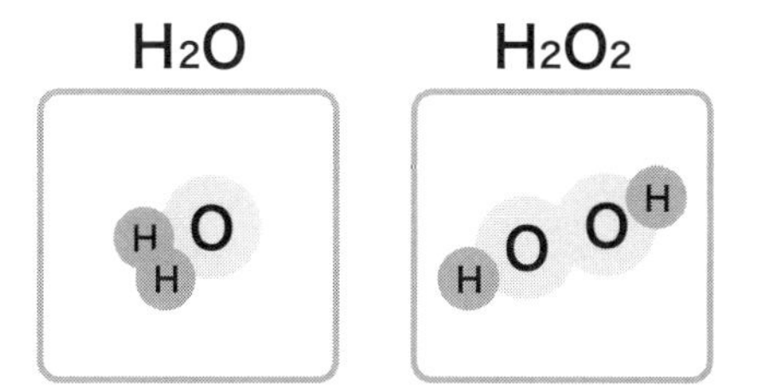

Moleculesのデザインを統一するには

検索フォームやメッセージ・フォームのように、Molecules層が担っているのは、ユーザーが意識してやりたいと思っていることに対して機能を提供することです。

Atomsは「ボタンをクリックする」や「テキストを入力する」などの機能を提供しますが、それ自体がユーザーがやりたいことではありません。ボタンをクリックしたりテキストを入力することは、ユーザーにとっては検索したりメッセージを投稿するための手段でしかないからです。

Atomsはユーザーがアプリケーションとコミュニケーションする手段を提供するコンポーネント群で、Moleculesはユーザーがやりたいこと自体を行う機能を提供するコンポーネント群だと説明しました。ユーザーの関心は自分自身がやりたいことなので、「ユーザーの関心に強く影響するのはMoleculesであり、ユーザーがAtomsを意識することはない」はずです。しかし、ユーザーがMoleculesを通してやりたいことをかんたんにやるためには、その手段自体がわかりやすいことが重要です。手段がわかりやすいということは次の2点を満たしている必要があります。

1. 以前に使ったことがある、または、直感的に使い方がわかる形をしている
2. 似た形をしたものは常に同じ挙動をする

これは、Atoms層のコンポーネントによってアプリケーションのデザインが統一されていることと同義です。Moleculesが直感的な使い勝手でユーザーが持つさまざまな関心事に応えるためには、適切で重複することのない抽象的な機能を持ったAtomsが、多くのMolecules内で共有されていることが重要です。

Molecules層のコンポーネントをユーザーの動機に対する責務でコンポーネント化することで、ユーザーのタスク完遂に対する効率性を最大化します。

3-5 Organisms（有機体）を構成する

Organisms は Molecules や Atoms で構成されるコンポーネント群です。Molecules や Atoms だけではなく、Organisms 層のコンポーネント自体も別の Organisms 層のコンポーネントを構成する要素になることがあります。

独立して成立するコンテンツを提供する

Molecules はユーザーの関心事に対して機能を提供しましたが、Organisms 層はコンポーネントで完結するコンテンツを提供します。たとえば、写真共有サービスにあるユーザーの投稿を表示するコンポーネントは Organisms 層に分類されます。

●図3-21　投稿記事コンポーネント

この投稿記事コンポーネントでは、投稿者の名前、アバター・アイコン、投稿者をフォローするボタン、投稿した写真、見出し、記事本文、閲覧者が反応するための「いいね！」や「コメント」ボタン、投稿記事に対するコメント一覧を表示しています。このコンポーネントからは、1投稿記事に関する情報をまとめて得られて、1つのコンテンツとして独立して存在することが可能です。

Organisms層のコンポーネントは、独立してコンテンツを提供できるため、コンテンツ単位で切り取って画面に配置することができます。そのため、新規の画面を作る際も「ここに（Organisms層のコンポーネントの）ヘッダーを1番上に配置して、次にヒーロー・イメージ（メイン・ビジュアル）を配置して、その下にユーザーの投稿リストを配置して、最後にフッターを配置しよう」といった会話で、画面デザインの認識を共有することもできます。この層のコンポーネントがエンジニア、デザイナー、ディレクター間で共通認識として存在していると、コミュニケーションが迅速に進みます。

MoleculesとOrganismsの分け方

Atomic DesignでUIコンポーネントを設計していると、MoleculesかOrganismsのどちらに含めていいかわからない粒度のコンポーネントが頻繁に出てきます。MoleculesもOrganismsもどちらも「複数のコンポーネントを組み合わせて作る」という意味で同じだからです。

MoleculesとOrganismsは、以下のように考えて分けるとよいでしょう。

- **Molecules：独立して存在できるコンポーネントではなく、ほかのコンポーネントの機能を助けるヘルパーとしての存在意義が強いコンポーネント**
- **Organisms：独立して存在できるスタンドアローンなコンポーネント**

たとえば、図3-21の投稿記事コンポーネントを構成する要素としては、以下の2つのMolecules層のコンポーネントが考えられます。この2つのコンポーネントは、ユーザーの関心事に対する機能を提供しつつ、他のコンポーネントをサポートするコンポーネントです。

●図3-22　ユーザー情報コンポーネント（Molecules層）

●図3-23　投稿リアクションコンポーネント（Molecules層）

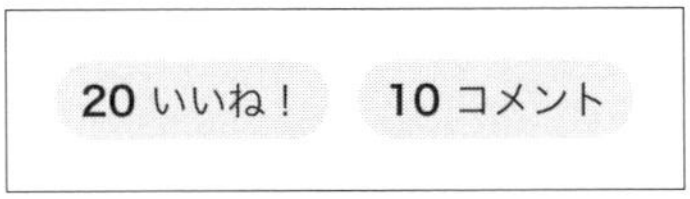

20 いいね！　10 コメント

ユーザー情報コンポーネントは、「投稿者の情報を知りたい」と思う閲覧者の関心事に対する機能を提供しています。しかし、このコンポーネント単体で見た場合は、何の情報を表示しているかわからないでしょう。投稿記事コンポーネントに含まれて初めて、「投稿者のユーザー情報だ」という具体的な役割を得られます。

投稿記事リアクション・コンポーネントも同様に、「投稿記事に対してリアクションしたい」という閲覧者の関心事に対する機能を提供しています。しかし、このコンポーネント単体では対象となる投稿記事がないため、独立したコンテンツにはなりません。

3-6 Templates（テンプレート）、Pages（ページ）

ついに化学用語から離れます。前述したとおり、ここからは開発者以外とのコミュニケーションで使うことを想定したものです。一方、Pagesは、Templates層のコンポーネントに実際のコンテンツを流し込んだものです。つまり、ユーザーが実際に触れるプロダクトのUIそのものです。

ページ・レイアウトに対する責務を担う：Templates

Templates層はその名のとおりページの雛形です。雛形なので具体的なコンテンツを持ちませんが、Organisms層やMolecules層、Atoms層などのコンポーネントを実際のサービスのページと同様に配置します。

Templates層の目的は、コンポーネントがページ上で正しくレイアウトされるかを確認することです。具体的なコンテンツがないので、特定のコンテキストに影響されることなくページのレイアウト構造そのものの良し悪しに集中して確認できます。第5章では、Templates層のコンポーネントがレイアウトをコンテンツから切り離していることを利用して、効率的にレイアウト・テストを行う方法を紹介します。

また、レイアウトだけではなく、Templates層が含むコンポーネントがページ全体で適切に連携して動作するかを確認できます。これは特定のコンテンツに依存することなく、常に良いユーザー体験を提供できているかを確認するために重要です。

Templates層は、コンテンツとプロダクトのUI機能を分離するための大事なレイヤーです。

コンテンツとコンポーネントをつなぐ：Pages

Templates層のコンポーネントに実際のコンテンツを流し込んだものがPagesです。つまり、まさにユーザーがプロダクト上で実際に触れるものです。そのため、厳密に言えば、Pagesはコンポーネントとは言えないかもしれません。実際のコンテンツに影響されるため、カプセル化もされませんし、再利用もしません。Pagesの役割は、Templatesを介してコンテンツやルーティングをコンポーネントに接続することです。

わざわざPagesとTemplatesを分けて作るのは、煩雑に感じるかもしれません。しかし、TemplatesをPages（プロダクト）とは別のコンポーネントとして作ることで、レイアウト・デザインをコンテンツから分離できます。そのため、コンテンツに依存することなく、レイアウト・テストを効率よく実施できるメリットがあります。

Atomic Designは、このように、Atomsという小さい抽象的なコンポーネント群を作ることから始まり、それを組み合わせて徐々に大きく具体的なコンポーネントを構成し、最終的に実際にユーザーが見る具体的なコンテンツを持ったPagesを作る手法です。

UIコンポーネント設計の実践

4-1 開発環境を準備する

ここからは具体的にUIコンポーネントを設計していきます。Node.js v8.5.0がインストールされたmacOSを例に説明していきますが、Windowsでも同様にNode.jsをインストールして環境を用意すれば大丈夫です。

```
$ node --version
v8.5.0
```

Node.jsのインストール

PCまたはMacにNode.jsがインストールされていない場合は、インストールします。Node.jsを使っての開発は案件によってさまざまなバージョンのNode.jsを使い分けることも多いので、Node.jsのバージョンを管理するためのツールを導入することをおすすめします。使用するプラットフォームによって導入方法が違うため、WindowsとMac／Linuxの場合のそれぞれの導入方法について説明します。

◉ Windowsの場合

Windowsの場合はNodistというNode.jsバージョン管理ツールが簡単で便利です。まず、Nodistをインストールします。

・Nodlist
`https://github.com/marcelklehr/nodist`

上記のリリースページからインストーラーをダウンロードします。執筆時点の最新版はv0.8.8なので、NodistSetup-v0.8.8.exeをダウンロードしてインストールしてください。

●図4-2 Nodistリリースページ

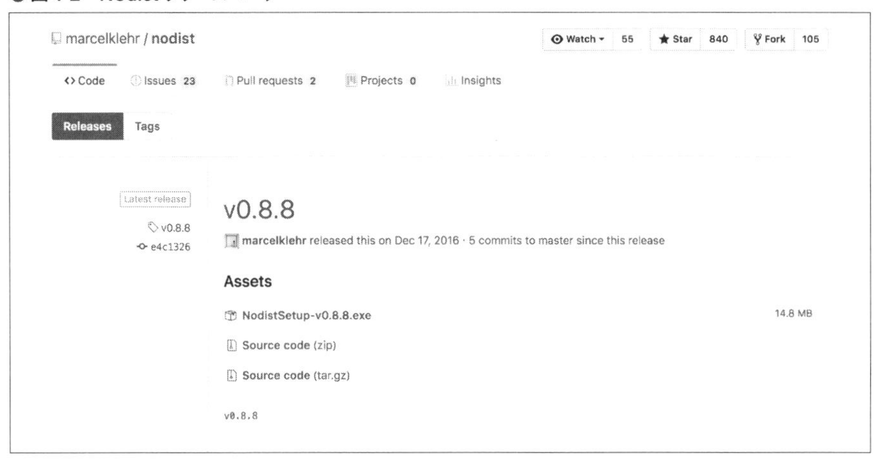

インストールが完了したら、コマンドプロンプトを開いてNodistのコマンドが使用できるか確認しましょう。

```
> nodist -v
```

ダウンロードしたバージョンが表示されればコマンドが使用できるようになっています。この例では`0.8.8`と表示されます。それでは、NodistでNode.jsをインストールします。どのバージョンのNode.jsがインストール可能なのかを確認します。

```
> nodist dist
```

Nodistの`dist`コマンドでバージョン一覧が出力されます。

```
...（省略）...
  8.4.0
  8.5.0
  8.6.0
...（省略）...
```

今回は8.5.0をインストールします。

```
> nodist + 8.5.0
```

インストールが完了したら使用するバージョンとして8.5.0を選択します。

```
> nodist 8.5.0
```

最後にNodeが使用できるようになったことを確認します。

```
> node -v
v8.5.0
```

正しいバージョンが表示されたらインストール完了です。

◉ Mac／Linuxの場合

MacやLinuxの場合は「n」というNode.jsバージョン管理ツールが便利です。Windowsの場合で紹介したNodistもnにインスパイアされて開発されています。nのインストールにはNode.jsが必要なのですが、まだNode.jsがインストールされていないため、「n-install」というツールを使ってnをインストールします。

- n
  https://github.com/tj/n

以下のコマンドを実行するとn-installが実行されて、nがインストールされます。

```
$ curl -L https://git.io/n-install | bash
```

--versionオプションでnを実行してバージョンが確認してください。インストールが完了したら、nでインストール可能なNode.jsのバージョンを確認します。

```
$ n --version
2.1.4
```

lsコマンドで一覧が出力されます。

```
$ n ls
```

```
...（省略）...
    8.4.0
    8.5.0
    8.6.0
...（省略）...
```

ここでは8.5.0をインストールします。

```
$ n 8.5.0
```

インストールが完了したらNodeが使用できるようになったか確認しましょう。

```
$ node -v
v8.5.0
```

正しいバージョンが表示されたらインストール完了です。

Yarnをインストールする

本書では、Node.jsのパッケージ・マネージャーとしてYarnを使用しています。Node.jsの標準パッケージ・マネージャーはnpm（Node Package Manager）ですが、YarnはFacebook、Exponent、Google、Tildeが共同で開発したnpm上位互換のパッケージ・マネージャーです。上位互換なので、本書で紹介しているYarnによる処理はnpmでも同様のことができます。なので本書においてYarnのインストールは必須ではありません。Yarnの記述に関してはnpmのコマンドに置き替えて進めていただくこともできます。

しかし、Yarnによるパッケージ・インストールはインストール結果に一貫性が期待できます。依存パッケージのバージョン違いによる予測できないバグの発生を防ぐためにも、また、Yarnはキャッシュや並列化によりダウンロードが高速であったり、チェックサムを使ってパッケージの整合性を確認するなどより安全に運用できるというメリットもあります。

Yarnのインストールをするには次のコマンドを実行します。

```
$ npm install yarn -g
```

バージョンを確認してコマンドが使用可能になったことを確認しましょう。

```
$ yarn -V
```

サンプル・プロジェクトのダウンロード

次に本書で使用するサンプル・プロジェクトをダウンロードします。以下のURLにアクセスして「ui-components.zip」というファイルをダウンロードしてください。

- **サンプル・プロジェクト・ダウンロードページ**
  http://gihyo.jp/book/2018/978-4-7741-9705-0/support

ダウンロードしたらZIPファイルを展開して、ui-componentsというディレクトリに移動してください。ここがサンプル・プロジェクトのルート・ディレクトリです。第4章、第5章では、ここで作業を行います。

ディレクトリを移動したら次のコマンドを実行して必要なnpmパッケージをインストールします。

```
$ yarn
```

`Done in **s.`と表示されたら、インストール完了です。

4-2 UIコンポーネントの設計を考える

具体的なUIを実装することを想定して、コンポーネント設計を考えていきましょう。ここでは、インターネット・テレビ・サービスの番組通知リストUIをコンポーネント・ベースで実装していきます。

●図4-1　通知リストの画面

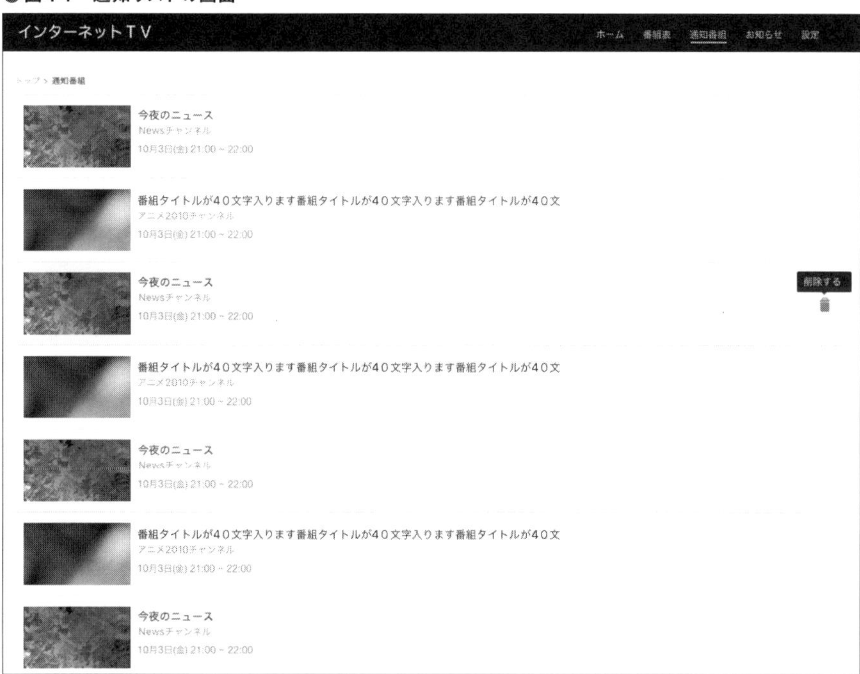

UIをコンポーネント化する際、デザイン要素としてのコンポーネント設計と実装としてのコンポーネント設計を考える必要があります。まずはデザイン要素としてのコンポーネント設計を考えていきましょう。

Atomic Designによるコンポーネント設計の実践

多くのプロジェクトでは、UIデザインはデザインカンプで管理されていることが多いでしょう。Atomic Designはあくまでコンポーネント・ベースのデザイン手法のため、本当はデザインカンプを作る段階で、コンポーネントを意識して作成されていることが理想です。とはいえ、初めてコンポーネント・ベースのUI開発をプロジェクトに導入する場合、いきなりコンポーネント・ベースでUIをデザインできるようなスーパー・デザイナーはほとんどの場合いないと考えたほうがよいでしょう。

なので、ここでは多くのUI開発現場で主流であるデザインカンプ・ベースのデザイン・フローを想定して、次のようなデザインカンプからUIをコンポーネントに分割していくというフローを説明していきます。

デザインカンプからコンポーネントを分割する

◉ Templatesを囲み出す

Atomic Designでは、画面のレイアウトをそのままコンポーネント化したものがTemplates層のコンポーネントです。そのため、この層のコンポーネントの分割はかんたんです。

●図4-2　Templatesを矩形で囲む

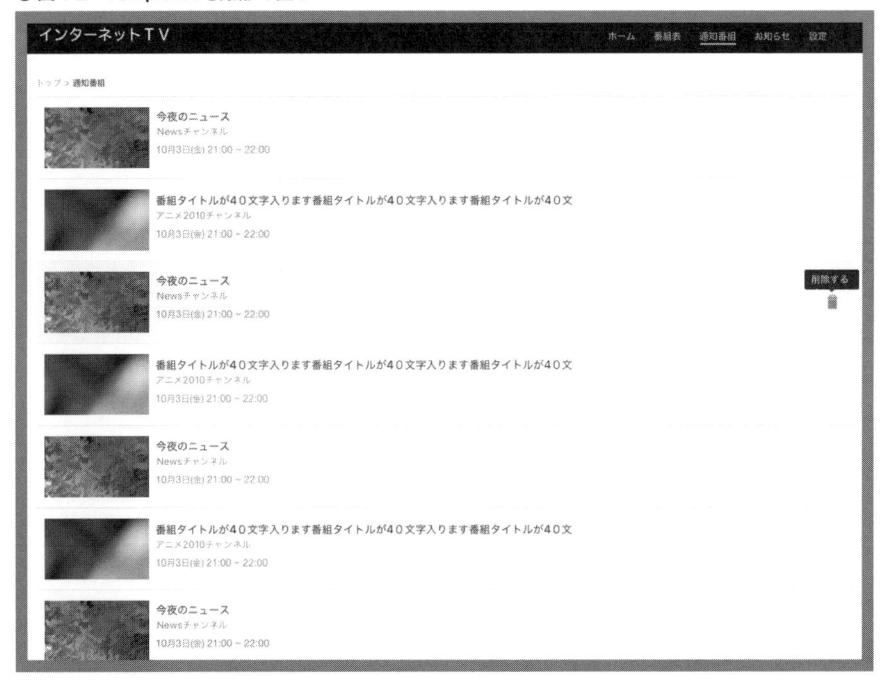

Organismsを抜き出す

Templates層コンポーネントの次に具体的なコンポーネントは、Organisms層コンポーネントです。まずは、Organisms層コンポーネントを抜き出します。独立してコンテンツとして成立する部分をコンポーネントとして抜き出します。

●図4-3　Organismsを矩形で囲む

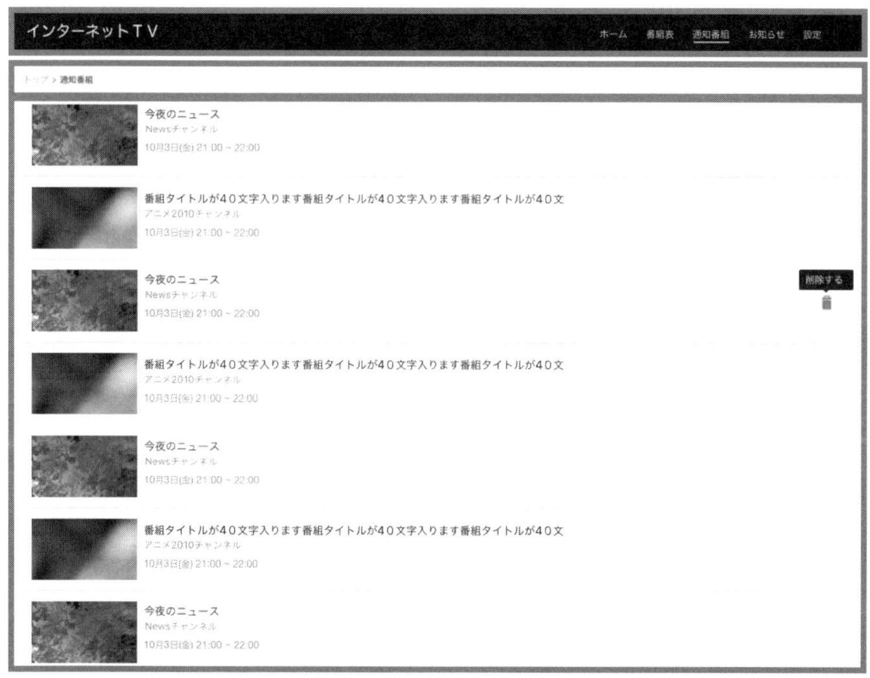

ここでは、ヘッダー部分と通知リストの2つが、独立したコンテンツとしてどんな画面にでも再利用できそうです。では、通知リストをさらにコンポーネントとして分解できるでしょうか。「コンテンツとして独立している」という意味では、通知リストの1アイテムも同様にOrganisms層コンポーネントとして扱うことができます。

●図4-4　Organismsを矩形で囲む（通知アイテム）

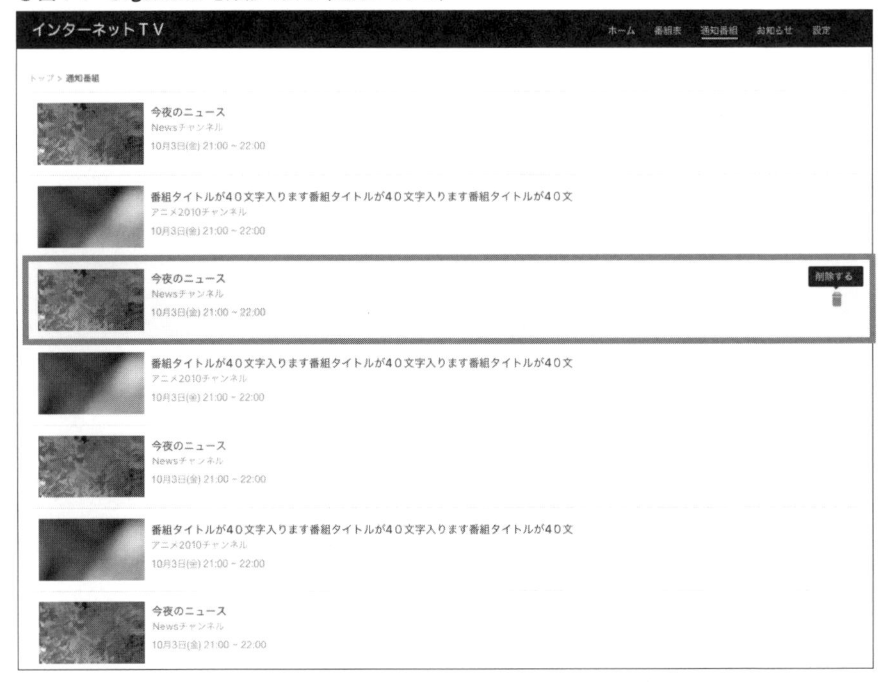

このように、Organisms層コンポーネントは、ときに別のOrganisms層コンポーネントを含んでコンテンツを表現することもあります。

Molecules、Atomsに分解する

次に、通知の1アイテムを分解します。中に含まれている要素は番組のサムネイル画像、タイトル、チャンネル名、放送日時、削除ボタンです。どれも単体でコンテンツとして成立することはなさそうです。MoleculesとAtomsに分解できないか見ていきます。

●図4-5　通知アイテム内の要素を矩形で囲む

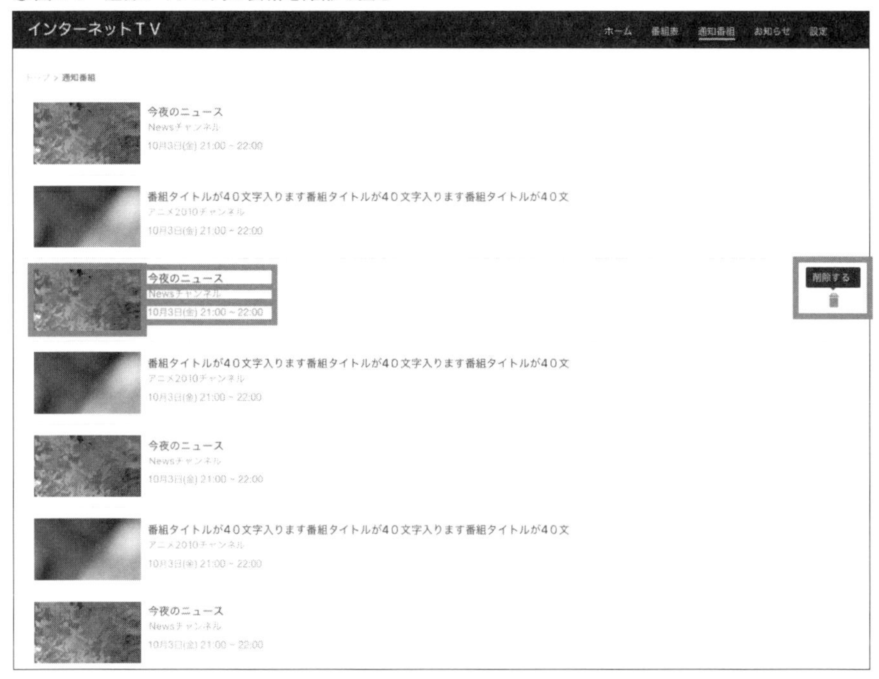

サムネイル画像は、画像なのでこれ以上分解できないでしょう。タイトルやチャンネル名、放送日時は、単純なテキストなので同様にこれ以上分解できないでしょう。これらは、それぞれAtoms層のコンポーネントとして分割することにします。

●図4-6　通知アイテム内のAtoms層コンポーネントを矩形で囲む

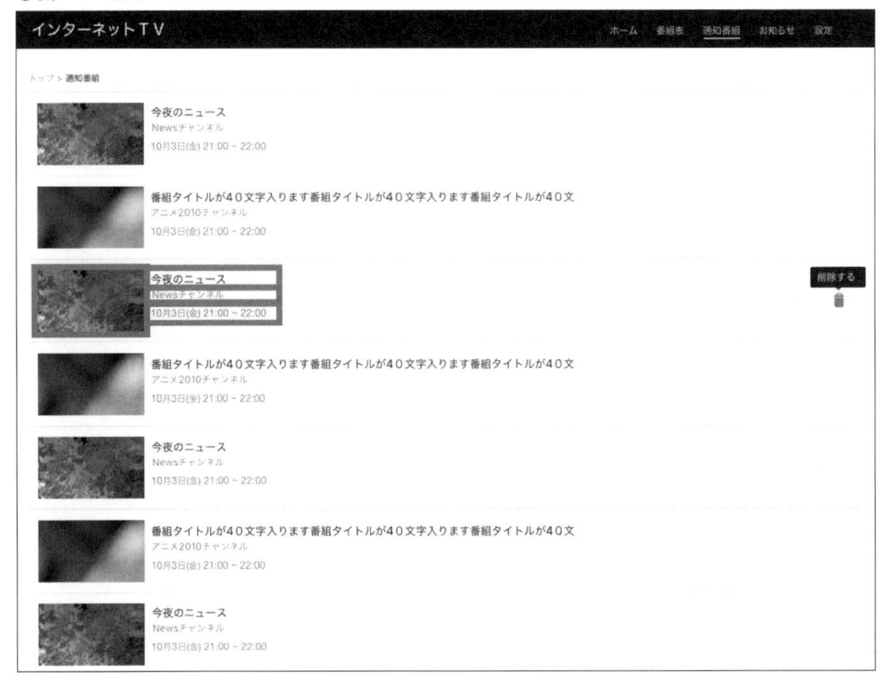

削除ボタンは一見ただのアイコンですが、マウスカーソルをホバーすると「削除する」というラベル付きのバルーンを表示する仕様です。そして、これはユーザーが「通知を削除する」というタスクを意識して使うUIです。このUIでユーザーに「削除する」というタスクに関して使い方を覚えてもらえば、ほかの画面で同じUIが出てきても迷わず「これは削除するためのUIなんだな」とわかってもらえます。どの画面で再利用しても同じ認識を提供できるように、このタスクは、Moleculesとしてコンポーネント化するとよいでしょう。

●図4-7　通知アイテム内のMolecules層コンポーネントを矩形で囲む

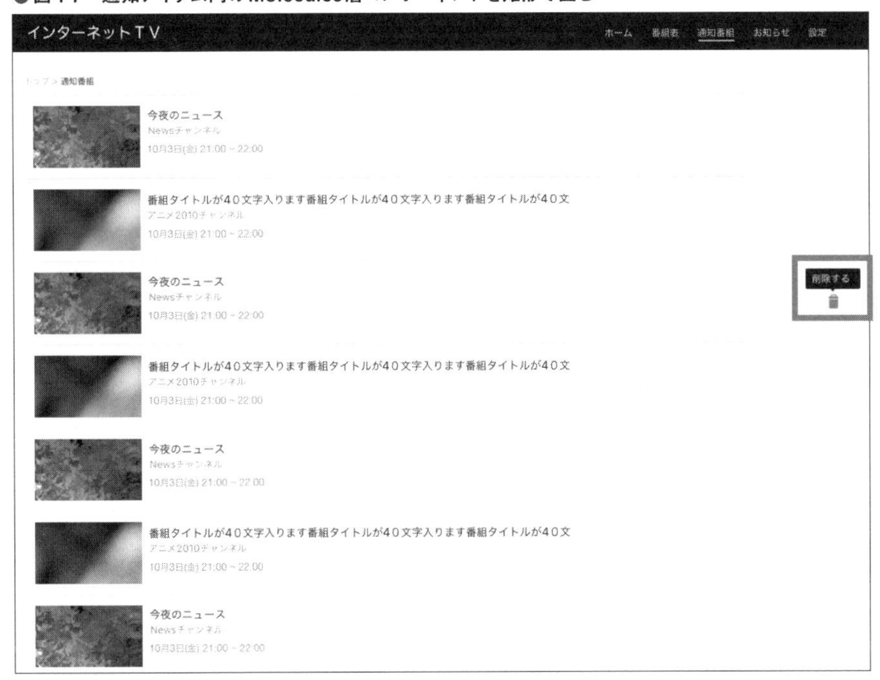

もちろん、このMolecules層のコンポーネントは、複数のAtoms層のコンポーネントに分割できます。削除ボタンが持つ要素は、ゴミ箱アイコンとバルーンです。それぞれをAtoms層としてコンポーネント化することにします。

●図4-8　通知アイテム内のMolecules層コンポーネントのAtomsを矩形で囲む

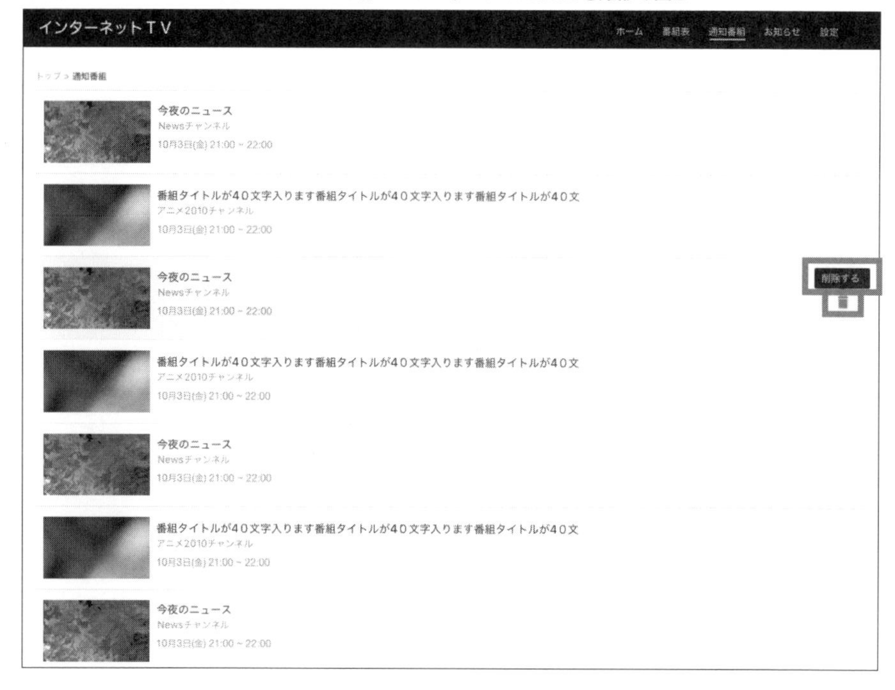

こうして、Atomic Designの階層ごとにUIデザイン要素をひとまず以下のように分類できました。

【atoms】

- ProgramThumbnail - 番組のサムネイル
- ProgramTitle - 番組タイトル
- ChannelName - チャンネル名
- BroadcastingHours - 放送時間
- Balloon - バルーン
- TrashCanIcon - ゴミ箱アイコン

【molecules】

- DeleteButton - 削除ボタン

【organisms】

- Notification - 通知アイテム
- NotificationList - 通知リスト

Atoms層コンポーネントの抽象度を適切にする

コンポーネントの粒度はきれいに分割できた気がしますが、1つ問題があります。これだと、コンテンツに関心を持つべきではないAtoms層のコンポーネントが、「番組（コンテンツに関する要素）を表示する」というコンテキスト（文脈）に依存しすぎているのです。

Atomic Designでは、Atomsを抽象度が最も高いコンポーネントの層として考えています。Atomsは、UIに関する原子的なデザイン要素を包むコンポーネントです。いまAtomsに分類したコンポーネントについて、以下のように、それぞれ原始的なデザイン要素を抽出します。

- **番組のサムネイル　→　画像を表示するデザイン要素**
- **番組タイトル　→　見出し情報を表示するデザイン要素**
- **チャンネル名　→　テキスト情報を表示するデザイン要素**
- **放送時間　→　時間情報を表示するデザイン要素**

たとえば、この本のように書籍などのデザインにおいて、読みやすい本というのは共通する役割を持ったデザイン要素は同じ見た目をしています。そのため、1度章の見出しのデザインを見たら、別の章で見出しを探すことがとてもかんたんです。同じようにデザインされた要素を探しましょう。

このように、デザイン要素は、コンテンツに依存することなく存在できます。視覚デザインによって要素の役割を一瞬でユーザーに伝えることが、Atoms層のコンポーネントが持つべき関心です。

Atoms層コンポーネントの抽象度を適切にしたコンポーネントが次のようになります。

【atoms】

- Img - 番組のサムネイル。Image
- Heading - 番組タイトル
- Text - チャンネル名
- Time - 放送時間
- Balloon - バルーン
- TrashCanIcon - ゴミ箱アイコン

【molecules】

- DeleteButton - 削除ボタン
- ViewingStatus - 視聴ステータス

▶【organisms】

- Notification - 通知アイテム
- NotificationList - 通知リスト

この抽象度は1つの例でしかありませんが、もしUIデザイナーとUI実装者が別の人である場合、デザイナーとUI実装者が、抽象度の認識を共有することが大切です。デザインカンプをコンポーネントに分割するこのタイミングで、デザイナーと認識を合わせる時間を取ることをおすすめします。しかし、実際には、多くのデザイナーにとって、コンポーネント・ベースでのUIデザインは、とても理解しにくいものです。第6章では、デザイナーと認識を共有するためのポイントについても説明します。

4-3 UIコンポーネントを実装する

4-2節でAtomic Designのレイヤーに合わせて適切にコンポーネント設計できたので、これらを実装していきます。コンポーネントは、第2章でも説明したようにカプセル化されている存在なので、単体で実装することができます。ここでは、コンポーネントをプロダクトに依存することなく実装できることを確認するために、コンポーネント・リストを用意します。

コンポーネント・リストとは

コンポーネント・リストとは、コンポーネントを再利用可能な状態で管理するための一覧のことです。わかりやすいイメージとして、メールマガジンのマーケティングと配信を行うツールを提供している「MailChimp」の公開コンポーネント・リストを見てみましょう。

●図4-9　MailChimpのコンポーネント・リスト★1

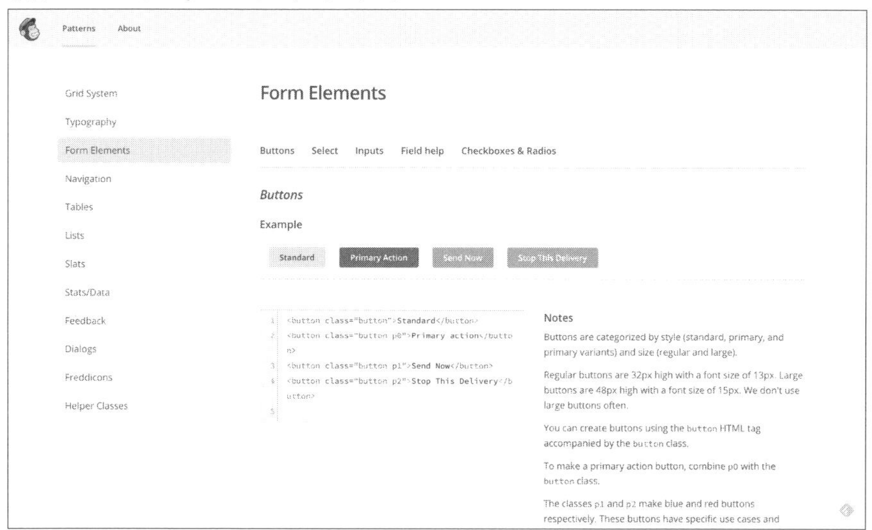

★1　http://ux.mailchimp.com/patterns

これを見ると、アプリケーションでどんなUIコンポーネントを使っているのかが一覧で俯瞰できます。また、コンポーネントの利用方法についても、どのHTMLタグをどのCSSセレクターと一緒に使うことでUIコンポーネントを再利用できるかが、すぐ理解できます。多くの場合、コンポーネント・リストでは、ただUIコンポーネントが一覧されているだけではなく、コード・スニペットと一緒に管理されています★2。

Storybookでコンポーネント・リストをつくる

コンポーネント・リストをかんたんに作るために、ここではStorybookというツールを使います。Storybookは、React／React Native／Vue／Angular用のUIコンポーネント開発環境です。元々はKadiraというスリランカのスタートアップによってReact用に開発されていましたが、2016年12月にKadiraが閉鎖したことに伴ない、v3.0からコミュニティにより開発が継続され、v3.2でVueのサポート、v3.3でAngularをサポートを拡大しています。

Storybookは、Reactなどのライブラリで作ったUIコンポーネントを、プロダクトとは切り離した環境で開発することを促進するツールです。この環境で開発したUIコンポーネントは、プロダクトへの依存関係がまったくない状態に保たれるため、結果的に再利用性が高いコンポーネントを作ることにつながります。

ダウンロードされたテンプレートには、Storybookが設定してあります。ここからは、実際にコンポーネントを実装して、Storybookに追加していきましょう。

Atoms層のコンポーネント実装：Balloon

まず、「削除する」というラベルをバルーン表示するAtoms層コンポーネントを実装しましょう。コンポーネント化を考えず、HTMLとCSSだけで実装する場合は、たとえば次のようになるでしょう。

リスト4-1

```
<style>
.balloon {
  background-color: #1a1a1a;
  border-radius: 2px;
  color: white;
```

★2 「スタイルガイド」や「パターン・ライブラリ」という名前で「コンポーネント・リスト」のことを指していることも多いです。これらの名前はよく混同されがちですが、実際は別々の用途で使われていることも多いので注意が必要です。

```
  display: inline-block;
  font-size: 0.8rem;
  padding: 0.4rem 0.5rem;
  position: relative;
}

.balloon::after {
  border-color: #1a1a1a transparent transparent transparent;
  border-style: solid;
  border-width: 3px 3px 0 3px;
  bottom: 0;
  content: "";
  display: block;
  height: 0;
  left: 50%;
  position: absolute;
  transform: translate(-50%, 100%);
  width: 0;
}
</style>
<span class="balloon">削除する</span>
```

「削除する」というテキストをspan要素で囲んでいるだけのHTMLに、CSSでスタイルを適用しています。これでBalloonの見た目は完成しました。

●図4-10　HTMLとCSSで表現したBalloonのブラウザ上の表示

◉ コンポーネント化する

これを再利用できるように、Reactでコンポーネント化していきます。まず、テンプレートのsrc/components/atomsディレクトリの中に、Balloonディレクトリを新規作成します。そのディレクトリに、styles.cssというファイルを作成し、リスト4-1のCSS（<style>要素の中身）をそのまま書いて保存します。

次に、同じディレクトリにindex.jsというファイルを作成し、JSXを返すだけの関数を以下のように作成して、それをエクスポートしています。

リスト4-2　src/components/atoms/Balloon/index.js

```
import React from 'react';
```

```
import styles from './styles.css';

const Balloon = () => <span className={ styles.balloon }>削除する</span>;

export default Balloon;
```

返しているJSXは、リスト4-1のHTMLの<span>タグと内容がそっくりです。違うのは、class属性が**className**という名称になっていることと、値の部分が**{ styles.balloon }**となっていることです。JSXのclassNameは、HTMLでのclassに相当します。そして値の部分ですが、CSS Modulesでインポートしたstyles.cssの**.balloon**クラスセレクターを適用しています。

これで、Balloonコンポーネントを使うことができるようになりました。最初のAtoms層コンポーネントとして、Storybookに追加していきたいと思います。同じディレクトリにindex.stories.jsというファイルを作り、次のようにコードを書いて保存します。

リスト4-3　src/components/atoms/Balloon/index.stories.js

```
import React from 'react';
import Balloon from './index.js';

export default stories => stories
  .add('デフォルト', () => <Balloon />);
```

これで、StorybookにBalloonコンポーネントを追加できました。Storybookで確認してみましょう。サンプル・プロジェクトでは、package.jsonの中にstorybookという名前でnpm scriptが設定してあります。プロジェクトのルートディレクトリで、次のようにコマンドを実行するとStorybookが立ち上がります。

```
$ yarn storybook
```

しばらくすると、次のように、http://localhost:6006にStorybookが開始したことを案内されるので、ブラウザでhttp://localhost:6006にアクセスします。

```
Storybook started on => http://localhost:6006/
```

●図4-11　Storybook

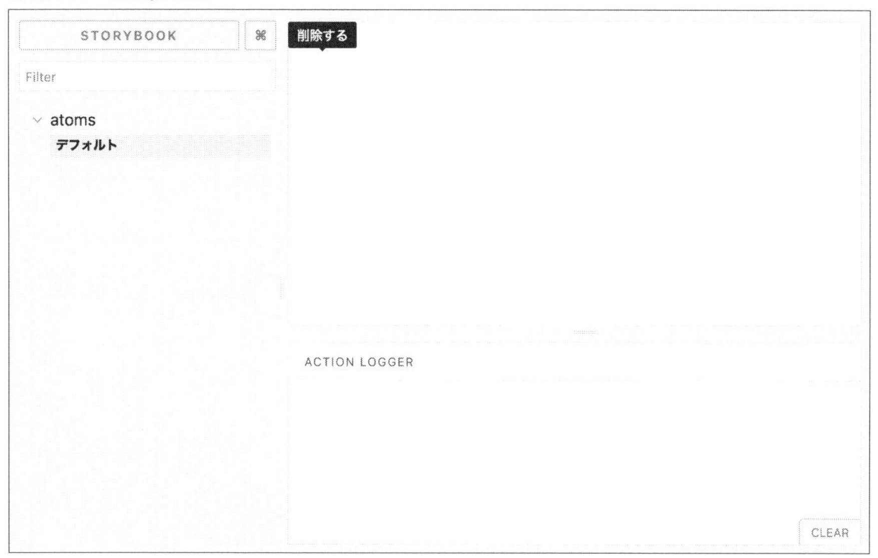

図のように、いま実装したBalloonコンポーネントを確認できます。これで、通知リストで使いたいBalloonコンポーネントは実装できました。

◉ ラベル内容を表示するという関心を分離する

しかし、このコンポーネントは、Balloonという名前以上のことに関心を持ってしまっています。つまり、実装したJSXには「削除する」というラベルが含まれてしまっているため、「削除するというラベルを表示する専用のバルーンになってしまっています。Balloonコンポーネントが UIとして関心を持つべきは、ラベルをバルーン表示するということのみで、どんなラベルを表示するかには関心を持つべきではありません。ラベルは任意のものを表示できるようにするとよいでしょう。

リスト4-4

```
const Balloon = ({ children }) => (
  <span className={ styles.balloon }>{ children }</span>
);
```

リスト4-4では、Balloonが子要素（children）を受け取ってその値をラベルとして使用するように変更しました。これにより、このコンポーネントは、ラベルの内容は問わずバルーン表示することだけに責務を持つことができます。ラベルの内容がBalloonコンポーネントから分離されたので、どの「削除する」というラベルでもこのコンポーネントを使えるようになり、再利用性が上がりました。

リスト4-5

```
export default stories => stories
  .add('2文字ラベル', () => <Balloon>次へ</Balloon>)
  .add('4文字ラベル', () => <Balloon>削除する</Balloon>);
```

リスト4-5では、Storybookに2種類のラベルを表示するように変更しました。バルーンUIは画面をごちゃごちゃさせることなく補足情報を伝えられる手段なので、いろいろな場所で活躍します。Atoms層コンポーネントに必要以上の責務を与えないことで、再利用性を高くすることができます。

ただ、このままだとBalloonコンポーネントは通知リスト内で使うことができません。バルーンというくらいなので、このUIは任意の場所に浮かせて配置することが多いでしょう。

●図4-12　Balloonが浮いている画面

◉ 配置を定めるという関心を分離する

任意の要素を別の要素の上に配置するためには、positionプロパティなどでボックス配置スキームを変更して、ボックス座標を変更可能にする必要があります。しかし、ここで安易にCSSの`.balloon`セレクターに`position: absolute;`などを設定してしまうのは良くありません。なぜなら、Balloonコンポーネントを使う側が絶対位置に配置したいとは限らず、そもそも座標に関する責務までBalloonコンポーネントに持たせてしまうのは過剰です。

配置は、コンポーネントを使う側の関心です。コンポーネントを使う側が任意のCSSセレクターやインラインスタイルを入力できるように、実装を変更します。

リスト4-6

```
const Balloon = ({ children, className, ...props }) => (  <span className={
[ styles.balloon, className ].join(' ') } { ...props }>    { children }  </span>);
```

Balloonコンポーネントに渡されたあらゆるプロパティが、<span>要素に渡されるように変更しました。idやclassNameなどCSSのセレクターを適用するためのプロパティや、styleなど直接インラインスタイルを設定するためのプロパティを任意で渡せるようになりました。たとえば、次のようにBalloonコンポーネントを使った場合は、Balloonコンポーネントが絶対座標で左上に配置されることになります。

リスト4-7

```
<Balloon style={{ position: 'absolute', top: '200px', left: '200px' }}>左上から
200px に配置</Balloon>
```

●図4-13 Balloonの絶対座標配置

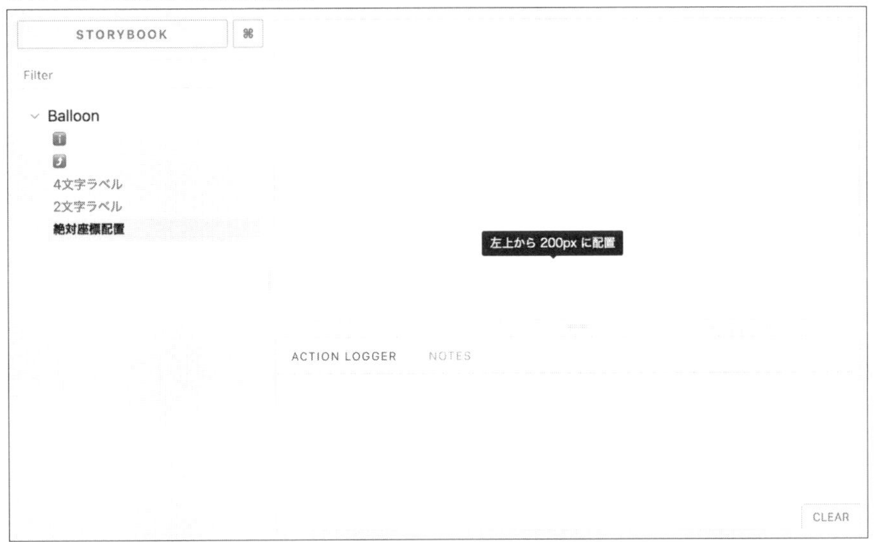

これで、使う側からコンポーネントの配置場所を自由に決定することができます。

Atoms層のコンポーネント実装：Img

次は、コンテンツ画像を表示するImg★3コンポーネントを実装します。しかし、コンポーネントといっても、画像を表示する要素自体はすでに<img>要素としてHTMLに備わっています。そのため、最低限の実装は次のようになります。

★3 Imageは、HTMLImageElementを生成するコンストラクタとして存在するため、ここではその省略語のImgという名前を使います。

リスト4-8　src/components/atoms/Img/index.js

```
import React from 'react';

const Img = props => <img { ...props } />;

export default Img;
```

これだけかんたんだと、わざわざコンポーネント化する必要もないように思えます。しかし、実際のアプリケーション開発では、単純に画像を表示するといっても、考慮しなければいけないことがたくさんあります。<img>要素をわざわざImgコンポーネントとしてラップするのは、そういった画像表示に関するもろもろの関心事を、コンポーネントとして実装するためです。

コンテンツとなる画像は、外部リソースを使います。ネットワーク経由でダウンロードするので、ネットワーク・アクセスに対する関心事がコンポーネントの責務となり得ます。通常の<img>要素は素直に指定されたリソースをリクエストしますが、コンポーネント化することで、アプリケーションが対象としているユースケースに対してリソース・リクエストを最適化できます。具体的な実装例は5章で説明するので、ここでは、<img>要素をラップしただけのコンポーネントとしておきます。

動作を確認するために、Imgコンポーネントにもストーリーを追加します。追加したらStorybookで確認してみましょう。

リスト4-9　src/components/atoms/Img/index.stories.js

```
import React from 'react';
import Img from './index.js';

export default stories => stories
  .add('デフォルト', () => <Img src="/mock/images/img01.jpg" width="128"
height="72" />);
```

Atoms層のコンポーネント実装：Heading

次に、見出しを表示するHeadingコンポーネントを実装します。しかし、見出しも画像と同様に、h1、h2、h3、h4、h5、h6という専用の要素がすでにHTMLに備わっています。6つも要素があるので大変ですが、とりあえず全部実装してみましょう。

src/components/atomsディレクトリにHeadingという名前でディレクトリを作り、まずそれぞれの見出しレベルのスタイルを書くためのCSSファイルを、styles.cssという名前で作成します。

リスト4-10　src/components/atoms/Heading/styles.css

```
.h {
  font-weight: 700;
  line-height: 1.5;
}

.h1 { font-size: 2.0rem; }
.h2 { font-size: 1.8rem; }
.h3 { font-size: 1.6rem; }
.h4 { font-size: 1.4rem; }
.h5 { font-size: 1.2rem; }
.h6 { font-size: 1.0rem; }
```

.h1から**.h6**というクラスセレクタを定義しました。次に、このスタイルを実際にコンポーネントに適用します。同じディレクトリにindex.jsというファイルを作り、以下のコードを書きます。

リスト4-11　src/components/organisms/Heading/index.js

```
import React from 'react';
import styles from './styles.css';

export const Heading1 = ({ children, className, ...props }) => <h1 className=
{[ styles.h1, className ].join(' ') } { ...props }>{children}</h1>;
export const Heading2 = ({ children, className, ...props }) => <h2 className=
{[ styles.h2, className ].join(' ') } { ...props }>{children}</h2>;
export const Heading3 = ({ children, className, ...props }) => <h3 className=
{[ styles.h3, className ].join(' ') } { ...props }>{children}</h3>;
export const Heading4 = ({ children, className, ...props }) => <h4 className=
{[ styles.h4, className ].join(' ') } { ...props }>{children}</h4>;
export const Heading5 = ({ children, className, ...props }) => <h5 className=
{[ styles.h5, className ].join(' ') } { ...props }>{children}</h5>;
export const Heading6 = ({ children, className, ...props }) => <h6 className=
{[ styles.h6, className ].join(' ') } { ...props }>{children}</h6>;
```

Heading1からHeading6まで全部実装しましたが、さすがに冗長です。そもそも、見出しレベルを表すh系のHTML要素は、コンテンツのどこの部分で使われるかによって、表現したい見た目がドキュメント上の見出しレベルに合わないことが多いです。そのため、見出しレベルと見た目を別々に指定できるほうが、コンポーネントとしては再利用しやすそうです。次の例では、見出しレベルを表現するためのHTML要素と見た目を別々に設定できるように変更しています。

リスト4-12 src/components/atoms/Heading/index.js

```
const Heading = ({
  children,
  level = 2,
  visualLevel,
  className,
  ...props,
}) => {
  level = Math.max(0, Math.min(6, level));
  visualLevel = (typeof visualLevel !== 'undefined') ? visualLevel : level;
  const Tag = `h${ level }`;
  const tagStyle = `${ styles.h } ${ styles[`h${ visualLevel }`] }`;

  return (
    <Tag className={ [ tagStyle, className ].join(' ') } { ...props }>
{ children }</Tag>
  );
};

export default Heading;
```

この実装では、Heading1～Heading6のようにコンポーネント自体を別々にするのではなく、Headingという1つのコンポーネントに、見出しレベルと見た目をそれぞれ設定できるようにしました。こうすることで、特に見出しレベルを設定しないときも、デフォルト値を設定しておくことができます。

また、オリジナルのHTML要素は、見出しレベルを設定すれば見た目も決まります。Headingコンポーネントも、見た目が設定されていなかったときは、見出しレベルにデフォルトで設定されているスタイルを適用するようにします。

デフォルト値の適用と見出しレベルと見た目を別々に適用するストーリーを、それぞれ設定してみます。

リスト4-13 src/components/atoms/Heading/index.stories.js

```
import React from 'react';
import Heading from './index.js';

export default stories => stories
  .add('デフォルト', () => <Heading>見出し</Heading>)
```

```
  .add('レベル1', () => <Heading level={ 1 }>見出しレベル1</Heading>)
  .add('レベル1、見た目2', () => <Heading level={ 1 } visualLevel={ 2 }>見出しレベル1、見た目2</Heading>);
```

Storybookを起動して確認すると、「デフォルト」ストーリーでは、見出しレベルを指定していないため、レンダリングされたDOM要素は<h2>が使われ、見た目も同様に.h2クラスセレクターに指定したスタイルが適用されています。

●図4-14　Headingのデフォルトストーリー

```
▼<div id="root">
    <h2 data-reactroot class="h___anWJy h2___1T_wi ">見出し</h2> == $0
  </div>
```

また、「レベル1、見た目2」ストーリーでは、DOM要素は<h1>ですが、見た目には.h2クラスセレクターのスタイルを適用されていることが確認できます。

●図4-15　Headingの「レベル1、見た目2」ストーリー

```
▼<div id="root">
    <h1 data-reactroot class="h___anWJy h1___146ZA ">見出しレベル1、見た目2</h1> == $0
  </div>
```

見出しの文書構造としてのレベルと見た目を、それぞれHeadingコンポーネントを使う側から制御できるようになり、再利用しやすくなりました。

◉ コンテナー・コンポーネントとプレゼンテーショナル・コンポーネント

しかし、見出しレベルと見た目の分離をするための実装をコンポーネントに追加したため、少しコンポーネントのコードが複雑化してしまいました。これは、「レベルを決定するという関心」と「見た目を表現するという関心」が1つのコンポーネントに混在しているためです。このコンポーネントを「見出しレベルを決定するロジックに責務を持つコンテナー・コンポーネント」と「見た目に責務を持つプレゼンテーショナル・コンポーネント」に分割します。

表示は最終結果です。ロジックによって決まった値が表示結果を決めます。そのため、ロジックに責務を持つコンポーネントが、その結果を表示に責務を持つコンポーネントに渡す設計にします。ロジックに責務を持つコンポーネントが見た目に責務を持つコンポーネントを包括するような形になるため、前者のコンポーネントを「コンテナー（入れ物）・コンポーネント」と呼びます。後者は表示に関わるという意味で「プレゼンテーショナル（表象的な）・コンポーネント」と呼びます。

まず、Headingコンポーネントから見た目に関わるJSX部分だけプレゼンテーショナル・

コンポーネントに切り出します。

リスト4-14 src/components/atoms/Heading/index.js

```
export const HeadingPresenter = ({
  tag:Tag,
  visualLevel,
  className,
  ...props,
}) => (
  <Tag className={[ styles.h, styles[`h${ visualLevel }`], className ].join(' ')}
{ ...props } />
);
```

ここでは、最終的に表示用のJSXで使用するh1〜h6タグ（tag）、visualLevel（見た目のレベル）、拡張用のプロパティ（classNameやその他props）などを入力できるようにします。

次に見出しのレベルを決定するロジックに責務を持つコンテナー・コンポーネントを作成します。

リスト4-15 src/components/atoms/Heading/index.js

```
export const HeadingContainer = ({
  presenter,
  level = 2,
  visualLevel,
  ...props,
}) => {
  level = Math.max(1, Math.min(6, level));
  visualLevel = (typeof visualLevel !== 'undefined') ? visualLevel : level;
  const tag = `h${ level }`;

  return presenter({ tag, visualLevel, ...props });
};
```

見出しレベルや見た目のレベルを決定するためのロジック部分を抜き出しました。このコンポーネントでは、<h1>〜<h6>タグとスタイルを決定したら、最後に入力として受け取ったpresenterというコールバック関数に決定後の値を引数として渡して実行します。

ロジックと見た目のそれぞれに責務を持つ2つのコンポーネントを実装したので、これらを接続してHeadingコンポーネントを作成します。

リスト4-16　src/components/atoms/Heading/index.js

```
const Heading = props => (
  <HeadingContainer presenter={ presenterProps => <HeadingPresenter
{ ...presenterProps } /> } { ...props } />
);

export default Heading;
```

Headingコンポーネントは、必要なプロパティを受け取って、HeadingPresenterコンポーネントと一緒にHeadingContainerコンポーネントに渡すだけの純粋関数です。このHeadingコンポーネントは、見出しレベルの決定ロジックとJSXの実装が1つにまとまっていたときの実装と、同じように使用できます。

変更を保存して、Storybookに戻ってみましょう。さきほど書いたストーリーにはまったく変更を加えていませんが、前の実装と差異なく表示されます。

●図4-16　HeadingコンポーネントのStorybook画面

関心を分離するメリット

コンテナー・コンポーネントとプレゼンテーショナル・コンポーネントを分離することにより、見た目に対する変更とロジックに対する変更をそれぞれ別々に互いに影響することなく修正することが可能になります。たとえば、見出しのデザインを下線付きの見た目に変更する場合は、CSSとHeadingPresenterコンポーネントを修正するだけで、HeadingContainerコンポーネントには一切修正を加えません。そのため、修正によってロジックに不具合が生じるなどの影響を心配しなくて済みます。

リスト4-17　src/components/atoms/Heading/styles.css

```
...（省略）...
.underlined {
  border-bottom: 1px solid #ddd;
  padding-bottom: .5rem;
}
```

リスト4-18　src/components/atoms/Heading/index.js

```
...（省略）...
export const HeadingPresenter = ({
  tag:Tag,
  visualLevel,
  className,
  ...props,
}) => (
  <Tag className={[ styles.h, styles.underlined, styles[`h${ visualLevel }`],
className ].join(' ')} { ...props } />
);
```

●図4-17　下線付きHeadingコンポーネントの画面

見出しレベル1、見た目2

修正による変更の影響を分離できるだけではなく、見た目違いの見出しデザインのバリエーションを増やすこともできます。次の例は、HeadingContainerコンポーネントを2つのプレゼンテーショナル・コンポーネントにそれぞれ接続することで、最初に作った下線なしのHeadingコンポーネントと下線ありのHeadingUnderlinedコンポーネントの2つを実装しています。

リスト4-19　src/components/atoms/Heading/index.js

```
...（省略）...
export const HeadingPresenter = ({
  tag:Tag,
  visualLevel,
  className,
  ...props,
}) => (
  <Tag className={[ styles.h, styles[`h${ visualLevel }`], className ].join(' ')}
{ ...props } />
);
```

```
export const HeadingUnderlinedPresenter = ({
  tag:Tag,
  visualLevel,
  className,
  ...props,
}) => (
  <Tag className={[ styles.h, styles.underlined, styles[`h${ visualLevel }`],
className ].join(' ')} { ...props } />
);

...（省略）...

const Heading = props => (
  <HeadingContainer presenter={ presenterProps => <HeadingPresenter
{ ...presenterProps } /> } { ...props } />
);
export default Heading;


export const HeadingUnderlined = props => (
  <HeadingContainer presenter={ presenterProps => <HeadingUnderlinedPresenter
{ ...presenterProps } /> } { ...props } />
);
```

リスト4-20　src/components/atoms/Heading/index.stories.js

```
import React from 'react';
import Heading, { HeadingUnderlined } from './index.js';

export default stories => stories
  .add('デフォルト', () => <Heading>見出し</Heading>)
  .add('レベル1', () => <Heading level={ 1 }>見出しレベル1</Heading>)
  .add('レベル1、見た目2', () => <Heading level={ 1 } visualLevel={ 2 }>見出し
レベル1、見た目2</Heading>)
  .add('下線付き', () => <HeadingUnderlined>下線付き</HeadingUnderlined>)
  .add('下線付き、レベル1', () => <HeadingUnderlined level={ 1 }>見出しレベル1
</HeadingUnderlined>)
  .add('下線付き、レベル1、見た目2', () => <HeadingUnderlined level={ 1 }
visualLevel={ 2 }>下線付き、見出しレベル1、見た目2</HeadingUnderlined>);
```

ここでは見た目の変更やバリエーションを例に説明しましたが、もちろんロジックに変更があったときも、同様にコンテナー・コンポーネントだけに修正範囲を限定できます。そのため、プレゼンテーショナル・コンポーネントに影響を与えることなく変更できる可

能性が高くなります。

Atoms層のコンポーネント実装：TrashCanIcon

TrashCanIconコンポーネントを実装します。これは、ゴミ箱のアイコンを表示するだけのプレゼンテーショナル・コンポーネントなので、アイコン画像を表示するためのJSXを返すだけです。

リスト4-21　src/components/atoms/Icon/index.js

```
import React from 'react';

export const TrashCanIcon = ({
  height = 20,
  width = 20,
  ...props,
}) => (
  <img
    src="/icons/trash-can.svg"
    alt=""
    height={ height }
    width={ width }
    { ...props }
    />
);
```

しかし、今回の削除ボタンのように、アイコン自体をクリックしたいときがあります。そのため、クリックされたときにコールバックする関数を渡せるように、onClickコンポーネントを渡せるようにします。また、クリックできることをユーザーがわかるように、アイコンにカーソルがホバーしたときはカーソルをポインターに変更するようにしましょう。

リスト4-22　src/components/atoms/Icon/index.js

```
import React from 'react';
import styles from './styles.css';

export const TrashCanIcon = ({
  height = 20,
  width = 20,
  className = '',
  onClick,
  ...props,
}) => {
```

```
  if (onClick) className += ` ${ styles.clickable }`;
  return (
    <img
      src="/icons/trash-can.svg"
      alt=""
      height={ height }
      width={ width }
      className={ className }
      onClick={ onClick }
      { ...props }
    />
  );
};
```

CSSは次のように書きます。

リスト 4-23　src/components/atoms/Icon/styles.css

```
.clickable {
  cursor: pointer;
}
```

これを確認するストーリーを追加してみましょう。

リスト4-24　src/components/atoms/Icon/index.stories.js

```
import React from 'react';
import { action } from '@storybook/addon-actions';
import { TrashCanIcon } from './index.js';

export default stories => stories
  .add('TrashCanIcon', () => <TrashCanIcon />)
  .add('クリッカブル', () => <TrashCanIcon onClick={ action('アイコンがクリック
されました') } />);
```

1つ目のストーリー「TrashCanIcon」はコールバック関数を渡さず、2つ目のストーリー「クリッカブル」はコールバック関数を渡しています。関数は、Storybook用アドオンの「addon-actions」を使うことでモック関数が作成できるのでこれを使用します。Storybookを起動して、「TrashCanIcon」ストーリーではホバー時にマウスカーソルに変化がなく、「クリッカブル」ストーリーでは変化があることを確認します。これで、TrashCanIconをクリックしたときにコールバック関数を受け取れるようになり、onClick

にコールバック関数が指定されていれば、マウスカーソルも自動的にポインターに変更されます。

◉ スタイル変更のロジックを分離する

しかし、クリックできるときにスタイルを変更するためのロジックが入ってしまったので、純粋なプレゼンテーショナル・コンポーネントではなくなってしまいした。Headingコンポーネントと同様にTrashCanIconコンポーネントもコンテナー・コンポーネントとプレゼンテーショナル・コンポーネントに分離します。

リスト4-25　src/components/atoms/Icon/index.js

```
...（省略）...
export const TrashCanIconPresenter = ({
  height = 20,
  width = 20,
  ...props,
}) => (
  <img
    src="/icons/trash-can.svg"
    alt=""
    height={ height }
    width={ width }
    { ...props }
    />
);

export const IconContainer = ({
  presenter,
  onClick,
  className = '',
  ...props,
}) => {
  if (onClick) className += ` ${ styles.clickable }`;
  return presenter({ onClick, className, ...props });
};

export const TrashCanIcon = props => (
  <IconContainer
    presenter={ presenterProps => <TrashCanIconPresenter { ...presenterProps } /> }
    { ...props }
    />
);
```

これで、表示とロジックを分離した状態で、TrashCanIconコンポーネントを実装できました。表示とロジックを分離したことにより、別のアイコンが増えたとき、プレゼンテーショナル・コンポーネントを作るだけで同じロジックを適用できます。たとえば、「>」のような山形アイコンを表示するコンポーネントは、次のコードを追加するだけで実現できます。

リスト4-26

```
...（省略）...
export const ChevronRightIconPresenter = ({
  height = 20,
  width = 20,
  ...props,
}) => (
  <img
    src="/icons/chevron-right.svg"
    alt=""
    height={ height }
    width={ width }
    { ...props }
    />
);

export const ChevronRightIcon = props => (
  <IconContainer
    presenter={ presenterProps => <ChevronRightIconPresenter { ...presenterProps }
/> }
    { ...props }
    />
);
```

IconContainerのロジックはどのアイコンでも共通に使えるため、矢印アイコン用のプレゼンテーショナル・コンポーネントを追加して、IconContainerコンポーネントに渡すだけで、TrashCanIconと同じロジックを持ったChevronRightIconを作ることができます。

こうなってくるとプレゼンテーショナル・コンポーネントはアイコンの数だけ増えます。しかし、それぞれのプレゼンテーショナル・コンポーネントの実装の違いは、SVG画像ソースのパスくらいです。それなのに、アイコンのバリエーションを増やすたびに15行ほどの実装を書くのは、不具合の発生リスクを高めるだけです。

そこで、アイコンの名前を指定すれば任意のアイコン用のプレゼンテーショナル・コンポーネントを作るファクトリー関数を作ります。

リスト4-27 src/components/atoms/Icon/index.js

```
...（省略）...
export const IconPresenter = ({
  iconName,
  height = 20,
  width = 20,
  ...props,
}) => (
  <img
    src={`/icons/${ iconName }.svg`}
    alt=""
    height={ height }
    width={ width }
    { ...props }
    />
);

export const iconFactory = iconName => props => (
  <IconContainer
    presenter={ presenterProps => <IconPresenter { ...presenterProps } /> }
    { ...{ iconName, ...props } }
    />
);

export const TrashCanIcon = iconFactory('trash-can');
export const ChevronRightIcon = iconFactory('chevron-right');
export const SearchIcon = iconFactory('search');
export const SettingsIcon = iconFactory('settings');
```

プレゼンテーショナル・コンポーネントは、固定のSVG画像ではなく指定されたiconNameのSVG画像を表示するように変更します。ファクトリー関数iconFactoryは、指定するiconNameでIconPresenterを呼び出すReactコンポーネントを返す高階関数になっています。これにより、iconFactoryに使いたいSVGアイコンの画像ファイル名を渡すだけで、任意のアイコン・コンポーネントを作ることができます。

リスト4-28 src/components/atoms/Icon/index.stories.js

```
...（省略）...
import { TrashCanIcon, ChevronRightIcon, SearchIcon, SettingsIcon } from './index.
js';
...（省略）...
export default stories => stories
  .add('TrashCanIcon', () => <TrashCanIcon />)
```

```
  .add('ChevronRightIcon', () => <ChevronRightIcon />)
  .add('SearchIcon', () => <SearchIcon />)
  .add('SettingsIcon', () => <SettingsIcon />)
...（省略）...
```

変更を保存したらStorybook上でIconコンポーネントのバリエーションを確認しましょう。

Atoms層のコンポーネント実装：Txt

テキスト情報を表示するコンポーネントを実装します。単純に文字を表示するだけの機能ですが、コンポーネント化することで、文字の大きさや色などトーン&マナーを統一できます。なお、Textは任意のDOMStringとともにTextオブジェクトを生成するコンストラクタとしても存在しているので、ここでは重複しないように「Txt」という名前を使います。

アプリケーションでは、文字色を変更することで、そのテキスト自体の情報にコンテキストを強化するというデザイン・パターンがよく使われます。たとえば、人間は色の認識として赤、青、緑の3つの視細胞を持っていますが、赤色の細胞はほかの色より多いため、人間にとって赤色は、ほかの色よりも目立つ色です。そのため、特に注意を引きたい場合や警告の意味をユーザーに強く伝えるためにテキストを赤色にすることは多いと思います。

そのようなコンテキスト強化の意味を、コンポーネント化しましょう。src/components/atomsに「Txt」という名前のディレクトリを新規作成します。そこに「styles.css」と「index.js」いうファイルを作成して、CSSとJavaScriptをそれぞれ次のように書きます。

リスト4-29　src/components/atoms/Txt/styles.css

```
.default { color: #000; }
.info { color: #8C8C8C; }
.warning { color: #f0163a; }
.s { font-size: .8rem; }
.m { font-size: 1rem; }
.l { font-size: 1.2rem; }
```

リスト4-30　src/components/atoms/Text/index.js

```
import React from 'react';
import styles from './styles.css';
```

```
const txtFactory = role => ({ tag:Tag = 'p', size = 'm', className, ...props }) => (
  <Tag className={ [ styles[role], styles[size], className ].join(' ') }
{ ...props } />
);

const Txt = txtFactory('default');
export default Txt;

export const InfoTxt = txtFactory('info');
export const WarningTxt = txtFactory('warning');
```

Iconコンポーネントと同様に、複数バリエーションを生成するために、ファクトリー関数を作っています。文字の色と大きさをCSSで指定しただけのかんたんなコンポーネントです。ストーリーも追加しましょう。

リスト4-31　src/components/atoms/Text/index.stories.js

```
import React from 'react';
import Txt, { InfoTxt, WarningTxt } from './index.js';

export default stories => stories
  .add('テキスト - S', () => <Txt size="s">テキストを表示</Txt>)
  .add('テキスト - M', () => <Txt>テキストを表示</Txt>)
  .add('テキスト - L', () => <Txt size="l">テキストを表示</Txt>)
  .add('情報テキスト - S', () => <InfoTxt size="s">情報テキストを表示</InfoTxt>)
  .add('情報テキスト - M', () => <InfoTxt>情報テキストを表示</InfoTxt>)
  .add('情報テキスト - L', () => <InfoTxt size="l">情報テキストを表示</InfoTxt>)
  .add('警告テキスト - S', () => <WarningTxt size="s">警告テキストを表示
</WarningTxt>)
  .add('警告テキスト - M', () => <WarningTxt>警告テキストを表示</WarningTxt>)
  .add('警告テキスト - L', () => <WarningTxt size="l">警告テキストを表示
</WarningTxt>);
```

テキストが持つコンテキストの意味をコンポーネント化することで、文字情報がより読みやすくなることが期待できます。

なお、ここでは、文字の大きさ（size）を属性で指定しているのに対して、コンテキスト説明のための色指定を、別コンポーネント（Txt／InfoTxt／WarningTxt）で行っています。これは、「異なるコンテキストを説明するのは、文字の大きさよりも別の関心事」という意味合いを強化するためです。

Atoms層のコンポーネント実装：Time

時間情報を表示するコンポーネントは、地味ですが、時間の表記揺れをなくすことに貢献します。同時に、HTML要素としては<time>要素を使用することで、機械に対しても「そこに表示している情報が時間情報だ」ということを理解させることができます。そして、最も大きな効果は、使い方を限定することで開発者にとっての使い勝手を良くすることです。

HTMLの<time>タグは、使用頻度の高いわりに使い方に癖があり、注意が必要な要素です。<time>は、datetime属性に決められた形式の時間情報を設定することで、自由に時間を表現できるタグですが、datetime属性で使用できる形式★4は、マシン・リーダブル（機械が読むことができる）な表記のため、人にとっては直感的には書きづらいものです。

コンピュータ・システムで管理された時間情報は、Unix時刻と呼ばれる表現で管理されていることが多いです。ここでは、`<Time>{ Unix 時刻表現 }</Time>`という形で使用できるUIコンポーネントを作成します。src/components/atoms/Time/index.jsにファイルを作成します。

リスト4-32　src/components/atoms/Time/index.js

```
import React from 'react';
import moment from 'moment';
import 'moment/locale/ja';

export const TimePresenter = props => <time { ...props } />;

export const TimeContainer = ({
  presenter,
  children:value,
  dateTime,
  format = 'MM月DD日(ddd)HH:mm',
  ...props,
}) => {
  value = parseInt(value, 10);

  var children;
  if (!isValid(value)) {
    children = '有効な時間表現ではありません';
```

★4　datetime属性に関する詳細は、以下のURLを参照してください。
https://html.spec.whatwg.org/multipage/text-level-semantics.html#datetime-value

```
  } else {
    children = formatDatetime(value, format);
  }

  if (!dateTime) {
    dateTime = formatDatetime(value);
  }

  return presenter({ children, dateTime, ...props });
};

const Time = props => (
  <TimeContainer
    presenter={ presenterProps => <TimePresenter { ...presenterProps } /> }
    { ...props }
  />
);
export default Time;

moment.locale();

function isValid(unixtime) {
  return moment(unixtime, 'x', true).isValid();
}

function formatDatetime(datetime, format = 'YYYY-MM-DDTHH:mm') {
  return moment(datetime).format(format);
}
```

JavaScriptで時間情報を扱う際のデファクト・スタンダードとも言えるMoment.js★5を利用して、バリデーションや変換を行っています。Timeコンポーネントでは、CSSを含めていません。時間情報は文字情報であることが多いと思いますが、あくまで時間情報に対する関心しかありません。文字に対する装飾やトーン&マナーを統一するなどの責務は、Textコンポーネントに委ねましょう。ストーリーを作って動作を確認します。

リスト4-33　src/components/atoms/Time/index.stories.js

```
import React from 'react';
import Time from './index.js';
```

★5　Moment.jsはサンプル・プロジェクトにインストール済みです。詳細は以下のURLを参照してください。
https://momentjs.com/

```
export default stories => stories
  .add('デフォルト', () => <Time>1507032000000</Time>)
  .add('HH:mm', () => <Time format="HH:mm">1507032000000</Time>)
  .add('無効な時間表現', () => <Time>無効な時間表現</Time>);
```

Storybookで確認すると、Unix時刻表現が変換されて、各ストーリーで指定した表現で時間情報を表示されます。また、WebブラウザのインスペクターなどでHTML要素を確認すると、datetime属性の値は、文字上の表現に関わらず形式が統一されています。

●図4-18　TimeコンポーネントのHTML画面

```
<time datetime="2017-10-03T21:00">10月03日(火)21:00</time>
```

Molecules層のコンポーネント実装：DeleteButton

Atoms層のコンポーネントが揃ったので、作ったコンポーネントを使って、Molecules層のコンポーネントのDeleteButtonを実装していきましょう。DeleteButtonは、Atoms層のTrashCanIconとBalloonを組み合わせて作ります。テンプレートのsrc/components/moleculesにDeleteButtonというディレクトリを作り、その中にindex.jsを作成します。index.jsの内容は次のようになります。

リスト4-34　src/components/molecules/DeleteButton/index.js

```
import React from 'react';
import styles from './styles.css';
import { TrashCanIcon } from '../../atoms/Icon/index.js';
import Balloon from '../../atoms/Balloon/index.js';

const DeleteButton = ({ className, ...props }) => (
  <span className={ [ styles.root, className ].join(' ') } { ...props }>
    <TrashCanIcon />
    <Balloon>削除する</Balloon>
  </span>
);

export default DeleteButton;
```

TrashCanIconとBalloonを並べて配置しました。デザインでは、バルーンはゴミ箱アイコンにマウスカーソルがホバーしたときに上に浮かび上がる仕様なので、CSSでその挙動を実装します。

リスト4-35　src/components/molecules/DeleteButton/styles.css

```
.root {
  display: inline-block;
  position: relative;
}

.root > *:first-child + * {
  display: none;
  left: 50%;
  position: absolute;
  top: 0;
  transform: translate(-50%, -100%) translateY(-12px);
  white-space: nowrap;
}

.root > *:first-child:hover + * {
  display: inline-block;
}
```

CSSでは、コンポーネントのルート要素につけた**.root**クラスセレクターの最初の子要素（ゴミ箱アイコン）にカーソルがホバーしたときに、次の要素（バルーン）が非表示から表示に切り変わるようにしています。また、バルーンには**position: absolute;**を指定して、ゴミ箱アイコンの上に配置されるようにしています。これで、アイコンがホバーされたら「削除する」というラベルが表示されるようになりました。

なお、このDeleteButtonコンポーネントは、ボタンとしてクリックできる必要があります。しかし、DeleteButtonは、ユーザーに「何かを削除するためのボタンだ」と示すことに関心を持ちますが、「何を削除するか」には関心を持ちません。そのため、ここには削除するための処理はいっさい書きません。

リスト4-36　src/components/molecules/DeleteButton/index.js

```
const DeleteButton = ({ className, onClick, ...props }) => (
  <span className={ [ styles.root, className ].join(' ') } { ...props }>
    <TrashCanIcon onClick={ onClick } />
    <Balloon>削除する</Balloon>
  </span>
);
```

DeleteButtonが行うのは、アイコンがクリックされたときのコールバック関数をゴミ箱アイコンに振り分けるだけです。動作を確認するために、ストーリーを追加しましょう。

リスト4-37　src/components/molecules/DeleteButton/index.stories.js

```
import React from 'react';
import { action } from '@storybook/addon-actions';
import DeleteButton from './index.js';

export default stories => stories
  .add('デフォルト', () => (
    <DeleteButton onClick={ action('削除ボタンがクリックされました') } />
  ));
```

このストーリーをStorybookで表示すると、アイコンの上部に出現するバルーンチップが見切れてしまいます。UIコンポーネントの左上に、十分な余白が必要です。しかし、余白はUIコンポーネントにとって直接関係がない要素なので、Storybook上では、デコレーター・パターンを使ってスタイルを拡張しましょう。デコレーター・パターンというのは、既存のオブジェクトに、新しい機能や振る舞いを動的に追加することを可能にします。

src/components/utils/decorators.jsというファイルを作って、スタイルを拡張するデコレーター関数を作成します。

リスト4-38　src/components/utils/decorators.js

```
import { cloneElement } from 'react';

export const withStyle = style => component => cloneElement(component, { style });
```

このデコレーター関数を、DeleteButtonのストーリーに適用します。ここではDelteButtonコンポーネントに50pxの余白を追加します。

リスト4-39　src/components/molecules/DeleteButton/index.stories.js

```
...（省略）...
import { withStyle } from '../../utils/decorators.js';

export default stories => stories
  .add('デフォルト', () => withStyle({ margin: '50px' })(
    <DeleteButton onClick={ action('削除ボタンがクリックされました') } />
  ));
```

DeleteButtonコンポーネントに修正を加えることなく、余白を追加できました。Storybookで表示を確認してみましょう。

Organisms層のコンポーネント実装：Notification

Molecules層のコンポーネントも揃えたので、いよいよ1つの独立したコンテンツをコンポーネント化していきます。通知情報を表示するためのOrganisms層のコンポーネントNotificationを作ります。テンプレートのsrc/components/organismsディレクトリにNotificationというディレクトリを作成して、その中に次の内容を書いたindex.jsというファイルを作ります。

リスト4-40　src/components/organisms/Notification/index.js

```
import React from 'react';
import styles from './styles.css';
import Img from '../../atoms/Img/index.js';
import Heading from '../../atoms/Heading/index.js';
import { InfoTxt } from '../../atoms/Txt/index.js';
import Time from '../../atoms/Time/index.js';
import DeleteButton from '../../molecules/DeleteButton/index.js';

const Notification = ({
  program,
  className,
  onClickDelete,
  ...props,
}) => (
  <section className={ [ styles.root, className ].join(' ') } { ...props }>
    <div>
      <Img src={ program.thumbnail } className={ styles.media } width="128"
height="72" />
    </div>
    <div className={ styles.body }>
      <Heading level={ 3 } visualLevel={ 6 }>{ program.title }</Heading>
      <InfoTxt size="s">{ program.channelName }</InfoTxt>
      <InfoTxt size="s" className={ styles.time }>
        <Time format="MM月DD日(ddd)HH:mm">{ program.startAt }</Time> ～
<Time format="HH:mm">{ program.endAt }</Time>
      </InfoTxt>
      <DeleteButton onClick={ onClickDelete } className={ styles.del } />
    </div>
  </section>
);
```

```
export default Notification;
```

Organisms層になると、さまざまなAtoms層やMolecules層のコンポーネントで組み立てるため、JSXだけ返すプレゼンテーショナル・コンポーネントでも、かなりコード量が多くなります。とはいえ、Notificationコンポーネントは通知する番組に関する情報を表示するので、program（番組）というオブジェクト名で番組に関する情報を取得して、それぞれの情報を表示させたいコンポーネントに振り分けているだけです。

必要なCSSを同一ディレクトリのstyles.cssに書いて保存します。

リスト4-41　src/components/organisms/Notification/styles.css

```
.root {
  display: flex;
  padding: 1rem;
  position: relative;
}

.body {
  flex: 1;
  min-width: 0;  /* Flexboxレイアウトでの横幅制御およびテキスト複数行対応用 */
}

.media {
  padding-right: 1rem;
}

.time {
  margin-top: .5rem;
}

.del {
  display: none !important;  /* 子コンポーネントのスタイルを上書き */
  position: absolute !important;
  right: 1.5rem !important;
  top: 50% !important;
  transform: translateY(-50%) !important;
}

.root:hover .del {
  display: inline-block !important;
}
```

.del セレクターのプロパティには、!importantルールを指定しています。これは、親から使うCSSプロパティの値を何よりも優先したいためです。CSS Modulesでは、CSSのセレクターはモジュール化されるものの、コンポーネントごとのCSSの記述順を指定できるわけではないので、親のCSSのセレクターが子のセレクターより後に定義される確証はありません。子コンポーネント側で定義されているCSSプロパティに親の定義が打ち消されないように、!importantルールを指定します。

!importantルールは、無闇に使うとスタイルの拡張性を殺してしまいますが、逆にこれ以上スタイルを拡張させたくない場合に使うこともできます。今回は、使用する側の親コンポーネントが定義するスタイルを子コンポーネントに拡張されたくないので、!importantルールを使用します。

!importantルールは、あくまで親コンポーネントから子コンポーネントのスタイルの上書きする場合にだけ使用するように気をつけてください。子コンポーネント側のCSSで親コンポーネントから上書かれる可能性があるスタイルに対して!importantルールを適用してしまうと拡張性とともに再利用性を殺してしまいます。

Notificationコンポーネントを Storybookに追加して表示してみましょう。

リスト4-42 src/components/organisms/Notification/index.stories.js

```
import React from 'react';
import { action } from '@storybook/addon-actions'
import Notification from './index.js';

const notification = {
  id: 0,
  thumbnail: '/mock/images/img01.jpg',
  title: 'コンポーネント指向で UI を設計しよう！第1話',
  channelName: 'UI チャンネル',
  startAt: 1507032000000,
  endAt: 1507035600000,
};

export default stories => stories
  .add('デフォルト', () => (
    <Notification program={ notification } onClickDelete={ action('削除ボタンが
クリックされました') } />
  ));
```

●図4-19　Notification画面

これで、Notificationコンポーネントを実装できました。しかし、Storybook上でこのコンポーネントの削除ボタンをクリックしてみると、Storybookの下のACTION LOGGERペインに「削除ボタンがクリックされました」というログは表示されますが、このログからは、どの番組の通知を削除しようとしたのかわかりません。

●図4-20　Notification削除ボタンのACTION LOGGER画面

```
ACTION LOGGER

▼削除ボタンがクリックされました: ["[SyntheticEvent]"]
   0: "[SyntheticEvent]"
   length: 1
 ▶__proto__: Array[0]
```

Notificationコンポーネントは、削除ボタンのコールバックから番組情報が識別できるように、データを追加してあげる必要があります。番組情報のデータ追加は、コンテナー・コンポーネントに実装します。今回のコンテナー・コンポーネントは、コンポーネントのメンバー変数を利用するインスタンスメソッドを作りたいので、クラス・ベースでReactコンポーネントを作成します。

リスト4-43　src/components/organisms/Notification/index.js

```
import React, { Component } from 'react';
...（省略）...

export class NotificationContainer extends Component {
  constructor() {
    super();
    this.onClickDelete = ::this.onClickDelete;
  }
```

```
  render() {
    const { presenter, onClickDelete:propsOnClickDelete, ...props } = this.props;
    const onClickDelete = propsOnClickDelete ? this.onClickDelete : null;
    const presenterProps = { onClickDelete, ...props };
    return presenter(presenterProps);
  }

  onClickDelete(...args) {
    const { onClickDelete, program } = this.props;
    onClickDelete(...args, program);
  }
}
```

this.props.onClickDelete()関数をラップして、**this.props.program**を引数に追加して実行する**onClickDelete()**インスタンスメソッドを別に作成します。そして、ラップ後の**onClickDelete()**メソッドのほうを、元の**onClickDelete()**関数に差し替えて**presenter**に渡しています。

onClickDelete()メソッド内では、メンバー変数を参照しているので、コンストラクタでメソッドに**this**（**NotificationContainer**インスタンス）をバインドしています。render()メソッド内でバインドしていないのは、毎レンダリング時に関数を新規に生成する処理負荷を避けるためです。また、ここで新規の関数が生成されるとプレゼンテーショナル・コンポーネント以下の子コンポーネントも常に新しい関数を受け取ったと思って余計なレンダリング処理を走らせてしまう可能性があります。Reactコンポーネントのレンダリング処理に関しては、第5章のパフォーマンス・テストの節でも詳しく説明します。

コンテナー・コンポーネントとプレゼンテーショナル・コンポーネントを連結させたNotificationコンポーネントを作成して、Storybookで削除ボタンをクリックしたときのデータを確認してみましょう。元のNotificationという名前の変数は、NotificationPresenterに変更します。

リスト4-44　src/components/organisms/Notification/index.js

```
export const NotificationPresenter = ({
 program,
...（省略）...
 </section>
);

const Notification = props => (
 <NotificationContainer
```

```
    presenter={ presenterProps => <NotificationPresenter { ...presenterProps } /> }
    { ...props }
    />
);

export default Notification;
```

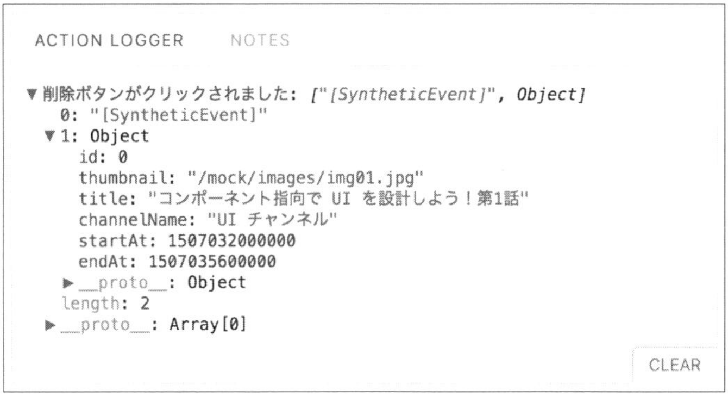

●図4-21　Notificationの削除ボタンのACTION LOGGER画面（変更後）

```
ACTION LOGGER    NOTES

▼削除ボタンがクリックされました: ["[SyntheticEvent]", Object]
   0: "[SyntheticEvent]"
  ▼1: Object
     id: 0
     thumbnail: "/mock/images/img01.jpg"
     title: "コンポーネント指向で UI を設計しよう！第1話"
     channelName: "UI チャンネル"
     startAt: 1507032000000
     endAt: 1507035600000
   ▶__proto__: Object
   length: 2
  ▶__proto__: Array[0]
                                                        CLEAR
```

今度は、SyntheticEvent（ReactがWebブラウザのネイティブ・イベントをラップしたクロスブラウザ用のイベント・オブジェクト）と一緒にprogramオブジェクトが、コールバック関数の引数に渡されているでしょう。

Organisms層のコンポーネント実装：NotificationList

通知する番組の情報は単体でもコンテンツとして成立しますが、複数を一覧表示してもコンテンツになります。NotificationListコンポーネントは、番組データ（program）を配列で受け取って、その配列数分のNotificationコンポーネントを表示します。テンプレートのsrc/components/organismsディレクトリに、NotificationListというディレクトリを新規作成します。その中にindex.jsファイルを作成し、次のようにコードを書きます。

リスト4-45　src/components/organisms/NotificationList/index.js

```
import React from 'react';
import styles from './styles.css';
import Notification from '../Notification/index.js';

const NotificationList = ({
  programs,
```

```
  onClickDelete,
  ...props,
}) => (
  <div { ...props }>
    { programs.map((program, idx) => (
        <Notification
          key={ idx }
          className={ styles.item }
          program={ program }
          onClickDelete={ onClickDelete }
          />
    )) }
  </div>
);

export default NotificationList;
```

一覧表示した際に必要になるスタイルを追加します。同一ディレクトリに、styles.cssというファイル名で次のCSSを書きます。

リスト4-46　src/components/organisms/NotificationList/styles.css

```
.item:hover {
  background-color: #f6f6f6;
}

.item + .item {
  border-top: 1px solid #ddd;
}
```

リストの1アイテムにマウスカーソルがホバーしたときにアイテムの色を変更するCSSと、アイテムとアイテムの区切り線を描画するCSSを追加します。ストーリーで確認します。

リスト4-47　src/components/organisms/NotificationList/index.stories.js

```
import React from 'react';
import { action } from '@storybook/addon-actions'
import NotificationList from './index.js';

const notifications = [{
  id: 0,
  thumbnail: '/mock/images/192/108/img01.jpg',
```

```
  title: 'コンポーネント指向で UI を設計しよう！第1話',
  channelName: 'UI チャンネル',
  startAt: 1507032000000,
  endAt: 1507035600000,
}, {
  id: 1,
  thumbnail: '/mock/images/192/108/img02.jpg',
  title: 'コンポーネント指向で UI を設計しよう！第2話',
  channelName: 'UI チャンネル',
  startAt: 1507035600000,
  endAt: 1507039200000,
}, {
  id: 2,
  thumbnail: '/mock/images/192/108/img01.jpg',
  title: 'コンポーネント指向で UI を設計しよう！第1話',
  channelName: 'UI チャンネル',
  startAt: 1507032000000,
  endAt: 1507035600000,
}, {
  id: 3,
  thumbnail: '/mock/images/192/108/img02.jpg',
  title: 'コンポーネント指向で UI を設計しよう！第2話',
  channelName: 'UI チャンネル',
  startAt: 1507035600000,
  endAt: 1507039200000,
}];

export default stories => stories
  .add('デフォルト', () => (
    <NotificationList programs={ notifications } onClickDelete={ action('削除ボタ
ンがクリックされました') } />
  ));
```

●図4-22　NotificationListの画面

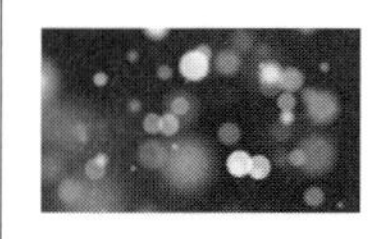

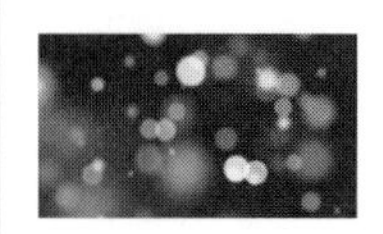

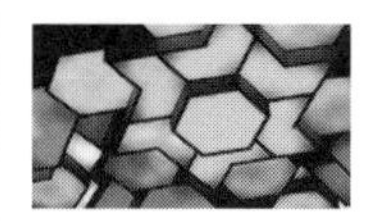

コンポーネント実装における ポイント

4-3節までで、一連のUIコンポーネントの実装ができました。この節では、作ったコンポーネントを振り返り、UIをコンポーネント化する際のポイントを押さえましょう。

学習の効率化のために、サンプル・プロジェクトのsrcディレクトリの中身を差し替えます。次のコマンドを実行してください。

```
$ yarn checkpoint 1
```

これで、srcディレクトリの中身が変わりました。ここまで作業してきた内容は、**checkpoints/backups/{ Unix時刻 }/**のような形でバックアップされているので、安心してください。この節から読み始めても、このコマンドを実行することで、この節の作業を行えます。

ロジックと表示に関する責務を分離する

まず、最も大事なポイントは、表示とロジックに関する関心を、1つのReactコンポーネントに一緒に実装せず、分離することです。なぜなら、UIコンポーネントの見た目は、アプリケーション・ロジックと関係なく変更することが多いからです。

たとえば、サービスのブランド・カラーを変更する場合、アプリケーション・ロジックには、いっさい変更が入りません。Webアプリケーションの場合は、CSSで色設定を変更します。余白の調整やアニメーションの調整などをする場合も、たいていCSSだけの変更になります。また、デザイン上、説明文を追加しないとわかりづらいパーツがあった場合などは、HTMLを追加して、テキストを入力することになります。ここまでの実装で、これらは、プレゼンテーショナル・コンポーネントだけを変更すれば済むようしてきました。

ロジックをコンテナー・コンポーネントとしての実装して、表示に関わる部分、つまりJSXをプレゼンテーショナル・コンポーネントとして実装すると、UIはロジックやデザインの変更に強くなります。見た目は見た目で正しくコンポーネント化されていれば、ロジックに影響を与えることはなくなるため、「見た目のデザインを修正したらロジック部分に不具合が出た」ということも避けられます。もちろん、ロジックに修正を入れたときに見た目が壊れてしまうことも避けられます。

このような責務の分離は、変更に強いだけではなく、UIのバリエーション生成もかんたんにします。アプリケーションを作っていると、「見た目ほとんど同じだが、ほんの少しだけ異なるUI」が作られることも多いです。多くは、画面によって目立たせたい要素が違ったり、文脈によって説明を補足したい場合です。そういった場合も、見た目を変えたプレゼンテーショナル・コンポーネントを別途作り、元のコンテナー・コンポーネントにつなげるだけで、同じロジックで動作する異なる見た目のバリエーションを増やすことができます。4-3節でも作成したHeadingコンポーネントやIconコンポーネント、Textコンポーネントなどでバリエーションを増やす実践をしました。テストに関しても、ロジックの実装は変更していないので、見た目部分だけテストすればよいので、テスト工数が少なくなります。

Stateless Functional Componentで表示を予測しやすくする

4-3節では、プレゼンテーショナル・コンポーネントは、実行するとJSXだけを返す関数として実装してきました。これは、Reactがバージョン0.14からサポートしている「Stateless Functional Component」というコンポーネント実装パターンです。Statelessなので、この実装パターンで作られたコンポーネントは状態を持つことができません。

リスト4-48

```
const SFC = () => <p>これはStateless Functional Componentです</p>;
```

SFCという関数は、実行すると返り値として固定のJSXを返すだけの実装です。実行すると常に同じJSXを返すので、状態によって返り値が変化することはありません。これを別のJSX内で`<SFC />`と記述すると、Reactコンポーネントとしてきちんと動作します。

●図4-23　SFC関数の動作

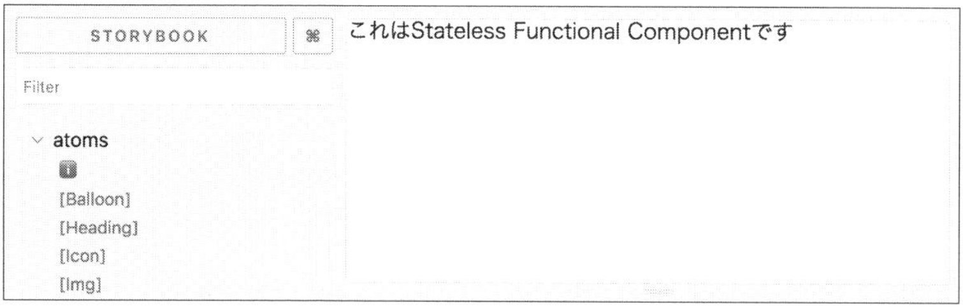

STORYBOOK
これはStateless Functional Componentです
Filter
atoms
[Balloon]
[Heading]
[Icon]
[Img]

React.Componentを拡張して、同じ動作のコンポーネントをクラス・ベースで実装する場合は、次のようになります。

リスト4-49

```
class SFC extends React.Component {
  render() {
    return (
      <p>これはStateless Functional Componentです</p>
    );
  }
}
```

これも同じ動作をしますが、Stateless Functional Componentで実装した場合よりコード量が多くなっています。Stateless Functional Componentで実装する場合も、React.Componentを拡張して実装する場合も、表示機能に関わる部分は、`<p>これはStateless Functional Componentです</p>`の部分のみです。つまり、JSX以外に関しては、私たちの関心がない部分でただのノイズ（雑音）でしかありません。

リスト4-48とリスト4-49を比べると、ノイズ比率が低いStateless Functional Componentで書かれたコードは、読みやすいです。コードが読みやすいということは、メンテナンス性を高くし、不具合が紛れ込む余地を減らします。そのため、状態を持つ必要がないすべてのReactコンポーネントは、Stateless Functional Componentで実装することをおすすめします。

特に、プレゼンテーショナル・コンポーネントをStateless Functional Componentで実装することで、見た目やテキストなどのエンジニア以外も興味を持つ部分に直接関わるコードが読みやすくなります。そうしたコードは、エンジニア以外、つまりデザイナーやディレクターなどが理解し、修正を加えることが可能になります。実際、私が携わったAbemaTVというプロジェクトでは、プレゼンテーショナル・コンポーネントの

CSSやテキストの修正を、デザイナーやディレクターがコードを直接編集して行い、GitHubでプルリクエストしていました。プレゼンテーショナル・コンポーネントが見た目に関する責務しか持たず、変更の影響範囲もそのコンポーネントの見た目だけに絞られていることがわかっているので、エンジニア以外も安心して変更できます。

CSSの修正をデザイナー自身が行えることは、エンジニアにとってもデザイナーにとっても大きなメリットがあります。最終的なUIの見た目に責任を持つのは、デザイナーであることが多いです。エンジニアが見た目を変更するためにCSSを修正すると、エンジニアは、デザイナーを空いている時間に捕まえて、変更を確認してもらう必要があります。もしそこでOKで出なかった場合、再修正して、またデザイナーを捕まえて、何度も確認しなければいけません。見た目に関する指定は言語化が難しいため、こういったコミュニケーションはくり返されやすいです。

●図4-24　デザイナーによるデザインに関するコード修正のプルリクエスト

しかし、そのデザイナー自身がUIの見た目を実装レベルで変更すれば、リアルタイムで変更を確認できるため、二者間のコミュニケーションによる確認待ち時間は0になります。そして、変更した見た目にデザイナー自身がOKを出した後で、GitHubにプルリクエストすることになるので、エンジニアはコード・ベースのレビューだけに集中できます。UIをコンテナー・コンポーネントとプレゼンテーショナル・コンポーネントに分離することは、職域ごとの関心も分離できるため、開発フローもよりスムーズになります。

コンポーネント同士を組み合わせやすくする

UIコンポーネントは、ほかのUIコンポーネントと組み合わせられる（コンポーザブル）

ように設計すると、拡張性が上がります。コンポーザブルなコンポーネントの最も単純な例は、4-3節で実装したBalloonコンポーネントのように、ラベルを任意に拡張できることです。4-3節では、ラベルとしてテキストを設定しましたが、じつは、別のReactコンポーネントをラベルとして表示することもできます。

リスト4-50　src/components/atoms/Balloon/index.stories.js

```
import React from 'react';
import Balloon from './index.js';
import { TrashCanIcon } from '../Icon/index.js';

export default stories => stories
  .add('2文字ラベル', () => <Balloon>次へ</Balloon>)
  .add('4文字ラベル', () => <Balloon>削除する</Balloon>)
  .add('絶対座標配置', () => <Balloon style={{ position: 'absolute', top: '200px',
left: '200px' }}>左上から 200px に配置</Balloon>)
  .add('アイコンラベル', () => <Balloon><TrashCanIcon /></Balloon>)
  .add('絵文字', () => <Balloon>×</Balloon>);
```

●図4-25　テキスト、アイコン、絵文字をラベルにしたBalloon

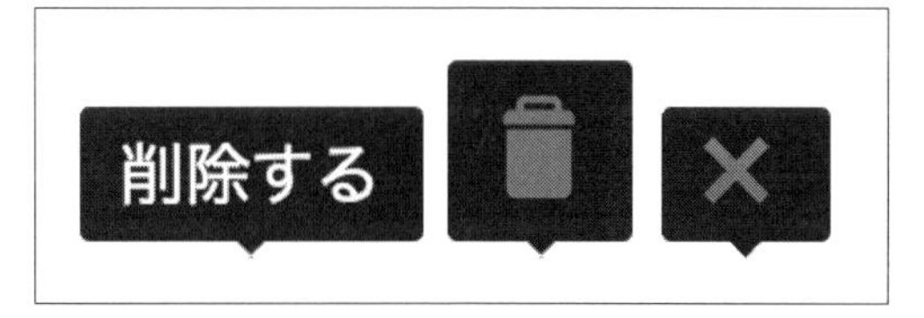

レイアウトは崩れてしまいますが、Balloonコンポーネントは`children`プロパティとして、どんなReactコンポーネントを受け取ってもラベルとして使えるので、使う側が好きなように拡張できます。

◉ コンポーザブルなコンポーネント実装：UIインタラクション

UIインタラクションもコンポーザブルなコンポーネントとして作れます。たとえば、DeleteButtonコンポーネントは、現状の実装だと「ホバーするとバルーンチップが浮かぶ」というインタラクションが、DeleteButton固有のものになっています。もし、ほかのものにバルーンチップを浮かばせたい場合や、バルーン以外のものを浮かばせたい場合、同じ実装を別のコンポーネントにすることになります。そこで、ホバー・インタラクションだけを責務としたコンポーネントを作成して、Balloonコンポーネントとコンポーザブルに組み合わせてみましょう。src/components/atoms/HoverTipInteractionディレクトリに、新しくstyles.cssとindex.jsファイルを作ります。

リスト4-51　src/components/atoms/HoverTipInteraction/styles.css

```
.root {
  position: relative;
}

.tip {
  display: none;
  left: 50%;
  position: absolute;
  top: 0;
  transform: translate(-50%, -100%) translateY(-12px);
  white-space: nowrap;
}

.root:hover > .tip {
  display: inline-block;
}

.root:hover > .marker {
  background-color: #f6f6f6;
}
```

リスト4-52　src/components/atoms/HoverTipInteraction/index.js

```
import React, { Component } from 'react';
import styles from './styles.css';

const HoverTipInteractionPresenter = ({ children, className, ...props }) => (
  <span className={[ styles.root, className ].join(' ')} { ...props }>
    { children }
  </span>
);

const HoverTipInteractionContainer = ({ presenter, children, ...props }) => {
  children = React.Children.map(children, child => {
    if (child.type.displayName === 'Tip') {
      const grandChild = React.Children.only(child.props.children);
      return React.cloneElement(grandChild, {
        className: [ styles.tip, grandChild.props.className ].join(' '),
      });
    } else if (child.type.displayName === 'Marker') {
      const grandChild = child.props.children;
      return React.cloneElement(grandChild, {
```

```
        className: [ styles.marker, grandChild.props.className ].join(' '),
      });
    }
    return child;
  });

  return presenter({ children, ...props });
};

const HoverTipInteraction = props => (
  <HoverTipInteractionContainer
    presenter={ presenterProps => <HoverTipInteractionPresenter
{ ...presenterProps } /> }
    { ...props }
  />
);

export default HoverTipInteraction;

export const Tip = () => <span>これはレンダリングされないもの</span>;
export const Marker = () => <span>これはレンダリングされないもの</span>;
```

今回のコンテナー・コンポーネント（HoverTipInteractionContainer）は、自分の子コンポーネントとしてTipという名前のReactコンポーネントがレンダリングされたとき、その子コンポーネント直下の孫コンポーネントに、チップとして機能するCSSを付与し、子コンポーネントとして置き替えるロジックを担当しています。チップが説明している対象の範囲を示すマーカーについても、同様に子コンポーネントからMarkerという名前のReactコンポーネントを探して、マーカー用のCSSを付与したものに置換しています。TipとMarkerは、HoverTipInteractionContainerによって置換される前提なので、実装としては適当なJSXを返すReactコンポーネントで構いません。ここでは、<span>これはレンダリングされないもの</span>というJSXを返して、レンダリングされるべきものではないいことをアピールしています。

次のようなストーリーでHoverTipInteractionコンポーネントを確認してみましょう。

リスト4-53　src/components/atoms/HoverTipInteraction/index.stories.js

```
import React from 'react';
import HoverTipInteraction, { Tip, Marker } from './index.js';
import { withStyle } from '../../utils/decorators.js';
```

```
export default stories => stories
  .add('デフォルト', () => withStyle({ display: 'inline-block', margin: '50px' })(
    <HoverTipInteraction>
      <span>ホバーしてね</span>
      <Tip><span>チップだよ</span></Tip>
    </HoverTipInteraction>
  ))
  .add('マーカー', () => withStyle({ display: 'inline-block', margin: '50px' })(
    <HoverTipInteraction>
      <Marker><span>ホバーしてね</span></Marker>
      <Tip><span>チップだよ</span></Tip>
    </HoverTipInteraction>
  ));
```

「デフォルト」と「マーカー」の両ストーリーともに、文字列にホバーするとチップ表示するインタラクションがコンポーネント化されたことが確認できます。「マーカー」ストーリーはMarkerコンポーネントで囲っている範囲を色づけします。HoverTipInteractionを使うと、DeleteButtonコンポーネントの実装は次のように変わります。

リスト4-54　src/components/molecules/DeleteButton/index.js

```
...（中略）...
import HoverTipInteraction, { Tip } from '../../atoms/HoverTipInteraction/index.js';

const DeleteButton = ({ className, onClick, ...props }) => (
  <HoverTipInteraction className={ [ styles.root, className ].join(' ') }
{ ...props }>
    <TrashCanIcon onClick={ onClick } />
    <Tip><Balloon>削除する</Balloon></Tip>
  </HoverTipInteraction>
);

export default DeleteButton;
```

インタラクションに関するコードはDeleteButtonコンポーネントから消えたので、CSSの次の❶、❷の部分をコードから取り払うことができます。

リスト4-55　molecules/DeleteButton/styles.css

```
.root {
  display: inline-block;
-   position: relative; ❶
```

```
}

- .root *:first-child + * {
-   display: none;
-   left: 50%;
-   position: absolute;
-   top: 0;
-   transform: translate(-50%, -100%) translateY(-12px);   ❷
-   white-space: nowrap;
- }

- .root *:first-child:hover + * {
-   display: inline-block;
- }
```

HoverTipInteraction、Marker、Tipコンポーネントを組み合わせてDeleteButtonを作るようになったので、ホバーのトランジションの関心とチップ表示をバルーンにするという関心が分離しました。これで、「チップ表示に別のReactコンポーネントを使いたい」となった場合、HoverTipInteraction、Marker、Tipコンポーネントを再利用して、同じホバー処理を設定できます。試しに、BalloonコンポーネントとHoverTipInteractionコンポーネントを使って、任意の要素に対してかんたんにバルーンチップを表示させられるコンポーネントをもう1つ作ってみましょう。

リスト4-56　src/components/atoms/Balloon/index.js

```
...（省略）...
import HoverTipInteraction, { Tip, Marker } from '../HoverTipInteraction/index.
js';
...（省略）...

export const BalloonTip = ({ children, label, className, ...props }) => (
  <HoverTipInteraction className={ className } { ...props }>
    <Marker><span>{ children }</span></Marker>
    <Tip><Balloon>{ label }</Balloon></Tip>
  </HoverTipInteraction>
);
```

リスト4-57　src/components/atoms/Balloon/index.stories.js

```
import HoverTipInteraction, { Tip } from '../../atoms/HoverTipInteraction/index.js';
...（省略）...
import { withStyle } from '../../utils/decorators.js';
```

```
...（省略）...
  .add('バルーンチップ', () => withStyle({ marginTop: '50px' })(
    <p>ここに<BalloonTip label="注釈を記述するUI">バルーンチップ</BalloonTip>を
表示</p>
  ));
```

ホバーのトランジション自体が別コンポーネントに分割されていることで、たくさんのReactコンポーネントに適用できるので、結果的にトランジションのアニメーションなどに統一感を与えられます。くわしくは、第5章で説明します。

◉ コンポーザブルなコンポーネント実装：レイアウト

レイアウトも、コンポーザブルに作ることが望ましいコンポーネントの1つです。レイアウトにはパターンがありますが、さまざまなUIがその配置する対象になります。たとえば、Notificationコンポーネントは、メディア・オブジェクトというレイアウト・パターンであり、通知対象の番組のサムネイル画像、その番組名などのメタデータが配置されています。

●図4-26　メディア・オブジェクトとNotificationコンポーネント

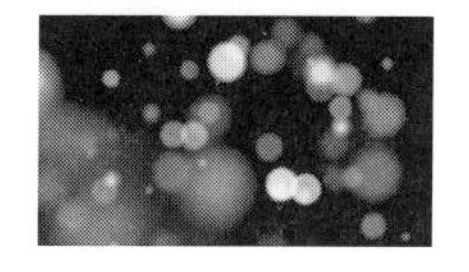

このレイアウト・パターンは非常に便利で、アプリケーションのいろいろな場所で活躍します。しかし、いまこのレイアウト・パターンは、NotificationコンポーネントのJSXに紐づいてCSSに実装されてしまっているため、再利用できません。そこで、メディア・オブジェクトのレイアウト・パターンにのみ関心を持つコンポーネントを作成します。ここでは、src/components/atoms/MediaObjectLayoutディレクトリに作成します。

リスト4-58　src/components/atoms/MediaObjectLayout/styles.css

```
.container {
  display: flex;
}

.body {
  flex: 1;
  min-width: 0;
}
```

リスト4-59　src/components/atoms/MediaObjectLayout/index.js

```
import React from 'react';
import styles from './styles.css';

const MediaObjectLayout = ({ children, className, tag:Tag = 'div' }) => (
  <Tag className={[ styles.container, className ].join(' ')}>
    <div>{ children[0] }</div>
    <div className={ styles.body }>{ children.slice(1) }</div>
  </Tag>
);

export default MediaObjectLayout;
```

このように実装したMediaObjectLayoutコンポーネントは、任意のReactコンポーネントたちを、メディア・オブジェクトのレイアウト・パターンで、コンポーザブルに配置できます。次のようなストーリーで確認してみましょう。テキスト・データはダミーなので適当な文字列で問題ありません。

リスト4-60

```
import React from 'react';
import MediaObjectLayout from './index.js';

export default stories => stories
  .add('デフォルト', () => (
    <MediaObjectLayout>
      <div>
        <img src="mock/images/img01.jpg" width="192" height="108"
alt="MediaObjectLayout を説明するためのサンプル画像" />
      </div>
      <p>Lorem ipsum dolor sit amet, consectetur adipiscing elit. Aliquam ut
dictum purus. Praesent id pulvinar sem, eu congue velit. Etiam porta luctus
```

```
tellus, quis finibus quam condimentum eu. Cras vestibulum mauris non tempus
congue.</p>
      <p>Sed pellentesque suscipit ex sed consequat. Fusce lobortis tincidunt
euismod. Etiam sollicitudin molestie semper. Donec mi sem, molestie at molestie
id, posuere ac lectus. Duis mollis, mauris venenatis sagittis porta, quam velit
dictum diam, non aliquam nunc elit ut ex.</p>
    </MediaObjectLayout>
  ))
  .add('section 指定', () => (
    <MediaObjectLayout tag="section">
      <div>
        <img src="mock/images/img01.jpg" width="192" height="108"
alt="MediaObjectLayout を説明するためのサンプル画像" />
      </div>
      <p>Lorem ipsum dolor sit amet, consectetur adipiscing elit. Aliquam ut
dictum purus. Praesent id pulvinar sem, eu congue velit. Etiam porta luctus
tellus, quis finibus quam condimentum eu. Cras vestibulum mauris non tempus
congue.</p>
      <p>Sed pellentesque suscipit ex sed consequat. Fusce lobortis tincidunt
euismod. Etiam sollicitudin molestie semper. Donec mi sem, molestie at molestie
id, posuere ac lectus. Duis mollis, mauris venenatis sagittis porta, quam velit
dictum diam, non aliquam nunc elit ut ex.</p>
    </MediaObjectLayout>
  ));
```

ストーリーを確認できたら、NotificationPresenterコンポーネントからレイアウトに対する責務を取り除いてあげましょう。

リスト4-61　src/components/organisms/Notification/index.js

```
...（省略）...
import MediaObjectLayout from '../../atoms/MediaObjectLayout/index.js';
...（省略）...
export const NotificationPresenter = ({
  program,
  className,
  onClickDelete,
  ...props,
}) => (
  <MediaObjectLayout tag="section" className={ [ styles.root, className ].join
(' ') } { ...props }>
    <Img src={ program.thumbnail } className={ styles.media } width="128"
height="72" />
    <Heading level={ 3 } visualLevel={ 6 }>{ program.title }</Heading>
```

```
    <InfoText size="s">{ program.channelName }</InfoText>
    <InfoText size="s" className={ styles.time }>
      <Time format="MM月DD日(ddd)HH:mm">{ program.startAt }</Time> ～ <Time
format="HH:mm">{ program.endAt }</Time>
    </InfoText>
    <DeleteButton onClick={ onClickDelete } className={ styles.del } />
  </MediaObjectLayout>
);
```

NotificationPresenterコンポーネントを、MediaObjectLayoutコンポーネントで作り替えました。レイアウトのために必要だったdivの入れ子が、MediaObjectLayoutコンポーネントにカプセル化され、入れ子構造が少し減ることでコードも見やすくなっています。忘れないように、Notificationコンポーネント側の不要になったCSS（❶、❷）も消しておくとよいでしょう。

リスト4-62　src/components/organisms/Notification/styles.css

```
.root {
-  display: flex;  ❶
  padding: 1rem;
  position: relative;
}

- .body {          ┐
-   flex: 1;       ├❷
-   min-width: 0;  │
- }                ┘

.media {
  padding-right: 1rem;
}

.time {
  margin-top: .5rem;
}

.del {
  display: none !important;
  position: absolute !important;
  right: calc(var(--space) * 3) !important;
  top: 50% !important;
  transform: translateY(-50%) !important;
}
```

```
.root:hover .del {
  display: inline-block !important;
}
```

レスポンシブ・デザインのようなページ・レベルのレイアウトについてもコンポーネント化することで画面をコンポーザブルに組み立てることができます。レスポンシブ・デザインで昔からよく使われる聖杯レイアウト（第3章p.77参照）のコンポーネントを作成してみましょう。HolyGrailLayoutという名前でAtoms層コンポーネントを作成します。

リスト4-63　src/components/atoms/HolyGrailLayout/styles.css

```
.root {
  display: flex;
  min-height: 100vh;
  flex-direction: column;
}

.body {
  display: flex;
  flex-direction: column;
}

.body > :nth-child(2) {
  order: -1;
}

@media (min-width: 768px) {
  .body {
    flex: 1;
    flex-direction: row;
  }

  .body > :nth-child(2),
  .body > :last-child {
    flex: 0 0 12em;
  }

  .body > :first-child {
    flex: 1;
  }
}
```

レスポンシブ・デザインではCSSのメディアクエリを利用します。メディアクエリは、印刷物やコンピュータ画面などのメディアタイプ(媒体の種類)やビューポートの横幅、高さ、画素密度などのメディア特性別に適用するスタイルを指定できる機能です。レスポンシブ・デザインの場合はブレイクポイントと呼ばれるレイアウトを切り替えるポイントを決めて、ビューポートの横幅がブレイクポイント以上の場合と未満の場合で適用するスタイルを切り替えてレイアウトを変更することが一般的です。今回の例では768px以上か未満かでレイアウトを切り替えています。

リスト4-64　src/components/atoms/HolyGrailLayout/index.js

```
import React from 'react';
import styles from './styles.css';
import { containPresenter } from '../../utils/HoC.js';

const HolyGrailLayoutPresenter = ({ tag:Tag = 'div', parts, className, ...props })
=> {
  const { top, bottom, main, left, right } = parts;
  return (
    <Tag className={[ styles.root, className ].join(' ')}>
      { top }
      <div className={styles.body}>
        { main }
        { left }
        { right }
      </div>
      { bottom }
    </Tag>
  );
};

const HolyGrailLayoutContainer = ({ presenter, children, ...props }) => {
  const parts = mapParts(children);
  return presenter({ parts, ...props });
};

const partTypes = [
  'HolyGrailTop',
  'HolyGrailBottom',
  'HolyGrailMain',
  'HolyGrailLeft',
  'HolyGrailRight',
];
```

```
function mapParts(elems) {
  const parts = [];
  elems.map(elem => {
    const idx = partTypes.indexOf(elem.type.displayName);
    if (!~idx) return;
    parts[idx] = elem.props.children;
  });
  const [ top, bottom, main, left, right ] = parts;
  return { top, bottom, main, left, right };
}

const HolyGrailLayout = props => (
  <HolyGrailLayoutContainer
    presenter={ presenterProps => <HolyGrailLayoutPresenter { ...presenterProps }
/> }
    { ...props }
  />
);
export default HolyGrailLayout;

export const HolyGrailTop = () => <div>これはレンダリングされないもの</div>;
export const HolyGrailBottom = () => <div>これはレンダリングされないもの</div>;
export const HolyGrailMain = () => <div>これはレンダリングされないもの</div>;
export const HolyGrailLeft = () => <div>これはレンダリングされないもの</div>;
export const HolyGrailRight = () => <div>これはレンダリングされないもの</div>;
```

HoverTipInteractionコンポーネントと同様にパーツ・コンポーネントを使って聖杯レイアウトの各パーツを次のストーリーのように指定できます。

リスト4-65　src/components/atoms/HolyGrailLayout/index.stories.js

```
import React from 'react';
import HolyGrailLayout, {
  HolyGrailTop,
  HolyGrailBottom,
  HolyGrailMain,
  HolyGrailLeft,
  HolyGrailRight,
} from './index.js';

export default function (stories) {
  return stories
  .add(
    'デフォルト',
```

```
    () => (
      <HolyGrailLayout>
        <HolyGrailTop>
          <header style={{ minHeight: '50px', backgroundColor: '#ccc' }}>header
</header>
        </HolyGrailTop>
        <HolyGrailBottom>
          <footer style={{ minHeight: '50px', backgroundColor: '#ccc' }}>footer
</footer>
        </HolyGrailBottom>
        <HolyGrailMain>
          <main style={{ minHeight: '300px', backgroundColor: '#777' }}>main</main>
        </HolyGrailMain>
        <HolyGrailLeft>
          <nav style={{ minHeight: '150px', backgroundColor: '#aaa' }}>nav</nav>
        </HolyGrailLeft>
        <HolyGrailRight>
          <aside style={{ minHeight: '100px', backgroundColor: '#aaa' }}>aside
</aside>
        </HolyGrailRight>
      </HolyGrailLayout>
    )
  )
}
```

ストーリーを保存したらいつも通りStorybookで確認してみましょう。レイアウトは比較的UIに密結合しやすい性質がありますが、コンポーザブルに使用できるインターフェースとして設計すると分離しやすくなります。

Higher-order Componentでさらに効率良くコンポーネントを実装する

4-3節では、コンテナー・コンポーネントをプレゼンテーショナル・コンポーネントにつなげるコードを複数回書いてきました。たとえば、HeadingコンポーネントやTimeコンポーネント、Notificationコンポーネントは、それぞれ次のようにつなげる関数を実装しています。

リスト4-66　src/components/atoms/Heading/index.js

```
const Heading = props => (
  <HeadingContainer
    presenter={ presenterProps => <HeadingPresenter { ...presenterProps } /> }
    { ...props }
```

```
  />
);
```

リスト4-67　src/components/atoms/Time/index.js

```
const Time = props => (
  <TimeContainer
    presenter={ presenterProps => <TimePresenter { ...presenterProps } /> }
    { ...props }
  />
);
```

リスト4-68　src/components/organisms/Notification/index.js

```
const Notification = props => (
  <NotificationContainer
    presenter={ presenterProps => <NotificationPresenter { ...presenterProps } /> }
    { ...props }
    />
);
```

コンテナー・コンポーネントとプレゼンテーショナル・コンポーネントをつなげるという目的自体は同じなので、これら3つのコードはそっくりです。それどころか、つなげる対象の2つのコンポーネント以外のコードは、まったく同じです。このように「処理したい内容は同じだが、対象のコンポーネントだけが異なる」という場合は、Higher-order Component関数を作ることで、さらに効率的にコンポーネントを実装できます。

Higher-order Componentは、高階関数（Higher-order Function）のコンポーネント版です。高階関数は、引数として関数を取ったり、返り値として関数を返す関数ですが、Higher-order Componentは、コンポーネントを引数として受け取り、特定の処理を施した別のコンポーネントを生成して返す関数です。Higher-order Componentはコンポーネントに対する処理の再利用をしやすくします。

たとえば、コンテナー・コンポーネントとプレゼンテーショナル・コンポーネントをつなげている`Heading()`関数と`Time()`関数、`Notification()`関数は、任意のコンテナー・コンポーネントとプレゼンテーショナル・コンポーネントを受け取るHigher-order Componentを作ることで、次のように抽象化できます。

リスト4-69　src/components/utils/HoC.js

```
import React from 'react';

```

```
export function containPresenter(Container, Presenter) {
  return props => (
    <Container presenter={ presenterProps => <Presenter { ...presenterProps } /> }
{ ...props } />
  );
}
```

containPresenter()関数は、第1引数に任意のコンテナー・コンポーネントを、第2引数に任意のプレゼンテーショナル・コンポーネントを受け取り、2つのコンポーネントをつなげた状態のコンポーネントを返します。任意のコンポーネントを渡せるようになったので、containPresenter()関数にHeadingContainerとHeadingPresenterを渡せば、Headingコンポーネントを作れます。また、TimeContainerとTimePresenterを渡せば、Timeコンポーネントが作れます。

リスト4-70　src/components/atoms/Heading/index.js

```
...（省略）...
import { containPresenter } from '../../utils/HoC.js';
...（省略）...
const Heading = containPresenter(HeadingContainer, HeadingPresenter);

export const HeadingUnderlined = containPresenter(HeadingContainer,
HeadingUnderlinedPresenter);
...（省略）...
```

リスト4-71　src/components/atoms/Time/index.js

```
const Time = containPresenter(TimeContainer, TimePresenter);
```

リスト4-72　src/components/organisms/Notification/index.js

```
const Notification = containPresenter(NotificationContainer,
NotificationPresenter);
...（省略）...
```

コンテナー・コンポーネントとプレゼンテーショナル・コンポーネントをつなげる処理を再利用できるようになったので、コンポーネントのロジック部分と表示部分を、より疎結合で実装できるようになりました。

4-5 コンポーネントに適切なスタイルを与える

テンプレートではCSS Modulesを利用しているため、UIコンポーネントのCSSセレクターはカプセル化された状態で設定してきました。しかし、残念ながら、CSSセレクターはカプセル化できても、スタイルを完全にカプセル化することはできません。そのためUIコンポーネントをできる限り別のコンポーネントに影響させないようにし、再利用しやすい状態にするためにはいくつかコンポーネントに設定するスタイルに工夫が必要です。

- **レイアウトしやすいコンポーネントであること**
- **コンポーネント外部から任意のスタイルを適用できること**
- **別の要素に影響を与えるスタイルを避ける**

まず、本節のサンプルコードを整理するために、以下のコマンドを実行してsrcを差し替えてください。

```
$ yarn checkpoint 2
```

レイアウトしやすいスタイル

UIコンポーネントの再利用性を高めるために、コンポーネントには、レイアウトしづらくなるようなスタイルを避けるようにします。特に、marginなどのプロパティをコンポーネントに設定するときは、気をつけてください。

たとえば、入力フォームを作るときを考えてみましょう。テキストボックスとボタンのみの単純な入力フォームです。まず、テキスト入力するためのAtoms層のコンポーネントTextBoxを作ります。

リスト4-73　src/components/atoms/TextBox/index.js

```
import React from 'react';
import styles from './styles.css';

const TextBox = ({ className, ...props }) => (
  <input type="text" className={[ styles.textbox, className ].join(' ')} {
```

```
  ...props } />
);

export default TextBox;
```

リスト4-74　src/components/atoms/TextBox/styles.css

```
.textbox {
  border: 1px solid #ddd;
  border-radius: 2px;
  color: #000;
  font-size: .8rem;
  padding: .5rem;
}
```

●図4-27　TextBoxの画面

テキストボックスだよ

次に、ボタンUIであるAtoms層のコンポーネントButtonを作ります。

リスト4-75　src/components/atoms/Button/index.js

```
import React from 'react';
import styles from './styles.css';

function buttonFactory(type) {
  return ({ children, className, ...props }) => (
    <button className={[ styles.button, styles[type], className ].join(' ')}
{ ...props }>{ children }</button>
  );
}

export const Button = buttonFactory('default');
export const PrimaryButton = buttonFactory('primary');
```

リスト4-76　src/components/atoms/Button/styles.css

```
.button {
  border-radius: 2px;
  border-width: 0;
  display: inline-block;
  font-weight: 700;
```

```
  font-size: 1rem;
  line-height: 1;
  padding: .8rem;
  text-decoration: none;
  transition: opacity .1s ease-out;
}

.button:hover {
  opacity: .7;
}

.default {
  background-color: inherit;
  border: 1px solid #ddd;
  color: #8c8c8c;
}

.primary {
  background-color: #51c300;
  color: #fff;
}
```

●図4-28　Button

この2つのAtoms層コンポーネントを使って、メールアドレス認証フォームであるMolecules層コンポーネントMailAuthFormを作ります。

リスト4-77　src/components/molecules/MailAuthForm/index.js

```
import React from 'react';
import styles from './styles.css';
import { PrimaryButton } from '../../atoms/Button/index.js';
import TextBox from '../../atoms/TextBox/index.js';


const MailAuthForm = ({ onSubmit, ...props }) => (
  <form { ...props }>
    <p className={ styles.label }>メールを入力してください</p>
    <div>
      <TextBox className={ styles.textbox } />
```

```
      <PrimaryButton onClick={ onSubmit }>認証メール送信</PrimaryButton>
    </div>
  </form>
);
export default MailAuthForm;
```

リスト4-78　src/components/molecules/MailAuthForm/styles.css

```
.textbox {
  width: 30rem;
}

.label {
  font-size: .8rem;
  font-weight: 700;
  line-height: 1;
  padding-bottom: 1rem;
}
```

●図4-29　MailAutoFormの画面（マージンなし）

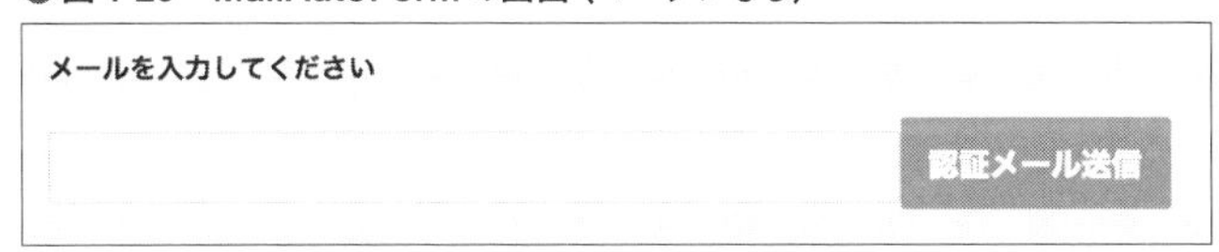

この例では、デザインカンプ上TextBoxコンポーネントと右の送信ボタンの間に、1remの余白を必要としています。しかし、ここでTextBoxコンポーネント自身に`margin-right: 1rem;`を適用してしまうのは考えものです。もし、ラベルが必要のないレイアウトでTextBoxを使用するときに、再利用性がなくなってしまいます。

どのようにTextBoxに1remの余白を設定するかというと、コンポーネントの外からスタイルを適用できるようにします。

UIコンポーネント外部からスタイルを適用する

再利用性が高いUIコンポーネントには拡張性が必要です。コンポーネントの外側からTextBoxに任意の余白を設定できれば、TextBox自身は決まった余白を持たず、使う側が使う場所に応じて好きなように設定することができます。今回の例ではTextBoxコンポーネントは任意のclassName属性値を入力として受け取るように実装しているので、MailAuthFormコンポーネントの方に`margin-right`を指定してみましょう。

リスト4-79　src/components/molecules/MailAuthForm/styles.css

```
.textbox {
  margin-right: .5rem;
  width: 30rem;
}
```

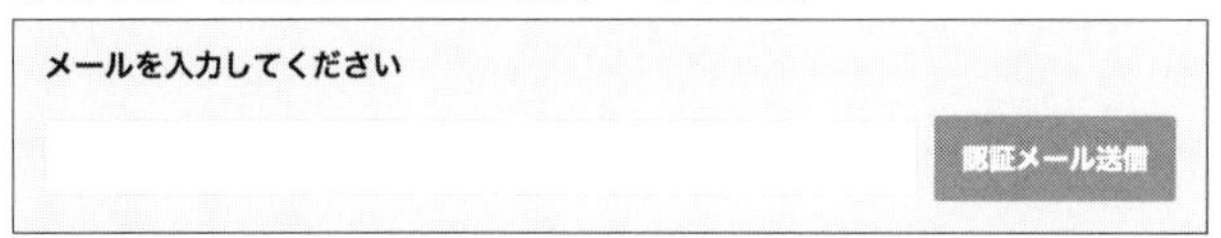

●図4-30　MailAutoForm画面（マージンあり）

TextBoxコンポーネントにはいっさいmarginを設定しませんでしたが、外部からmarginを設定することができました。

◉ 外部からのスタイルを優先する

UIコンポーネントのスタイルを拡張しやすいものにするために、入力されたスタイルを優先させるように実装することも大事です。コンポーネントのルート要素のスタイルは、親コンポーネントから拡張したい場合が多いです。たとえば、Buttonコンポーネントの1番ルートの要素を、次のようなCSSプロパティを定義したとします。

リスト4-80　src/components/atoms/Button/styles.css

```
.button {
  position: static !important;
...（省略）...
```

`.button`クラスセレクターに`position: static !important;`を設定することによって、Buttonコンポーネントの1番ルートの要素の配置方法が指定されています。このように、!importantルールによって最優先されるように書いてしまうと、親コンポーネントがButtonコンポーネントを絶対座標で配置したい場合に、スタイルを拡張することが難しくなってしまいます。そして、可能な限り、`style`属性を使ったインラインでのスタイル適用ではなく、className属性を使ってスタイルを適用するようにしましょう。インラインスタイルのほうがクラスセレクターより詳細度が高くなってしまうため、拡張しづらくなってしまいます。

◉ レイアウトしやすいコンポーネントのポイント

レイアウトしやすいコンポーネントは、「コンポーネント自身がどのようにレイアウトされるか」という情報に対して関心を持ちません。

- **座標値が指定されていない（position／top／bottom／left／right）**
- **不必要に幅や高さが固定されていない（width／height）**
- **自身の周辺に余白が設定されていない（margin）**
- **浮動・その解除で配置フローを乱していない（float／clear）**

これらの性質は、絶対ではありません。コンポーネントによっては、関心を持つべきレイアウト情報もあります。たとえば、ボタンなどはクリックのしやすさを担保するという意味で幅や高さに対して関心を持つべきであり、指定することでより使いやすいUIコンポーネントとなるでしょう。また、MailAuthFormコンポーネントの例で、パーツのTextBoxコンポーネントにmarginを使って余白を設定したように、コンポーネント内で完結しているレイアウト情報に対しても、当然ながら関心を持つべきです。それ以外のコンポーネント内で完結しないレイアウト情報については、基本的に外部からスタイルを拡張するようにしましょう。本章の序盤で作成したBalloonコンポーネントも、座標を指定して使用する前提ですが、「自身がどこにレイアウトされるか」については関心を持たず外部からスタイルを拡張されて配置される方式をとっています。

別の要素に影響を与えるスタイルの回避

CSSセレクターは、疑似的にカプセル化されていたとしても、書き方によっては別のコンポーネントに影響を与えることが可能なので注意が必要です。たとえば、TextBoxに次のようなスタイルを追加してみましょう。

リスト4-81　src/components/atoms/TextBox/styles.css

```
.textbox + * {
  font-size: 100px;
}
```

この状態で、Storybookを使ってMailAuthFormコンポーネントの「デフォルト」ストーリーを開いてみましょう。

●図4-31　フォントサイズが巨大になったMailAuthForm

「認証メール送信」ボタンのラベルが巨大になっています。`.textbox`セレクターが適用されているTextBoxコンポーネントの<input>要素が、ボタンコンポーネントの<button>要素と隣接しているため、`font-size: 100px;`がラベルに適用されてしまっています。

こういった`+`や`~`などの結合子を使ったCSSのセレクターや疑似クラスセレクターは便利な反面、UIコンポーネントの中で安易に使うと、コンポーネント外部に思わぬ影響を与えてしまうことがあります。特に、最も外部に影響しやすいコンポーネントのルート要素に使用することは、控えたほうがよいでしょう。

アプリケーションにおける統一性担保

UIをコンポーネント化するということは、機能や性質をカプセル化するということです。しかし、アプリケーションにおいて一定のトーン&マナーを保つことは、ユーザビリティやブランディングにおいても重要なので、デザインを構成するすべての要素がコンポーネントで完結してしまうと、統一したトーン&マナーを保つことが難しくなります。ここでは、アプリケーションのデザインを統一する方法を学びます。

まず、本節のサンプルコードを整理するために、以下のコマンドを実行してsrcを差し替えてください。

```
$ yarn checkpoint 3
```

基本的な視覚デザイン要素を一元管理する

アプリケーションのトーン&マナーをブレなく統一するためには、ビジュアル（視覚的な）・デザインに関する基本的な要素を1箇所で管理しておくことが重要です。基本的なデザイン要素とは、たとえば、以下のようなものです。

- **余白の大きさ：コンポーネントとコンポーネントの間を余白など**
- **書体：明朝体、ゴシック体、手書き風など**
- **フォントサイズ：極小、小、中、大、極大**
- **色：背景、テキスト、テキストリンク、強調、成功、危険、警告**
- **アニメーション：持続時間やイージングなど**
- **ボーダー：幅、角丸の半径**

デザインの要素と原則

UIデザインに限らず、視覚に関わるデザイン全般には「デザインの要素と原則★6」という基礎的な考え方があります。視覚デザインの要素とは、視覚情報を見る人に伝える「表現手段」そのものです。要素は以下の6つがあります。

★6 https://en.wikipedia.org/wiki/Visual_design_elements_and_principles

- ・1　色
- ・2　線（直線、曲線、ジグザグ線、破線など）
- ・3　図形（円形、三角形、四角形などの幾何学的図形や有機的図形）
- ・4　質感・テクスチャ
- ・5　空間（オブジェクト間の空間）
- ・6　フォーム（幅、高さ、奥行きを感じさせる三次元的な視覚情報がある要素）

視覚デザインの原則とは、これらの要素を組み合わせたとき全体の構造的特徴が見る人に与える印象をまとめたものです。以下の6つに分けられます。

- ・1　統一
- ・2　バランス（要素の位置や大きさなどの視覚バランスで安定感や躍動感といった印象を制御する）
- ・3　階層（視覚情報の優先度を階層的に整理することで視線をより大事な情報に誘導する）
- ・4　尺度・比率（要素同士の相対的な面積比率を制御することは視覚に心地良いリズムを生む）
- ・5　占有・強調（全体を占める法則を意図的に無視することで焦点を当ててもらいたい要素を目立たせる）
- ・6　類似と対比（各所のデザインを類似させることでユーザーは迷わず情報を探せるが、類似したデザインばかりだと単調すぎて飽きてしまう。重点を置きたい情報には、ほど良く対比的な構造を与える）

◉ デザインの要素と原則に従ってコンポーネントを設計する

UIコンポーネントは、デザインの原則を有効に活用して作られるべきです。しかし、組み合わせる対象である視覚デザイン要素に統一感が無ければ、この原則自体が成り立ちません。しかも、基本的なアプリケーションの基本色や強調色などのカラーパレット、余白などのリズム、書体、アニメーションを構成するフェードなどの持続時間などの視覚デザイン要素に関しては、コンポーネント内で定義するだけでは共通化しきれません。

たとえば、文字を扱うAtoms層のコンポーネントは、ここまで本書で作成してきた中でもText、TextBox、Heading、Button、Balloonなど多くありました。ここまでの実装では、それぞれのUIコンポーネントのCSSでスタイルの値が完結していたので、異なる文字のサイズや色を設定が可能です。しかし、これらのコンポーネントを組み合わせて使用したときに、「それぞれの文字の大きさに統一感がない」「微妙に色味が異なる文字が混ざっていた」「余白の幅がバラバラでグリッドが揃っていない」という状態では、全体として非常に読みづらいUIになってしまいます。

●図4-32　トーン&マナーに統一感がないUI

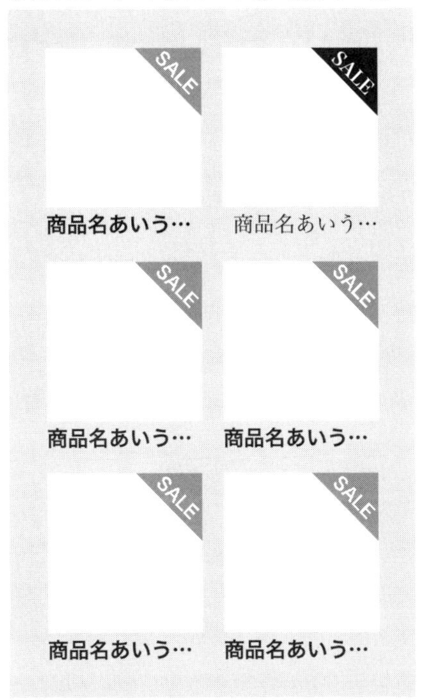

余白の大きさに一定のレギュレーションがあることで、動的にコンテンツを組み替えたり更新したとしてもレイアウトのグリッドを揃えやすくなります。フォントサイズもレギュレーションを定義することで、ジャンプ率などコンテンツの印象を制御することができます。色に関しても同様のことが言えます。アプリケーション内である色味の赤色の文字を警告を促すメッセージを表示するために使った場合は、その赤色はボタンに使われた場合もユーザーは押すことに対して警告の意味合いを感じるように学習する可能性もあります。そのため、ある場所で警告を示唆していた色がある場所では単なる強調色として使われていたりすると、ユーザーは混乱してしまいます。こういった細かい違いはユーザーが使い難さを感じる要因となるため、基本的なデザイン要素に関しては値を一元管理することをおすすめします。

また、これらのデザイン要素が一元管理されていることは、情報アクセシビリティの観点から見てもメリットが大きいです。情報アクセシビリティについては、第6章のインクルーシブ・ユーザビリティ・テストの章で詳しく扱いますが、アプリケーションなどで使う色や書体のスキーマを決めておくことにより、極端にコントラストが低い色の組み合わせや読みづらい書体の使用、サイズを使用するケースを生み出さないようにできます。

デザイナーの頭の中をデザイン要素管理に反映する

デザイン要素の管理には、UIデザイナーとUI実装に携わるエンジニアの密接なコミュニケーションが必要です。これは、比較的難易度が高い作業でしょう。デザイナーが実際にデザイン作業しているときに頭の中で考えていることを反映させなければ、いくら要素だけ管理しても、デザイナーがそれを使ってデザインできず破綻してしまいます。そのため、作業者はデザインについてある程度理解する必要があります。もちろん、デザイナーが整理上手な人であれば、デザイナー自身に直接作業してもらうのが効率的ですが、デザイナーの中には、自身のデザイン思考プロセスを言語化することが苦手な人もいます。そういった場合は、デザイナー本人以外がそのデザイン思考を適切に聞き出す必要があります。

具体的には、どのように聞き出すとよいでしょうか。たとえば、色です。デザイナーが色を使うときに、どんなルールで使う色を決めているかを聞き出します。私が携わったAbemaTVもそうですが、サービスのトーン&マナーに統一するために使う色を限定しているデザインでは、むやみに色を増やさないことを第1のルールにしていることが多いでしょう。そのため、カラーパレットは管理対象となります。また、多くのデザイナーは、罫線や背景、ボタン、テキストボックスなど画面を構成する要素の色に統一感がないことを嫌うでしょう。そして、たとえデザイナー自身が意識していないことでも、デザインの傾向を観察することでわかることもあります。デザインカンプを並べてみて、ユーザーにポジティブなフィードバックを返すときやエラーなど警告の意味を表現するためにカラーパレットの中から特定の色を常に使う傾向があると感じた場合は、そのように当人に聞いてみると頭の中で考えている色の意味について整理して説明してもらえるかもしれません。特に色の場合は、見る人に特定の感情を想起させるという特性があるため、使う色次第で文字やアイコン、その他オブジェクトに感情的な情報を追加することができます。つまり、文字やアイコンがユーザーに伝えている情報以上にユーザーにどのように感じてほしいかを瞬間的に伝えることができます。これをコンテキスト（文脈）の強化と言いますが、適切に使うことでユーザーへの情報の伝わり方がとてもスムーズになることをデザイナー自身も利用してデザインしていることが多いはずです。

デザイン要素を階層化して管理する

色の例では、デザイナーの関心が複数ありました。

- **カラーパレットに対する関心**
- **色の意味に対する関心**
- **画面構成要素の統一感に対する関心**

このように関心の種類が複数あるときは、UIコンポーネントの設計と同じように、適切に分離するとよいでしょう。カラーパレットの色数を制限しているアプリケーション・デザインの場合、具体的な意味を持った色も画面構成要素の色もカラーパレットに依存しているはずです。また、画面構成要素の色にも特定の意味にリンクさせたいものもあるでしょう。こういった関心の依存関係は、Atomic Design同様に、図4-33のような階層化アーキテクチャで表現することが可能です。

●図4-33　デザイン要素（色）の階層化アーキテクチャ

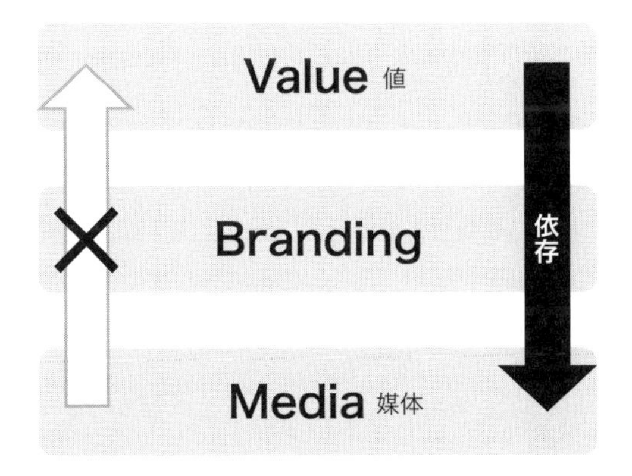

色の場合は、カラーパレットをカラーコードという値で管理することになると思います。そして、サービスにおける色の意味などユーザーに連想させるものを制御することは一般的にブランディングと呼ぶ行為です。すると、デザイン要素に対する関心事の層は、バリュー（値）層、ブランディング層、メディア（媒体）層のように分類することができます。メディアというのはWeb、iOS、Androidなどのプラットフォームのことも指しますが、デザイン対象が紙媒体などに及ぶこともあることを考慮しているための名前です。

このように関心を分離することにより、リデザイン時の変更に対する影響範囲を最小限に留めることができます。例えば長く運営しているサービスでは使用している色の整理を行うというフェーズが訪れることも多いですが、カラーパレットを見直すのであれば修正範囲はバリュー層のみに留まる可能性も高いです。Webアプリケーション、iOSアプリ、Androidアプリなどの複数プラットフォームに展開しているサービスにおいて色の意味などを統一したいのであれば、ブランディング層に全てのプラットフォームや媒体に適用したいデザイン要素を集約し、プラットフォームごとに最適化する必要があるデザイン要素に関してはメディア層に集約します。そうすることで、サービスのブランディングを一新する際にはバリュー層やブランド層を変更することで全てのプラットフォームに適用されている色をブランド的に意味ある形で変更することが可能です。逆に、iOSアプリだけで必要な色など特定の媒体に限定したデザイン要素の変更はサービス全体の影響を考えずに済みます。iOS上のアプリでステータス・バーとナビゲーション・バーの色を合わせることで境界を意識させないデザインにしたいなど、プラットフォーム特有の事情を考慮したデザイン要素などはサービス全体に影響がある関心の層から分離できるため、サービス全体の統一性を保ちながらプラットフォームごとの最適化のバランスを取ることができます。

CSS Custom Propertiesでデザイン要素の値を定義する

Webアプリケーション開発の場合、コード上でのデザイン要素の管理は、CSSで行うことをおすすめします。基本的なデザイン要素を値に変換して、各コンポーネントのCSSから参照できるようにします。変数のような形で適切な名前を付けて管理しておくことが望ましいです。

CSSでの変数は、Custom Propertiesで実現できます。もし、SassやLessなどのCSSプリプロセッサーをすでに使用している場合は、ここからの例をSassやLessの変数で置き替えて読み進めてみてください。

Custom Propertiesを使う場合は、まずプロジェクトの参照しやすい場所にCSSファイルを1つ作ります。たとえば、src/components/properties.cssのようなファイルを作り、次のようなCSSを記述します。

リスト4-82　src/components/properties.css

```
:root {
  /* ***** バリュー（値）層 ***** */

  /* 色：色相名とカラーコードの紐づけ */
  --color-white: #fff;
  --color-black: #000;
  --color-gray: #8c8c8c;
  --color-gray-dk: #1a1a1a; /* dk = dark */
  --color-gray-lt: #ddd; /* lt = light */
```

```
--color-gray-p: #f6f6f6; /* p = pale */
--color-green: #51c300;
--color-red: none;

/* ***** ブランディング層 ***** */
/* 色：色の意味などをサービス全体で統一 */
--color-base: var(--color-white);
--color-link: var(--color-green);
--color-link-visited: none;
--color-link-hover: none;
--color-link-active: none;
--color-success: none;
--color-danger: none;
--color-warning: none;
--color-info: var(--color-gray);
--color-primary: var(--color-green);
--color-secondary: none;
--color-accent: none;
--color-selected: var(--color-gray-p);

/* ***** メディア（媒体）層 ***** */
/* 色：媒体固有で使用する色 */
--color-text: var(--color-black);
--color-text-outlined: var(--color-white);
--color-tip: var(--color-gray-dk);
--color-line: var(--color-gray-lt);
--color-info-layer1: var(--color-gray-p);
--color-info-layer2: var(--color-white);
--color-header: var(--color-black);
--color-card: var(--color-white);
--color-card-header: var(--color-black);

/* 文字：サイズ（媒体に最適化した文字サイズ）*/
--font-size-xxs: none;
--font-size-xs: .6rem;
--font-size-s: .8rem;
--font-size-m: 1rem;
--font-size-l: 1.2rem;
--font-size-xl: 1.4rem;
--font-size-xxl: 1.6rem;
--font-size-xxxl: 1.8rem;
--font-size-xxxxl: 2.0rem;

/* 文字：太さ（媒体に最適化した文字の太さ）*/
--font-weight-default: 400;
```

```
  --font-weight-bold: 700;

  /* 余白（媒体に最適化した余白単位）*/
  --space: .5rem;

  /* 枠に関する要素（媒体に最適化した枠デザイン要素）*/
  --line-width: 1px;
  --line-style: solid;
  --radius: 2px;
  --border: var(--line-width) var(--line-style) var(--color-line);

  /* フィードバックの定義（媒体に最適化したフィードバック・デザイン要素）*/
  --hover-feedback-opacity: .7;

  /* アニメーションの定義（媒体に最適化したアニメーション・デザインの要素）*/
  --hover-animation-duration: .1s;
  --hover-animation-timing: ease-out;
  --hover-animation: var(--hover-animation-duration) var(--hover-animation-timing);
  --fade-animation-duration: .2s;
  --fade-animation-timing: linear;
  --fade-animation: var(--fade-animation-duration) var(--fade-animation-timing);

  /* Z 座標の管理（Web媒体／CSSではZ座標を管理する）*/
  --z-header: 10;

  /* レスポンシブ・デザイン用のカスタム・メディア（Webブラウザ用）*/
  @custom-media --breakpoint-s (min-width: 768px);

}
```

デザインの基本的な要素を表すカスタムプロパティを、**:root**疑似セレクターに設定しています。こうすることで、同じHTMLで読み込むすべてのCSSが、このカスタムプロパティを参照できるようになります。共通定義が必要なデザイン要素はプロジェクトによって異なると思いますので、必要となる要素は各自で追加してください。今回のケースでは色に関してだけ設定しましたが、メディア層のカスタム・プロパティがブランド層もしくはバリュー層のカスタム・プロパティを参照していて、ブランド層のそれはバリュー層を参照していることも確認できます。メディア層では、媒体固有の概念であるレスポンシブ・デザインにおけるブレイクポイントや重なり順序の値（CSSではz-indexの値）なども定義対象です。特に、ポップアップやモーダルなどのようなオーバーラップして表示する要素に適当に重なり順序を設定していると、要素が増えるうちに不自然な重なり順で表示されてしまうケースも出てきてしまいます。そのようなデザインの事故を発生させないように、理にかなった順番を一覧で俯瞰できるようにしておけるとよいでしょう。また、HolyGrailLayoutコンポーネントを実装した際に設定したブレイクポイントなどは、メディアクエリの定義に名前を付けられるカスタム・メディアで管理します。これで、複数のUIコンポーネントでブレイクポイントの値を共有できます。

基本的デザイン要素のためのフレームを用意する

そもそも、開発初期段階では、これらの基本的なデザイン要素に具体的な値を定義することが難しい場合もあるでしょう。特に、UIデザイナーと実装するフロントエンドエンジニアが分かれていると、エンジニアは、デザインカンプが作成されるまで値を定義できない場合がほとんどです。その場合、一元管理したほうがよいと思われるデザイン要素を予想して値を入れる箱だけ用意して、それをデザイナーやその他開発者と共有しましょう。ここでは、すでにわかっているプロパティのみに有効な値を設定し、その他のプロパティの値として、noneを入れています。

理想的には、最初にすべてのデザイン要素の値を決めたいですが、現実的には、デザイナーが実際に画面をデザインしてみないと、ユーザーが心地良く感じるデザインを構成する値を決めることはできないと思います。

しかし、その時点で実際の値を決められなくても、その値がデザイン的にどういった意図で使われるかは定義できます。意図を明確にすることで、今後のデザインから意図に則さないデザイン要素の使われ方を排除します。ここでは、カスタムプロパティの名前だけ定義することで実現しています。エンジニアはコンポーネント作成の際にこのカスタムプロパティの意図に則さないデザイン要素やその値をデザインカンプから新規に見つけた時、このカスタムプロパティ一覧を元に意図にブレがないかどうかを再度認識を合わせる機会を得ることになります。そして、こういった機会を得たときにコミュニケーションを取ることを面倒くさがらずにコンポーネント側のCSSに値を直接ハードコードしたりしないことも大事です。

たとえば、ある画面のデザインカンプにカラーコード`#f0163a`（赤色）で塗られているボタンがあったとします。このボタンの色がデザインのコンテキスト上意味しているものを考えます。その意図が「警告」であれば、まずバリュー層にカラーコードを設定して、ブランド層の`--color-warning`（警告）にそのバリュー層を参照させるようにします。リスト4-82のproperties.cssを次のように修正します。

リスト4-83　src/components/properties.css

```
--color-red: #f0163a;
...（省略）...
--color-warning: var(--color-red);
```

このプロパティの値をButtonコンポーネントのスタイルから参照させるように変更します。

リスト4-84　src/components/atoms/Button/styles.css

```
@import "../../properties.css";

.warning {
  background-color: var(--color-warning);
  color: #fff;
}
```

リスト4-85　src/components/atoms/Button/index.js

```
...（省略）...
export const WarningButton = buttonFactory('warning');
```

同様に、警告メッセージを表示するためのテキスト・コンポーネントもあったと思いますが、ここも同じ意味を持たせて同じカラー・コードを参照することができます。Txtコンポーネントも次のように修正します。

リスト4-86　src/components/atoms/Txt/styles.css

```
@import "../../properties.css";
...（省略）...
.warning {color: var(--color-warning);
}
```

これで、異なる2つのUIコンポーネントに共通の意味を持つカラーコードを適用できました。こうしておくと、アプリケーション実装が進んだ後でトーン&マナーを少し変更したいとなったとき、複数のUIコンポーネントに設定された--color-warningをsrc/components/properties.cssの値を変更するだけで済みます。デザインの基本要素に適切な意味がある名前をつけておくと、アプリケーションの統一感を保つだけでなく、リデザイン作業も効率的に行えるはずです。

◉ CSS Custom Propertiesを使用する際の注意

コンポーネントとしてカプセル化されたUIがコンポーネント外部の値に依存することに違和感を持つかもしれません。しかし、ここで重要な点は、これらのカスタムプロパティで設定している値を定数として扱うという点です。もし、これらのカスタムプロパティの値がアプリケーションを実行している間に動的に変化する値であれば、UIコンポーネントが出力する表示結果は予測できないものとなってしまいます。固定値であれば、外部から参照していたとしても、コンポーネントが常に同じ入力に対して一定の出力を返します。

しかし、注意しなければいけないのは、カスタムプロパティもほかのCSSのプロパティと同様にカスケードされて参照値が適用されます★7。ここでは、`:root`疑似セレクターで定義しているので、別の具体的なセレクターで`--color-primary`カスタムプロパティを上書いてしまうことが可能です。

リスト4-87

```
<style>
  :root { --color-primary: #51c300; }
  p { --color-primary: #f00; }
  .primary { color: var(--color-primary); }
</style>
<span class="primary">プライマリーな文字</span>
<p>
  <span class="primary">P 要素で囲まれたプライマリーな文章</span>
</p>
```

たとえば、p要素セレクターで部分的に`--color-primary`カスタムプロパティを上書いてしまったりすると、p要素以下の要素に対して適用した場合とそうでない要素に対して適用した場合で、`--color-primary`カスタムプロパティの値が変化してしまいます。現状、CSSには定数を扱う仕様がないため、カスタムプロパティを上書かないように注意が必要です。

本書のテンプレートでは、カスタムプロパティで記述したCSSを古いWebブラウザでも動作させられるようにPostCSS-cssnext★8というライブラリを使用しているため、`:root`疑似セレクター以外でのカスタムプロパティの定義は制限されています★9。

★7 https://www.w3.org/TR/css-variables-1/#syntax
★8 http://cssnext.io/
★9 http://cssnext.io/features/#custom-properties-var

4-7 UIコンポーネントを適切に命名する

実装したUIコンポーネントを別の開発者にも迷わず使ってもらうことができるよう、適切な名前を付けることが重要です。

命名の重要性

UIコンポーネントに適切な名前を付けることは、かんたんに見えますが、とても難しいです。多くのプロジェクトで新規にUIコンポーネントを実装するきっかけは、どこか特定のページで必要になったからだと思います。そのページで必要になる機能をUIコンポーネントに落とし込むとき、必要になったそのページの背景に影響された機能開発になりがちです。そのページだけに必要な機能が組み込まれたボタンのUIコンポーネントに、「Button」という名前が付いていた場合、「Button」という名前からその機能の全容を予測することは難しいでしょう。逆に、そのページだけに必要な機能だからといって、そのページの機能を正確に反映させようとして、「CommentShareButton」みたいな具体性が高い名前を付けた場合、再利用性は失われてしまいます。

役割に対して逸脱しない名前を付ける

コンポーネントに限ったことではありませんが、命名の基本は「コンポーネントが持っている機能に対して、過不足ない名前を付ける」ことです。Buttonというコンポーネントであれば、Buttonはクリックするものなので、クリックできること以上の機能を付けないことです。

Buttonのような単純な命名であれば明快ですが、たとえば、SearchFormという検索フォームのコンポーネントを、記事検索するためのUIに使う場合を考えてみてください。「ユーザーが検索するタイミングで、オススメの記事をフォーム直下に表示したい」という要望が上がったとき、SearchFormコンポーネントにオススメ記事の表示機能を含めたい欲求に駆られます。なぜなら、そう実装するほうがかんたんだからです。しかし、そのように実装した場合、「オススメの記事を表示せずに、検索機能だけを提供したい」というときに、SearchFormが使えなくなってしまいます。オススメ記事機能の表示・非表示を<SearchForm withRecommend />のようなPropを使って切り替えることもできますが、「別のページでは、人気の記事や最新の記事を表示したい」などという要望が上がってきたら、手がつけられません。<SearchForm withPopular />や<SearchForm withNew />のような別のPropがどんどん増えていき、管理が大変になっていってしまいます。

関心に応じた抽象度を表現する

何を基準に命名すれば、役割に対して過不足がない名前を付けられるでしょうか。ここでもAtomic Designの出番です。Atoms、Molecules、Organisms、Templates、Pagesの各層で、次のような基準で命名していきます。

Atomsの場合

Atoms層として作成するUIコンポーネントの場合、ユーザーがアプリケーションとやりとりするための最も原始的な手段を名前にします。たとえば、以下の表のようなものです。

●表4-1　Atomsの命名例

名前	意味
Button	ユーザーが押すことでアプリに何かをさせる
Img（Image）	何らかの画像を表示する
Txt（Text）	アプリが文字列を表示してユーザーに何かを伝える
Divider	アプリが複数の何らかの情報をユーザーに区分して伝える

Atomsは、「ユーザーが何をしたいか、ユーザーに何をさせたいかについては、いっさい関与しない」ということが重要です。ユーザーがしたい何かを叶えるために「どのように」アプリケーションとやりとりをさせるかだけに関与します。ユーザーは、ただButtonをクリックしたいと思うことはありませんし、ただTextを読みたいと思うこともありません。ユーザーはButtonをクリックして何かをしたいし、Textを読んで何か新しい情報を得たいのです。しかし、Atomsはユーザーの欲求に直接応えることがないUIです。それが、Atoms層コンポーネントの抽象性です。そのため、Atomsはどんなアプリケーションでも使えるくらい抽象性が高い機能のUIコンポーネント群になります。

Moleculesの場合

Atoms層が関与しない「ユーザーが何をしたいのか」にあたる部分を、Molecules層が担います。そのため、Molecules層として作成するUIコンポーネントは、ユーザーに単純なタスク（何をしたいか）を想定させる名前を付けます。

●表4-2　Moleculesの命名例

名前	意味
Navigation	サイトを巡回したいときに使用する
ContactForm	サイズの提供元にコンタクトを取りたいときに使用する
MailAuthForm	メールによる個人認証を行いたいときに使用する
Pagination	コンテンツをページに分割してアクセスしたいときに使用
Dialog	複雑な処理や注意が必要な処理を、対話的に進めたいときに使用する

Molecules層では、「ユーザーが何をしたいか」「ユーザーに何をさせたいか」を表現した名前をつけますが、「どのようにそれを実現するのか」については関与しません。NavigationはButtonをクリックしてユーザーに巡回させるかもしれませんし、Linkをクリックして巡回させるかなどの手段は、名前に含めないようにします。そうすることで、同じNavigationという目的であっても、Buttonという手段で提供したりLinkという手段で提供したり、UIデザインを切り替えることができます。そのため、A/Bテストなどで手段を切り替えて効果を測定する場合にも、名前が矛盾しません。

◉ Organismsの場合

Organisms層コンポーネントは、単独で成立するコンテンツなので、情報自体を表す名前にします。

●表4-3　Organismsの命名例

名前	意味
Header	アプリのヘッダーを表示する
Footer	アプリのフッターを表示する
News	新着情報を表示する
NotificationList	通知情報一覧を表示する
User	ユーザー設定を表示する
SiteMap	サイトマップを表示する

News、NotificationList、User、SiteMapなどは、どんな情報がコンテンツとして表示されるのかが理解できる名前です。Header、Footerなどの名前は、アプリケーションで共通した情報のアクセス場所を表します。たとえば、アプリケーションのヘッダーではいつでもアプリのロゴがあったり、ユーザーがサイト内を検索できる検索フォームがあったり、情報自体であったり情報にアクセスするための手段をまとめて格納したりします。

先程の例であるSearchFormというMolecules層コンポーネントを使って、記事検索機能を提供し、同時にオススメの記事を表示するなどタスクの関連性が高い機能をHeaderコンポーネントの中にまとめておくことができます。

Templatesの場合

Templates層コンポーネントの場合は、基本的にページ・コンテンツの名前を付けることになります。

●表4-4　Templatesの命名例

名前	意味
Portal	ポータルページ
MyPage	アカウントログイン後のマイページ
Settings	設定ページ
Contact	お問い合わせページ
FAQ	FAQページ

ページ・コンテンツの名前自体がコンテンツを示す場合が多いので、Organisms層と名前が重複しやすくなります。重複を避けるため、コンポーネント名には常に「PortalTemplate」「SettingsTemplate」のようにTemplateという接尾語を付けてしまう方法もおすすめです。

Pagesの場合

Templates層のコンポーネントに実際のコンテンツデータを適用したものがPages層のコンポーネントです。以下のように、思い切って接尾語をTemplateからPageに変更してしまうほうがわかりやすいでしょう。MyPagePageに違和感はありますが、はっきり区別するためにも規則的に変更することをおすすめします。

- PortalTemplate → PortalPage
- SettingsTemplate → SettingsPage
- MyPageTemplate → MyPagePage

4-8 アプリケーションとコンポーネントを接続する

ここまで、UIコンポーネントをどうやって再利用性高く作るかについて説明してきました。しかし、Storybookというサンドボックス環境で開発してきたため、プロダクトの動的データとは切り離された場所でしか動作させていません。UIコンポーネントは、最終的にアプリケーションへ組み込まれて使われるので、動的データと連携させる必要があります。

まず、本節のサンプルコードを整理するために、以下のコマンドを実行してsrcを差し替えてください。

```
$ yarn checkpoint 4
```

Templates層とPages層の役割を理解する

Pages層とTemplates層の違いは、プロダクトの動的データへの関心があるかどうかです。Templates層は、ページ・レイアウトが機能しているかどうかが関心事なので、入力されたデータを静的に流して表示するだけです。ここまで、表示についての関心とロジックについての関心を分けるために、Atoms、Molecules、Organisms、Templates層では、プレゼンテーショナルのReactコンポーネントとコンテナーのReactコンポーネントを分けて実装をしてきました。一方Pages層では、表示についての関心を動的データの処理への関心から切り離します。こうすることで、アプリケーション全体から見ると、以下のように区別されます。

- **Templates層以下：入力された静的データの表示に特化したプレゼンテーショナル・コンポーネント**
- **Pages層：外部から取得した動的データとプレゼンテーショナル・コンポーネントをつなぐコンテナー・コンポーネント**

データの流れとコンポーネントを分離する

Reactを開発しているFacebookは、Fluxという設計思想でアプリケーションを開発することを勧めています。Fluxの基本的なアイデアは、データの流れを一方向に統一して、データ制御を複雑にしないことです。Atomic DesignでのUIコンポーネント設計では、細かいコンポーネントが複雑に入れ子になります。入れ子になったコンポーネントそれぞれが必要とするデータを取得したり、ユーザーから入力されたデータを保存する手段がバラバラだったりすると、データの流れを追うことが難しくなります。これを防ぐため、Atomic DesignとReactを組み合わせてアプリケーションを設計する場合は、UIコンポーネントをデータの流れから分離しておくことが大事です。

Fluxアーキテクチャ

Fluxは、図4-34のようにReact Views→Action Creators→Dispatcher→Store→React Viewsの順でデータが流れます。

●図4-34　Fluxアーキテクチャのデータの流れ図

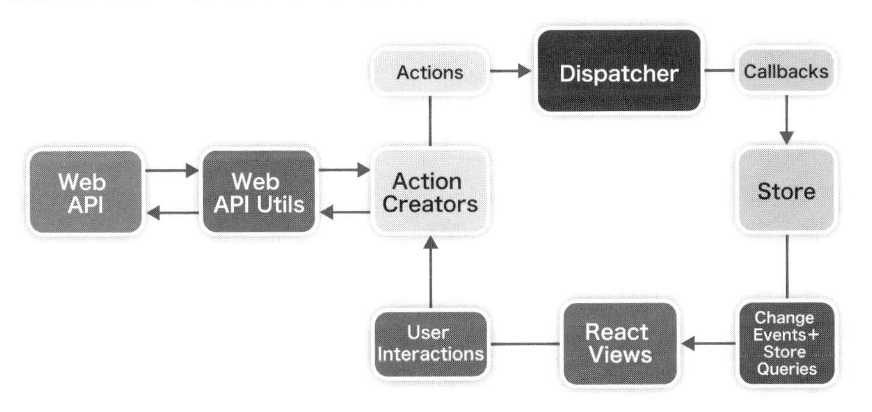

React Viewsは、これまで作成してきたUIコンポーネントで作成するものです。ユーザー・アクションなどを起点として、アプリケーションの状態を変更するためのActionを選択して実行します。実行されたActionは、必要があればWeb APIなどにリクエストを実行した後、イベントを発行します。Action自体は発行されたイベントがどのように処理されるか知りませんが、イベントはDispatcherを通じて1つまたは複数のStoreによって購読されているため、Storeによってイベントの種類に応じた処理が実行されます。

Storeの役割は、アプリケーションの状態を保持したり変更したりすることです。イベント発行後のStoreの最終状態がReactコンポーネントに反映されると、ユーザーが見ているUIが適切に変更されるという流れです。

Fluxアーキテクチャを Atomic Designと利用する

FluxとAtomic Designを組み合わせて使う場合、Pages層のコンポーネントがReact Viewsの入口となります。Pages層は、アプリケーションが保持している状態をTemplates層コンポーネントに接続する役目を持ち、Templates層以下にネストされている、より下層のコンポーネントへ状態が伝搬されていきます。データの流れから分離されたUIコンポーネントは、親コンポーネントから受け取ったデータを基に表示することに集中することができます。

この特徴こそがプレゼンテーショナル・コンポーネントです。データの入力/出力がわかりやすく、コンポーネント外の状態を気にする必要もないため、単純な構造を保ちやすくなります。サンプルコードファイルには、通知リストページに必要なUIコンポーネントが入っているので、これらコンポーネントを組み合わせて、Pages層を作成してみましょう。

◉ ページレイアウトを作成する

まず、ページのレイアウトであるTemplates層のコンポーネントを作ります。Templates層はページ・レイアウトに対する関心のみを持つため、入力されたコンテンツ・データをレイアウトするだけの実装をします。src/components/templatesディレクトリにNotificationListTemplateというディレクトリを作成し、index.jsとstyles.cssというファイルに次のようにコードを記述します。

リスト4-88 src/components/templates/NotificationListTemplate/index.js

```
import React from 'react';
import styles from './styles.css';
import StickyHeaderLayout from '../../atoms/StickyHeaderLayout/index.js';
import PageHeader from '../../organisms/PageHeader/index.js';
import Header from '../../organisms/Header/index.js';
import NotificationList from '../../organisms/NotificationList/index.js';

const NotificationListTemplate = ({ notifications, navigations, breadcrumb,
onClickDeleteNotification }) => (
  <StickyHeaderLayout>
    <Header navigations={ navigations } />
    <main className={ styles.main }>
      <PageHeader navigations={ breadcrumb } />
      <NotificationList
        className={ styles.notifications }
        programs={ notifications }
```

```
        onClickDelete={ onClickDeleteNotification }
      />
    </main>
  </StickyHeaderLayout>
);

export default NotificationListTemplate;
```

リスト4-89 src/components/templates/NotificationListTemplate/styles.css

```
@import "../../properties.css";

.main {
  box-sizing: border-box;
  padding: calc(var(--space) * 8) calc(var(--space) * 2) var(--space);
}

.notifications {
  border: var(--border);
  border-width: 1px 0;
  margin-top: calc(var(--space) * 2);
}
```

ページ・レイアウトがTemplates層としてコンポーネント化されたので、ほかの層のコンポーネントと同様に、Storybook上で確認することができます。サンプルコードファイルにはモック用のコンテンツ・データが用意されているので、これを使ってストーリーを作ってみましょう。

リスト4-90 src/components/templates/NotificationListTemplate/index.stories.js

```
import React from 'react';
import { action } from '@storybook/addon-actions'
import NotificationListTemplate from './index.js';
import {
  notifications,
  navigations,
  breadcrumb,
} from '../../../mock/data.js';

export default stories => stories
  .add('デフォルト', () => {
    return (
      <NotificationListTemplate
```

```
        notifications={ notifications }
        navigations={ navigations }
        breadcrumb={ breadcrumb }
        onClickDeleteNotification={ action('削除ボタンがクリックされました') }
      />
    );
  });
```

保存したらStorybook上で確認してみましょう。ページ・レイアウトがUIコンポーネントとして扱えるようになりました。

◉ Pages層を作成する

では、いよいよ実際のアプリケーションのページであるPages層を作りましょう。Pages層はFluxのReact Viewsの入口です。**src/components/pages**ディレクトリに**NotificationListPage.js**という名前でファイルを新規作成します。

リスト4-91　src/components/pages/NotificationListPage.js

```
import React, { Component } from 'react';
import NotificationListTemplate from '../templates/NotificationListTemplate/index.
js';
import Store from '../../mock/Store.js';
import ActionCreator from '../../mock/ActionCreator.js';
import EventEmitter from '../../mock/EventEmitter.js';

const dispatcher = new EventEmitter();
const actions = new ActionCreator(dispatcher);
const store = new Store(dispatcher);

export default class NotificationListPage extends Component {
  constructor() {
    super();
    this.onChange = ::this.onChange;

    this.state = store.get();
    store.on('change', this.onChange);
  }

  componentWillMount() {
    actions.fetch();
  }
```

```
  componentWillUnmount() {
    store.off('change', this.onChange);
  }

  render() {
    const { onClickDeleteNotification } = this;
    const { notifications, navigations, breadcrumb } = this.state;
    return (
      <NotificationListTemplate
        notifications={ notifications }
        navigations={ navigations }
        breadcrumb={ breadcrumb }
        onClickDeleteNotification={ onClickDeleteNotification }
      />
    );
  }

  onChange() {
    this.setState(store.get());
  }

  onClickDeleteNotification(e, notification) {
    actions.deleteNotification(notification.id);
  }
}
```

Pages層のコンポーネントは、Storeを購読した状態を保ったり、ライフサイクルに応じてActionを呼び出す必要があるので、クラス・ベースのReactコンポーネントとして実装します。アプリケーションの状態に変更があった場合は、Storeから変更の通知があり、変更後の状態データをTemplates層コンポーネントに流し込んで、最新の状態に画面を更新します。また、ユーザーによって発火した画面操作などのイベントをActionにつなげます。

◉ Action Creator

Pages層から呼び出されるActionを作るAction Creatorのサンプル実装も見てみましょう。

リスト4-92　src/mock/ActionCreator.js

```
import http from './http.js';
```

```
export default class ActionCreator {
  constructor(dispatcher) {
    this.dispatcher = dispatcher;
  }

  async fetch() {
    const data = await http.get('/api/data');
    this.dispatcher.emit('data', data);
  }

  async deleteNotification(id) {
    await http.delete('/api/data');
    this.dispatcher.emit('deleteNotification', id);
  }
}
```

Action CreatorはDispatcherを渡すことで、任意のDispatcherに紐づいたActionインスタンスを生成します。

◉ Store

Storeも同様にインスタンス化する時に任意のDispatcherを指定して紐づけられます。

リスト4-93　src/mock/ActionCreator.js

```
import EventEmitter from './EventEmitter.js';

export default class Store extends EventEmitter {
  constructor(dispatcher) {
    super();
    this.notifications = [];
    this.navigations = [];
    this.breadcrumb = [];
    dispatcher.on('data', ::this.onChange);
    dispatcher.on('deleteNotification', ::this.onDeleteNotification);
  }

  get() {
    const { notifications, navigations, breadcrumb } = this;
    return {
      notifications,
      navigations,
      breadcrumb,
    };
```

```
  }

  onChange({ notifications, navigations, breadcrumb }) {
    notifications && (this.notifications = notifications);
    navigations && (this.navigations = navigations);
    breadcrumb && (this.breadcrumb = breadcrumb);
    this.emit('change', this.get());
  }

  onDeleteNotification(id) {
    const idx = this.notifications.findIndex(noti => noti.id === id);
    const notifications = [ ...this.notifications ];
    notifications.splice(idx, 1);
    this.notifications = notifications;
    this.emit('change', this.get());
  }
}
```

Storeの役割は、基本的に以下の2つです。

- **渡されたDispatcherの特定のイベントとアプリケーション状態に変更を加える処理を紐づける**
- **状態変更後に自身を購読しているであろうReact Viewsに変更を通知する**

ActionもStoreも、自分が発行したイベントがどこに購読されているか知りませんし、自分が購読しているイベントがどこから発行されているものなのかも知りません。この形をオブザーバー・パターンと呼びます。発行側も購読側も相手の内部設計を意識する必要がないため、互いに依存しない実装が可能です。

EventEmitter

Storeの親クラスでもあり、Dispatcherとしても使うEventEmitterのサンプル実装を見てみましょう。

リスト4-94　src/mock/EventEmitter.js

```
export default class EventEmitter {
  constructor() {
    this.handlers = {};
  }

  on(type, handler) {
```

```
    if (typeof this.handlers[type] === 'undefined') {
      this.handlers[type] = [];
    }
    this.handlers[type].push(handler);
  }

  off(type, handler) {
    const idx = this.handlers.findIndex(h => h === handler);
    this.handlers.splice(idx, 1);
  }

  emit(type, data) {
    (this.handlers[type] || [])
      .forEach(handler => handler.call(this, data));
  }
}
```

EventEmitterは、ActionとStore、StoreとReact Viewsを繋げる接着剤の役割を果たします。サンプル実装では、イベントを関数とともに登録し、**emit()**されたら指定されたイベントに登録されているすべての関数を実行するようにしています。

アプリケーションとして実行する

最後に、このシンプルなFluxベースのアプリケーションを実行してみましょう。まず、HTMLファイルを作成します。srcディレクトリ直下にindex.htmlというファイルを新規作成して、次のように記述します。

リスト4-95 src/index.html

```
<!DOCTYPE html>
<html lang="ja">
<head>
  <meta charset="UTF-8">
  <title>コンポーネント・ベースUIアプリケーション</title>
  <link rel="stylesheet" href="/static/base.css">
  <link rel="stylesheet" href="/static/app.css">
</head>
<body>
  <div id="app"></div>
  <script src="/static/client.js"></script>
</body>
</html>
```

次に、Reactを実行するためのJavaScriptファイルを作ります。同じくsrcディレクトリ直下にclient.jsというファイル名で次のように書きます。

リスト4-96　src/client.js

```
import React from 'react';
import { render } from 'react-dom';
import NotificationListPage from './components/pages/NotificationListPage.js';

render((
  <NotificationListPage />
), document.getElementById('app'));
```

サンプル・プロジェクトのnpm scriptにビルド用のスクリプトが登録されているので、以下のコマンドを実行します。

```
$ yarn build
```

しばらくするとwebpackのビルドが完了して、URLが表示されるので、ブラウザで開いて確認してみましょう。

```
Serving at http://******:8000, http://127.0.0.1:8000, http://******:8000
```

●図4-35　アプリケーションを起動

アプリケーションのデータに対する処理もPages層で実装されているので、削除ボタンなどで通知を削除する処理も実行できます。

基本的なFluxアーキテクチャにAtomic Designで設計したReactコンポーネントを組み込む実装のサンプルを見てきましたが、もちろんFluxアーキテクチャに限らずReduxなどの派生フレームワークでも応用させることができます。

ここで重要なことは、Pages層コンポーネントだけがアプリケーションが保存しているデータの流れに直接触れていて、ほかのコンポーネントは親から受け取ったデータに従ってただ表示することに徹していることです。逆に言うと、Pages層コンポーネントは表示にまったく関与せず、ただデータを受け取って、適切なTemplates層コンポーネントにデータを渡すことに徹しています。

まさに、Pages層はアプリケーションのデータを扱うコンテナー・コンポーネントの役割を担い、Pages層以外は大きな意味でプレゼンテーショナル・コンポーネントです。コンポーネント・ベースのUI設計では、この2種類のコンポーネントを意識して分けておくことが大事です。

コラム　Storybookでコード・スニペットを表示する

第4章の始めでは「コンポーネント・リストはコード・スニペットを含めて管理しておくことも多い」と説明をしました。しかし、Storybook単体にはコード・スニペットを表示する機能はありません。Storybookの以下のアドオンにはストーリーに情報を追加できる機能があります。

- **@storybook/addon-info**
  `https://github.com/storybooks/storybook/tree/master/addons/info`

ストーリーとして記述したソース・コードをそのままスニペットとして表示できる機能もあるので、コード・スニペットも参照できるようにしたい場合は利用してみるとよいかもしれません。

●図4-36

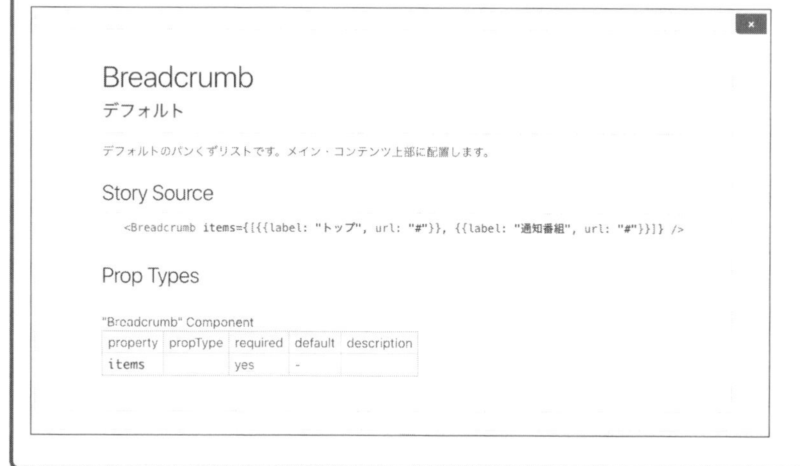

UIコンポーネントのテスト

5-1 テスタブルなUIコンポーネントを作って高速で堅牢な開発

この章では、UIコンポーネントのテストについて説明します。ここまで、UIをコンポーネント化することにより、開発の堅牢性向上、効率化やユーザビリティの統一化が図れるというメリットを説明してきました。じつはUIをコンポーネント化することは、テストを効率化する意味でも重要です。

ソフトウェア開発の本題はプロダクトを作ることです。テストをしっかり行うことはもちろん重要ですが、テストに時間がかかりすぎてしまうと、本題のプロダクト開発にかけられる時間が減ってしまいます。UIをコンポーネント化するとプロダクトから切り離して作るため、さまざまなアプローチでコンポーネント単体をテストしやすくなります。テストにかける労力や時間を減らし、テストできる範囲を広げます。この章で、さまざまなアプローチを見ていきましょう。

知らない間に壊れているUI

「既存のWebサイトにあるCSSのコードを変更したら、別の場所でレイアウト崩れが発生してしまった」という経験は、UIを実装する方であれば、1度はしたことがあると思います。たとえば、「あるボタンのラベルを少し大きくなるように修正したら、別の場所にあるボタンのラベルも意図せず大きくしてしまった。結果、その場所のラベルだけボタンに収まりきらずに改行されていて、慌てて修正する」などの経験はUIを実装する方は身に覚えがある方が多いと思います。

●図5-1　画面Aのボタンを修正したら画面Bのレイアウトが崩れた

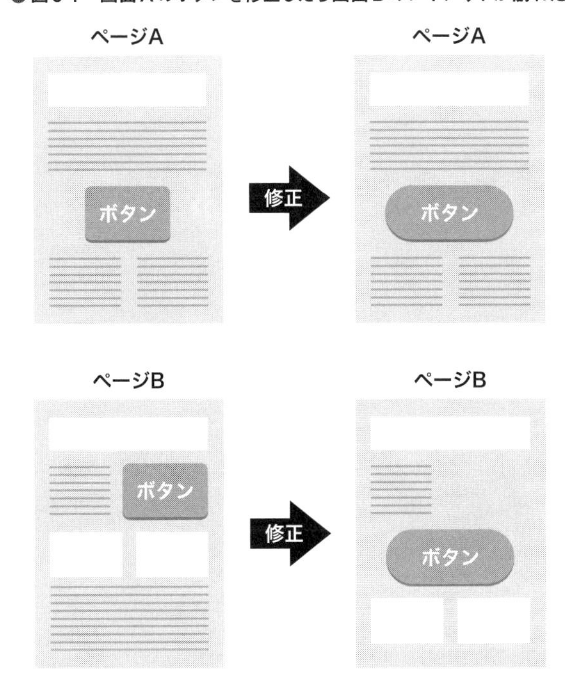

アプリケーション開発の期間が長くなると、大昔に書いたコードの影響範囲を忘れてしまいがちです。新しい修正が自分が認識している影響範囲を超えたとき、UIが知らないところで壊れてしまいます。

私たち開発者はソフトウェアを意図した通りの使い勝手でユーザーに提供したいと思っています。しかし、UIが知らない間に壊れてしまうようでは、その使い勝手を提供することは難しくなってしまいます。UIコンポーネントに限らずソフトウェアのテストは、その使い勝手を継続的に保障するするために行います。

テストはもちろん人間が手動で行うことも可能です。しかし、継続的に人間がアプリケーション全てのUIに対してテストを行うことはかなり大変です。しかし、テストをコードとして書くと、そのテストをコンピューターに任せることができます。全てのテストをコンピューターに任せることは不可能でしょうが、大部分を任せることで継続して全てのUIをテストすることが現実的になります。UIに対するテストを書くことでユーザーが行うであろうさまざまな行動に対して、意図した通りにUIが反応することを保障することができます。

また、長期にわたるアプリケーション開発では、コードのリファクタリングも必要になります。読みにくいコードを改修したり、パフォーマンスを向上のために既存のコードに変更を加える際に、テストが書いてあればコードが実装されたときの降る舞いに対して一定の品質を担保することができます。

そして、テストを書いておくことは、作業をコンピューターに任せることができるだけでなく、書かれているテストを読むことで、そのUIの仕様を把握することができます。それはテストが成功している限りは、生きたドキュメントとしてテストコードを活用できることを意味します。

アプリケーションに組み込まれたUIのテストは大変

UIはアプリケーションに組み込まれてしまうと、そのアプリケーションが持っている状態に、UI自身の状態が依存してしまいます。すると、UIの状態を複数パターンにわたってテストするためには、アプリケーションを操作するなどして該当のUIがその条件の状態に至るようにしなければいけません。これは大変です。

●図5-2　退会したときのモーダルの確認には、アプリで退会する必要がある

そこで、テストしやすいように、UIを適切にコンポーネント化することが大事です。コンポーネント化されていれば、アプリケーションの状態からコンポーネントの状態を切り離して、複数のパターンをUI単体でテストできるようになります。つまり、コンポーネン

ト・ベースでUIを作ることは、テストしやすいアプリケーションにつながります。

UIのテストに使えるツールが揃ってきた

UIのテストを書く作業は大変ですが、Reactを始めとして、Angularなど多くのディベロッパーに使われているUIコンポーネント開発ライブラリでは、UIのテストを補助してくれるユーティリティが充実してきています。たとえばReactでは、Enzyme、StoryShots、Jestなどといったテスト・ユーティリティがあり、これらを利用することでテストを書く作業が劇的にかんたんになります。こういったツールの恩恵にあずかることができるのも、UI開発にライブラリを利用する1つのメリットです。

本書では、Reactコンポーネントのテスト方法について、テスト・ユーティリティの使い方を交えて説明します。

5-2 UIコンポーネントの単体テスト

アプリケーションに組み込まれたUIの挙動のテストで、ユーザーが行うアクションすべてのパターンを網羅することは、物理的に不可能です。しかし、コンポーネント化したUIをそれぞれ単体でテストして、単体で正しく動く確証が得られれば、それらを正しく組み合わせて作ったアプリケーションも期待どおりに動作してくれるはずです。（もちろん、正しく組み合わせれているかの検証は、別で行う必要があります。）

UIコンポーネントは、アプリケーションのUI全体が持つ問題を小さく分割したものです。そのため、1つのUIコンポーネントが持つ機能は比較的単純で、テストすべき項目も多くありません。つまり、コンポーネント単体で行うUIテストはかんたんになります。テストの基本は、できる限りかんたんなテスト手段で、より大きな保証を得ることです。アプリケーション全体の動作をすべて保証するテストは現実的に不可能だからこそ、効率的なUIコンポーネントの単体テストはアプリケーション全体のUIの品質を高めることになります。

この節では、さまざまな手法を組み合わせて、UIコンポーネントの単体テストをラクにかつ効率的に行うための方法を説明します。

サンプルコードを整理するために、まず以下のコマンドを実行してください。

```
$ yarn checkpoint 5
```

コンポーネントをサンドボックス化した環境でテストする意味

UIコンポーネントが単体でしっかりテストされていることは、コンポーネントの再利用性の保守にもつながります。コンポーネントの単体テストというのは、いわば「コンポーネントが外界と隔離されてサンドボックス化した環境で動作を確認されている」ということです。Reactコンポーネントでは、Propsなど必要な入力を与えれば、ほかのどんな環境においても再利用可能なことが担保できます。

●図5-3　サンドボックス化した環境とプロダクトで再利用性を証明する

UIの開発は、周囲の要素に非常に影響されやすい性質を持っています。たとえば、あるUIが最初に必要になるのは、どこか特定の画面Aが作られたときです。すると、そのUIに期待される機能は、画面Aで必要とされている機能です。もちろん見た目も画面Aの周囲の要素にマッチするものが期待されます。UIコンポーネントを画面A上に直接実装していくと、画面Aの文脈や背景に依存した機能と見た目を持ったUIコンポーネントがなってしまいがちです。そうなると、「せっかくコンポーネント化しても別の画面に配置したら使えなかった」というトラブルも発生しがちで、再利用することが難しくなってしまいます。

しかし、UIコンポーネントを隔離された環境で実装して、単体テストすることで、機能が特定のコンテキストに依存していないか、周囲に別の要素を配置した場合の見た目などもふまえて、コンポーネントを検証できます。

UIが正しく表示されるかどうかテストする

UIで最初にテストしたいのは、「そのUIが正しく表示されるかどうか」でしょう。4-3節で紹介したStorybookを使って、私たちはここまで、多くのUIコンポーネントの表示確認を行ってきました。Storybookでは、複数のStoryを追加することで、1つのUIコンポーネントに対して、さまざまな入力が与えられた場合（Story）を表示確認できます。

たとえば、第4章で作成したバルーンチップのコンポーネントであれば、ラベルを複数パターン渡して、表示崩れがないかを確認します。テンプレートのsrc/components/atoms/Balloon/index.stories.jsを開いて、Balloonコンポーネントに長さが異なる5パターンのラベルが入力された場合をStoryとして追加します。

リスト5-1　src/components/atoms/Balloon/index.stories.js

```
...（省略）...
```

```
export default stories => stories
  .add('2文字ラベル', () => <Balloon>次へ</Balloon>)
  .add('4文字ラベル', () => <Balloon>削除する</Balloon>)
  .add('10文字ラベル', () => <Balloon>削除したかったらする</Balloon>)
  .add('20文字ラベル', () => <Balloon>削除したかったらするけど、どうしたいかな
</Balloon>)
  .add('30文字ラベル', () => <Balloon>削除したかったらするけど、どうしたいかな。嫌
なら、やめようか</Balloon>)
  .add('30文字ラベル改行', () => <Balloon>削除したかったらするけど、どうしたいかな。
<br />嫌なら、やめようか</Balloon>)
...（省略）...
```

これを保存したら、Storybookを起動して確認します。atoms→Balloonとツリーを選択していくと、ストーリーが追加されているので、実際に文字数の異なるラベルを表示させてみましょう。

●図5-4　バルーンのそれぞれのストーリーを表示

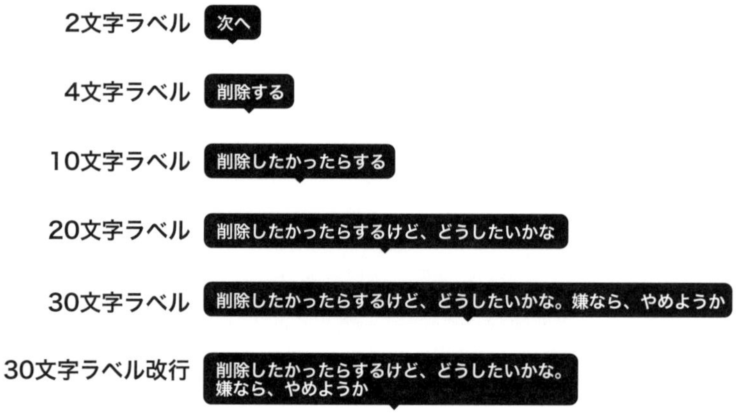

2文字ラベル　次へ
4文字ラベル　削除する
10文字ラベル　削除したかったらする
20文字ラベル　削除したかったらするけど、どうしたいかな
30文字ラベル　削除したかったらするけど、どうしたいかな。嫌なら、やめようか
30文字ラベル改行　削除したかったらするけど、どうしたいかな。
嫌なら、やめようか

改行も含んだ異なる長さのラベルをBalloonコンポーネントに入力してみましたが、すべてレイアウトを崩さず表示できることが確認できました。

ただし、読みやすさを考えると、10文字くらいがバルーンチップ表示自体の限界だと思います。表示テストでそのように感じたのであれば、UIデザイナーと相談して、コンポーネントの使用のガイドラインやレギュレーションを明文化するとよいでしょう。

表示テストのフィードバックをコンポーネント・リストに追加する

テストのフィードバックはテキストとして共有しましょう。ドキュメント化するツールはどれを使っても問題ありませんが、せっかくならStorybookのようなコンポーネント・リストに、それぞれのコンポーネントに関する補足情報もまとまっているほうが、使い勝手がよいでしょう。Storybookでは、アドオンと呼ばれる追加機能モジュールを使うことで欲しい機能を拡張できます。コンポーネントごとに情報を追加できるアドオンはいくつかありますが、ここでは、単純にコンポーネントごとの備考をテキストで記入できる@storybook/addon-notes★1というアドオンを使ってみましょう。addon-notesはテンプレートに設定されているので、Balloonコンポーネントのindex.stories.jsを開いて次のように変更します。

リスト5-2 src/components/atoms/Balloon/index.stories.js

```
...（省略）...
import { withStyle } from '../../utils/decorators.js';
...（省略）...

const note = withNotes('読みやすさを考慮すると 10 文字までが適当。11 文字以上を表示したい場合は別のデザインを検討すること。');

export default stories => stories
...（省略）...
  .add('10文字ラベル', note(() => <Balloon>削除したかったらする</Balloon>))
...（省略）...
```

addon-notesの`withNotes()`関数は、ストーリーに任意のメモを追加する関数を返す高階関数です。`withNotes()`関数から返された関数にストーリーを渡すとStorybookの右下のペインのNotesタブにメモが表示されます。

●図5-5 BalloonのNotes画面

ACTION LOGGER	NOTES
読みやすさを考慮すると 10 文字までが適当。11 文字以上を表示したい場合は別のデザインを検討すること。	

★1 詳しくは以下のURLを参照してください。
https://github.com/storybooks/storybook/tree/master/addons/notes

このようなメモを追加することで、コンポーネントリストをデザインのガイドラインとしても活用できます。デザイン上の問題はデザイナーが責任を持つのはもちろんですが、解決のパターンがコンポーネントとともに共有されることにより、デザイナー以外のチームのだれでもデザインに関する判断を下せる状況をつくると、属人的なコミュニケーション・コストを抑え、開発を加速してくれます。

サンドボックス環境では、UIコンポーネント配置のテストケースを自由に作れるので、たとえば、特定のUIの周りに配置されたときに表示が崩れないか確認できるストーリーを用意しておくこともできます。第4章のMailAuthFormコンポーネントの例で紹介したように、コンポーネント外の要素に影響を与えるスタイルなどを使っていないか、実際に配置して表示テストしてみるとよいでしょう。

インタラクションが正しく動くかどうかテストする

デスクトップWebブラウザ用のUIがテスト対象であれば、インタラクションが正しく動作しているかについても、Storybook上でテストします。第4章でも確認したDeleteButtonコンポーネントを、再度Storybookで表示してみましょう。DeleteButtonが持っているインタラクションは、以下の2つです。

- **1　マウスカーソルがアイコンにホバーしたときにバルーンチップが表示されること**
- **2　アイコンがクリックされたときに任意のコールバック関数が実行されること**

ホバーのテストは、アクションに対するフィードバックが目に見えるものなので、かんたんに確認できます。マウスカーソルを実際にアイコンに乗せて、バルーンチップが表示されることを確認できれば完了です。

クリックについては、任意のコールバック関数が実行されているかどうか、目に見えるフィードバックはないので、確認が難しいように感じます。しかし、Storybookでは、Reactコンポーネントからコールバック関数が実行されたログを目に見えるように出力してくれる機能が、アドオンで提供されています。第5章でも使用した@storybook/addon-actionsです。

リスト5-3　src/components/molecules/DeleteButton/index.stories.js

```
import React from 'react';
import { action } from '@storybook/addon-actions';
import DeleteButton from './index.js';
import { withStyle } from '../../utils/decorators.js';
```

```
export default stories => stories
  .add('デフォルト', () => withStyle({ margin: '50px' })(
    <DeleteButton onClick={ action('削除ボタンがクリックされました') } />
  ));
```

テストしたい任意のインタラクションのコールバック関数として、addon-actionsの`action()`関数で生成した関数を渡します。ゴミ箱アイコンをクリックするたびに、Storybookの右下ペインにあるACTION LOGGERに「削除ボタンがクリックされました」というログが表示されます。

●図5-6　削除ボタンのACTION LOGGER画面

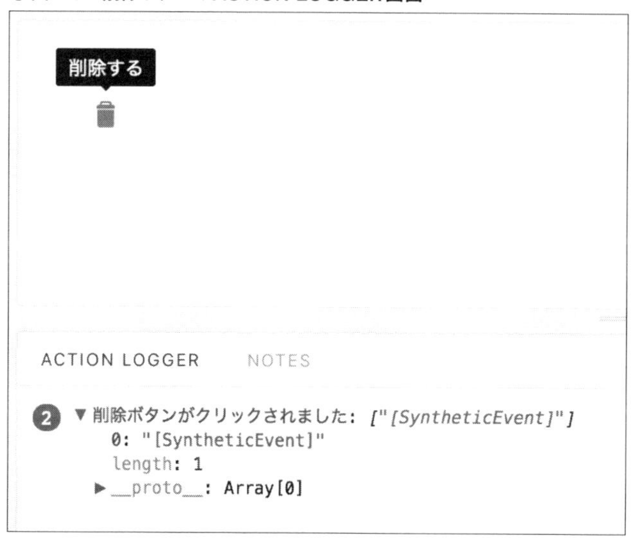

DeleteButtonをアプリケーションに組み込むことなく、サンドボックス環境のみでDeleteButtonのインタクション機能をテストすることができました。

◉ UIアニメーションをテストする

バルーンチップが表示されるかを確認しましたが、表示のされ方に違和感がないかという点もテストします。特にサービスのインタラクション・デザインに責任を持つデザイナーはこのテストに興味があると思います。

第3章でUIアニメーションについて説明したように、アニメーションはUIのある状態から次の状態に遷移する際のコンテキストを説明するための機能です。たとえばバルーンチップが複数行の比較的長い文章の中で表示されるBalloonコンポーネントのストーリーを1つ作ってみます。

リスト5-4　src/components/atoms/Balloon/index.stories.js

```
...（省略）...
export default stories => stories
...（省略）...
  .add('長文中のバルーンチップ', () => (
    <p style={{ padding: '50px', width: '300px' }}>
      専門的なことを説明する文章の場合、文章中のある言葉が一般的に使われるものでない場合などに注釈を表示したいときがあります。たとえば<BalloonTip label="注釈を記述するUI">バルーンチップ</BalloonTip>のようなUIを使うことでそれが可能です。
    </p>
  ));
```

このストーリーをStorybook上でテストしてみましょう。8行に渡る文章の中で「バルーンチップ」という単語にマウスカーソルをホバーさせると、文字の密集地帯にバルーンチップがパッと表示されるので、少々唐突に感じます。

●図5-7　長文中に表示されるバルーンチップ

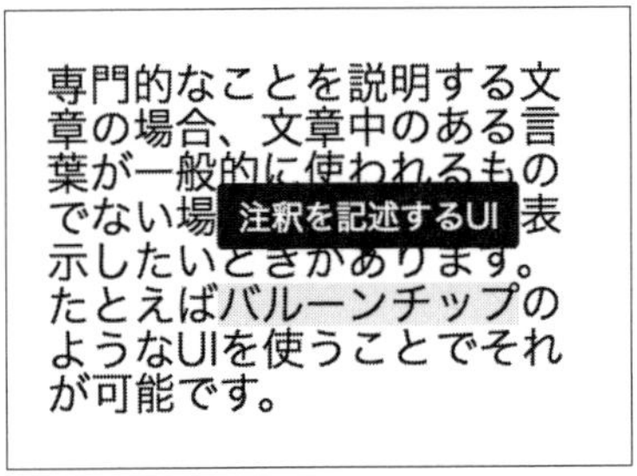

専門的なことを説明する文章の場合、文章中のある言葉が一般的に使われるものでない場合などに注釈を表示したいときがあります。たとえばバルーンチップのようなUIを使うことでそれが可能です。
注釈を記述するUI

バルーンチップがどこから現われたのかがまったく説明されていないため、唐突さを感じるようです。ホバーさせたときチップが表示されるアニメーションに、コンテキストを説明するためのアニメーションを加えてみましょう。アニメーションの実装であるHoverTipAnimationコンポーネントのCSSを、次のように変更します。

リスト5-5　src/components/atoms/HoverTipAnimation/styles.css

```
@keyframes fade {
  from {
    opacity: 0;
  }
```

```
  to {
    opacity: 1;
  }
}

@keyframes marker {
  to {
    background-color: var(--color-selected);
  }
}

...（省略）...

.root:hover > .tip {
  display: inline-block;
  animation: fade var(--fade-animation);
}

.root:hover > .marker {
  background-color: var(--color-selected);
  animation: marker var(--fade-animation) forwards;
}
```

fadeは対象となる要素の透明度100%な状態から不透明100%の状態にするアニメーションです。同時にmarkerはバルーンチップの説明対象範囲に色マーカーが引かれるまでも同じリズムでアニメーションするようにしています。変更を保存したら、StorybookでBalloonコンポーネントの「長文中のバルーンチップ」ストーリーを確認してみましょう。バルーンチップを表示させるときに0.2秒かけてフェードインするようになりました。このフェードインがあるおかげで、バルーンチップがその場に浮かび上がってきたというコンテキストが強調されました。

コラム　UIにおける手動テストと自動テスト

UIは人が触るものなので、最終的には、人の手と目で品質を判断することが重要になります。コンピューターがテストするのは、コンポーネントのロジックと、人間によって品質保証されたものの劣化を防ぐことです。

●図5-8　人間とコンピューターの役割

手と目で品質を判断する

品質が保証されたものの劣化を防ぐ

5-3節までは、Storybookを使ってUIコンポーネント単体の表示テストやインタクション・テストをやってみました。しかし、手動でテストしているので、とても作業工数がかかります。しかも、テストの判断基準が人に依存してしまっているので、テスト品質もまばらになる可能性が高く、長く運用する中ではヒューマン・エラーが原因でテストし忘れてしまう部分が出てきたりすることもあるでしょう。

そこで、コンピューターが得意な領域を部分的に自動でテストをさせるようにすることで、そういったミスの防止や品質の均一化を図るようにします。5-4節以降では、コンピューターを使った自動テストを説明しています。

5-3 リグレッション・テスト

1度書いたコードを修正したり、新規にコードを追加するとき、プログラムを実行した結果が、以前と比較して意図せず変化していないかをテストする必要があります。これをリグレッション（退行）・テストと言います。リグレッション・テストでは、以前のテストでの結果と今回の結果を比較します。

UIをテストする際には、ストラクチュラル・リグレッション・テストとビジュアル・リグレッション・テストという2種類のテストが非常に有効です。

説明の前に、サンプルコードを整理するために、以下のコマンドを実行してsrcを差し替えてください。

```
$ yarn checkpoint 6
```

ストラクチュラル・リグレッション・テスト

ストラクチュラルとは「構造的な」という意味です。Webアプリケーション上のUIは、HTML要素を組み立てて作られているので、一定の構造を持っています。ストラクチュラル・リグレッション・テストでは、そのUI構造の変化をテストします。構造のテストというと難しそうに聞こえますが、本書では、ReactコンポーネントでUIを開発しているため、StorybookのStoryShotsという機能を使うととてもかんたんにテストできます。

StoryShotsを使ってコンポーネントの構造をテストする

開発したReactコンポーネントは、実行時にすべてDOMとして展開されて、UIを表示します。StoryShots機能では、そのときに「どんな構造でDOMが展開されていたか」をスナップショットとして保存しておき、次回のテスト時に比較して、DOM構造に変化があった場合に知らせてくれます。UIコンポーネントへの機能追加やリファクタリングなどで変更を加えた際に、意図しないDOM構造に対する変化があれば、早期発見し修正することができます。

DOM構造のスナップショットを取る機能は、Jestが持つ機能を利用しています。StoryShotsは、読み込んだすべてのストーリーに対して自動的にスナップショットを保存して、テスト実行時に毎回構造の変化を自動的に確認してくれます。そのため、1度StoryShotsを設定してしまえば、ストラクチュアル・テストに対する工数がほぼゼロになります。

設定方法はとてもかんたんです。本書では、テストフレームワークにJestを使っているので、Jestに読み込ませるためのファイルをstoryshots.test.jsという名前でsrc/componentsディレクトリに作りましょう。**storyshots.test.js**に記述する内容は次の2行です。

リスト5-6 src/components/storyshots.test.js

```
import initStoryshots from '@storybook/addon-storyshots';
initStoryshots();
```

以下のコマンドでJestを実行します。Jest自体の実行コマンドはjestですが、テンプレートではnpm scriptのtestというスクリプト名でJestを実行できるようにしています。

```
$ yarn test
```

実行すると次のようなメッセージが表示されると思います。

```
Snapshot Summary
   55 snapshots written in 1 test suite.
```

追加してきたストーリーの数分のスナップショットが作成されます。なお、Windows環境では、サンプル・プロジェクトの構成上スナップショットが作成されない場合があります。その場合は、storyshots.test.jsを削除して、「ストラクチュラル・リグレッション・テスト」を飛ばして先に進んでください。

ここで、src/components/organisms/NotificationItem/index.jsを開いて、Reactコンポーネントに変更を加えてみましょう。たとえば、NotificationItemPresenterコンポーネントを修正したとき、Imgコンポーネントのheightを72から7に変更してしまったとします。

リスト5-7 src/components/organisms/Notification/index.js

```
...（省略）...
     <Img src={ program.thumbnail } className={ styles.media } width="128"
height="7" />
```

```
...（省略）...
```

Organisms層のコンポーネントは、さまざまなMoleculesやAtomsなど下位層のコンポーネントを組み合わせるので、JSXも特に複雑になり、今回の例のような誤った変更を紛れ込ませてしまうこともあります。この状態で保存して再度Jestを実行します。今度は、テストが失敗して、次のようなメッセージが表示されると思います。

リスト5-8

```
FAIL  src/components/storyshots.test.js
  ● Storyshots  Notification  デフォルト

    expect(value).toMatchSnapshot()

    Received value does not match stored snapshot 1.

    - Snapshot
    + Received

    @@ -2,11 +2,11 @@
        className="  "
      >
        <div>
          <img
            className={undefined}
    -       height="72"
    +       height="7"
            src="/mock/images/img01.jpg"
            width="128"
          />
        </div>
```

Imgコンポーネントは、内部ではimg要素で構成されているので、展開後の構造として、img要素のheight属性に変化があることをレポートしています。これは、NotificationItemコンポーネント編集前に保存したスナップショットと差異があったため、テストに失敗しました。

この変更は意図したものではないので、気付いて修正することができます。しかし、変更が正しいもので意図的に修正したいものもあるでしょう。たとえば、削除ボタンのラベルをスマートに体言止めに変更したいとき、意図的に「削除する」を「削除」に変更してもストラクチュラル・リグレッション・テストは失敗してしまいます。

リスト5-9　src/components/molecules/DeleteButton/index.js

```
... (省略) ...
  <HoverTipInteraction className={ [ styles.root, className ].join(' ') }
{ ...props }>
    <TrashCanIcon onClick={ onClick } />
    <Tip><Balloon>削除</Balloon></Tip>
  </HoverTipInteraction>
```

リスト5-10

```
FAIL  src/components/storyshots.test.js
  ● Storyshots  DeleteButton  デフォルト

    expect(value).toMatchSnapshot()

    Received value does not match stored snapshot 1.

    - Snapshot
    + Received

    @@ -17,9 +17,9 @@
           width={20}
         />
         <span
           className="undefined "
         >
    -      削除する
    +      削除
         </span>
       </span>
     </div>
```

DeleteButtonはMolecules層のUIコンポーネントで、NotificationItemやNotificationListなどのOrganisms層のUIコンポーネントも依存しているので、これらすべてのストラクチュラル・リグレッション・テストが失敗します。しかし、ここではコンポーネント構造の変化は意図したものなので、これを新しいスナップショットとして更新します。

```
$ yarn test -- -u
```

これで、新しい構造がスナップショットとして保存されました。テストが失敗したときに、意図しない構造の変化があったときは、構造を修正しましょう。StoryShotsによるストラクチュラル・リグレッション・テストでは、UIコンポーネントの構造をテストしてくれますが、私たち開発者がテストのために書くコードは何もありません。

本書の例では、スナップショット機能はJestに依存しています。しかし、Jest以外のテスト・フレームワークを使う場合でも、bahmutov/snap-shot-it★2などのJestのスナップショット機能にインスパイアされたツールもあるので、試してみるとよいでしょう。

ビジュアル・リグレッション・テスト

UIで最もテストしづらいものは、見た目です。機能については、詳細に言語化すればだれでもテスト可能な状態にできますが、見た目に関しては、個人の感覚に大きく依存してしまいます。たとえば、文字と文字の間の余白が以前より少し狭くなっていたとき、デザイナーだけが気づいて、その他のチーム・メンバーはわからなかったという状況は、現場でもよくあることでしょう。

意図しない余白の変化などは、第4章の「基本的な視覚デザイン要素を一元管理する」の節で説明したように、要素の値を統一しておくことである程度防げます。しかし、たとえば、アプリケーション全体のページやUIの数が多くなってくると、別の機能追加のために編集したCSSの影響で、近くの要素がカラム落ちしていてもそれに気付けないケースも増えてくるでしょう。

そもそも、人間自体が、見た目の変化にそれほど敏感ではありません★3ので、意図しない見た目の変化を防ぐには、コンピュータによるビジュアル・リグレッション・テスト（視覚的退行テスト）が効果的です。Webアプリケーションにおいては、CSSの値が計算された結果に対する変化をテストすることになります。

BackstopJS

コンピュータでビジュアル・リグレッション・テストを実行するには、そのためのプログラムが必要です。テストのためのコードを新たに書くのは大変ですが、オープンソースのツールを使えば、かんたんな設定を行うだけで、コードをほとんど書かずにテストを実行できます。

ここでは、BackstopJS★4について説明します。テンプレートにはすでにBackstopJSがインストールされているので、実際にビジュアル・リグレッション・テストをするための

★2 https://github.com/bahmutov/snap-shot-it
★3 以下の動画では、人の目で完璧に見た目のテストが難しいと実感できます。https://www.youtube.com/watch?v=ubNF9QNEQLA
★4 https://garris.github.io/BackstopJS/

シナリオを設定してみましょう。シナリオは、プロジェクト・ルート直下にあるbackstop.jsonファイルのscenariosプロパティに配列で設定します。

リスト5-11　backstop.json

```
{
  "id": "gihyo_ui_component",
  "viewports": [
    {
      "label": "pc",
      "width": 1024,
      "height": 768
    }
  ],
  "onBeforeScript": "chromy/onBefore.js",
  "onReadyScript": "chromy/onReady.js",
  "scenarios": [
  ],
  "paths": {
    "bitmaps_reference": "backstop_data/bitmaps_reference",
    "bitmaps_test": "backstop_data/bitmaps_test",
    "engine_scripts": "backstop_data/engine_scripts",
    "html_report": "backstop_data/html_report",
    "ci_report": "backstop_data/ci_report"
  },
  "report": ["browser"],
  "engine": "chrome",
  "engineFlags": [],
  "asyncCaptureLimit": 5,
  "asyncCompareLimit": 50,
  "debug": false,
  "debugWindow": false
}
```

ビジュアル・リグレッション・テストは大量にメモリを消費するので、マシン・スペックが低い場合、テストに失敗することがあります。その場合は、`asyncCaptureLimit`と`asyncCompareLimit`の値を減らして、調整してください。これらの値は、それぞれ平行して処理するキャプチャ数と画像比較数を表しています。

ここでは、Balloonコンポーネントの1ストーリーを、シナリオとして追加してみましょう。配列の要素として、labelとurlというプロパティを持ったオブジェクトを追加します。

リスト5-12　backstop.json

```
  "scenarios": [
    {
      "label": "Balloon 4文字ラベル",
      "url": "http://localhost:9001/iframe.html?selectedKind=Balloon&selected
Story=4文字ラベル",
      "misMatchThreshold": 0.0000000001
    }
  ],
```

URLは、**http://localhost:9001/iframe.html?selectedKind={UIコンポーネント名}&selectedStory={ストーリー名}**という形式のクエリストリングで、コンポーネントをストーリー名で指定しています。このURLは、Storybookの1ストーリーをサイドペインやボトムペインを表示しないで、UIコンポーネントだけを表示するURLです。これで、Balloonコンポーネントの「4文字ラベル」のストーリーをリグレッション・テストの対象として登録できました。さっそく、このシナリオのスナップショットを取ります。

```
$ yarn storybook:visual
```

Storybookが起動したら、そこはそのままにして、新しくターミナル/コマンドプロンプトのウィンドウを開き、プロジェクト・ルートに移動して、次のコマンドを実行します。

```
$ yarn spec:visual
```

このコマンドでは、プロジェクトのpackage.jsonに登録してあるnpm scriptを実行しています。このスクリプトの処理は、BackstopJSでリグレッション・テストの参照元になる画像を作成するために、**backstop reference**というコマンドを実行するという内容です。作成に成功すると、Bitmap file generation completed.という出力が表示されます。画像ファイルは、backstop_data/bitmaps_referenceディレクトリに保存されます。

シナリオのスナップショットが登録できたので、実際にテストを実行してみましょう。スナップショットの作成から何も変更を加えていないので、テストはパスするはずです。

```
$ yarn test:visual
```

このスクリプトもnpm scriptとしてpackage.jsonに登録してあり、BackstopJSでテストを実行する**backstop test**コマンドを実行するという内容です。実行からしばらくすると、Webブラウザが起動し、BackstopJS Reportというページが表示されます。ページの上部には、「Passed」と「Failed」というラベルで、ビジュアル・リグレッション・テストをパスした項目の数と失敗した数が表示されます。

想定どおり「Failed」は「0」になっています。次に、BalloonコンポーネントのCSSを開き、バルーンのpaddingプロパティに変更を加えて横幅を少しだけ大きくしてみましょう。

リスト5-13　src/components/atoms/Balloon/styles.css

```
padding: 0.4rem 0.6rem;
```

ここでは、0.5remだった左右方向のpaddingの値を、0.6remに変更して保存します。再度`yarn test:visual`を実行してテストすると、「Failed」が「1」となります。「REFERENCE」と見出しが付いた画像には変更前のButtonコンポーネントが表示され、「TEST」と見出しが付いた画像には変更後のものが表示されています。左右方向のpaddingが0.1remだけ変更しただけなので、人間の目には、両者の画像に差異がないように見えます。

しかし、「DIFF」という見出しの画像で差分がマゼンタ色で確認できます。スナップショットした画像と今回のテスト結果の画像が一致しないため、BackstopJSがテスト失敗と判定しているためです。

●図5-9　BackstopJSの画面

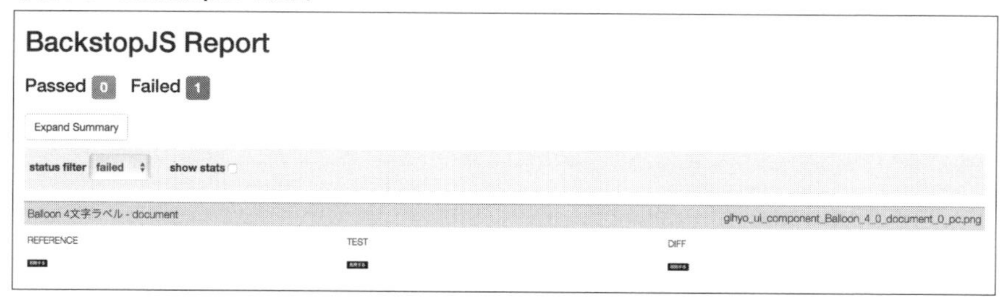

このように、ビジュアル・リグレッション・テストでは、UIをレンダリングした画像をピクセル単位で比較し、一致すれば成功、一致しなければ失敗としてレポートしてくれます。ピクセル単位で比較してくれるため、人の目では気付くことができない微妙な変化も早期に発見できます。

しかし、これでは、UIに意図的な変更を加えた場合もテストに失敗してしまいます。リグレッション・テストに失敗したとき、その失敗と判定された変更が意図されたものである場合は、再度スナップショットを取得してください。

```
$ yarn spec:visual
```

これで、現在のテスト結果を今後の比較対象として上書きできます。このコマンドの実行後に再度yarn test:visualを実行すると、今度はテストが成功します。比較対象が上書きされ、最新のUIの状態と一致したからです。

既存のUIコンポーネントに変更を加えた場合のほかに、新規のUIコンポーネントやシナリオを増やした場合も、スナップショットを登録する必要があります。backstop.jsonのscenariosプロパティの配列に要素を追加します。

リスト5-14 backstop.json

```
  "scenarios": [
    {
      "label": "Balloon 4文字ラベル",
      "url": "http://localhost:9001/iframe.html?selectedKind=Balloon&selected
Story=4文字ラベル",
      "misMatchThreshold": 0.0000000001
    },
    {
      "label": "Notification",
      "url": "http://localhost:9001/iframe.html?selectedKind=Notification&selected
Story=デフォルト",
      "misMatchThreshold": 0.0000000001
    },
    {
      "label": "NotificationList",
      "url": "http://localhost:9001/iframe.html?selectedKind=NotificationList&
selectedStory=デフォルト",
      "misMatchThreshold": 0.0000000001
    }
  ]
```

シナリオを保存したら、BackstopJSでリグレッション・テストを実行します。

```
$ yarn test:visual
```

しかし、比較対象の参照画像がないため2つのテストは失敗します。

リスト5-15

```
compare | Reference image not found gihyo_ui_component_Notification__0_document_0_
tablet.png
compare | Reference image not found gihyo_ui_component_NotificationList__0_
document_0_tablet.png
...（省略）...
report | 1 Passed
report | 2 Failed
```

これは、存在しない分の参照画像をただ追加すれば解決するので、再度スナップショットを取得すればよいのですが、Storybookを立ち上げてスクリーンショットを撮るので多少時間がかかります。もっとかんたんに解決するには、最後にリグレッション・テストのために撮った画像を、参照画像を置いている**backstop_data/bitmaps_reference**ディレクトリにコピーします。BackstopJSでは、**backstop approve**コマンドによって1発でコピーを済ませられます。今回のサンプルでは、ほかのBackstopJSのコマンドと同様に、プロジェクトのpackage.jsonにnpm scriptで**approve:visual**というスクリプト名で登録してあります。

```
$ yarn approve:visual
```

これを実行すると、前回のテストで取得したスナップショット画像を**backstop_data/bitmaps_reference**に保存してくれます。この状態で再度**yarn test:visual**を実行すると、テストはパスします。

ビジュアル・リグレッション・テストのために起動したStorybookは、Control-Cコマンドで終了します。

5-4 ロジック・テスト

いくつかのUIコンポーネントは、コンテナー・コンポーネントとプレゼンテーショナル・コンポーネントに分けて実装してきました。リグレッション・テストは、プレゼンテーショナル・コンポーネントが出力した結果をテストしているので、細かくロジック部分をテストするのには向いていません。

コンポーネント化の目的は、大きな問題を小さく分割することです。UIの見た目と構造を決定するロジックが正しく動作することをテストするためには、コンテナー・コンポーネントを単体で直接テストするほうが、問題は小さくかんたんです。ここでは、第5章で作成したHeadingコンポーネントのHeadingContainerに対してテストを書いてみましょう。

まず、以下のコマンドを実行して、サンプルコードを整理します。

```
$ yarn checkpoint 7
```

コンポーネントが満たすべき条件をテストする

src/components/atoms/Headingディレクトリに移動して、新しく**index.test.js**というファイルを新規作成します。

HeadingContainerは、「入力された見出しレベルと見た目レベルから、プレゼンテーショナル・コンポーネントに渡すべき見出しレベルと見た目レベルを決定する部分にだけ責務を持つ関数でした。この責務に対して、コンポーネントが満たさないといけない条件を洗い出します。具体的には、次の4つの条件になります。

- **見た目レベルが指定されていないとき見出しレベルに合わせる**
- **見た目レベルが指定されているときは見出しレベルに合わせない**
- **1未満のレベルは1とする**
- **7以上のレベルは6とする**

HTMLの見出し系の要素はh1からh6までなので、レベルが0だったり7だったりした場合は最も近い有効な値にすることで解決します。この4つの条件をテストするコードを書きます。

リスト5-16　src/components/atoms/Heading/index.test.js

```
import React from 'react';
import { HeadingContainer } from './index.js';

describe('HeadingContainer', () => {
  const presenter = props => props;

  it('見た目レベルが指定されていないとき見出しレベルに合わせる', () => {
    const { visualLevel } = HeadingContainer({
      presenter,
      level: 1,
    });
    expect(visualLevel).toBe(1);
  });

  it('見た目レベルが指定されているときは見出しレベルに合わせない', () => {
    const { visualLevel } = HeadingContainer({
      presenter,
      level: 1,
      visualLevel: 2,
    });
    expect(visualLevel).toBe(2);
  });

  it('1 未満のレベルは 1 とする', () => {
    const { tag, visualLevel } = HeadingContainer({
      presenter,
      level: 0,
      visualLevel: 0,
    });
    expect(tag).toBe('h1');
    expect(visualLevel).toBe(1);
  });

  it('7 以上のレベルは 6 とする', () => {
    const { tag, visualLevel } = HeadingContainer({
      presenter,
      level: 7,
      visualLevel: 7,
    });
    expect(tag).toBe('h6');
```

```
    expect(visualLevel).toBe(6);
  });
});
```

Jestの単体テストは、BDD（Behavior Driven Development：ビヘイビア駆動開発）という記述スタイルに従っています。BDDスタイルの特徴は、以下のような関数です。

●表5-1　特徴のあるBDDの関数

関数	説明
describe()	テスト対象に対するテスト項目をグループ化する
it()	describe()関数内で各テスト項目を定義する
expect()	アサーション関数。テスト項目を満たすために必要なプログラム処理の実際の結果が期待に沿っているかどうかを判定する

ここでは、HeadingContainerが決定した見出しレベル（level）と見た目レベル（visualLevel）を、アサーション関数にかけて期待値と一致しているかどうかテストしています。これを保存したら、テストを実行してみましょう。

```
$ yarn test
```

すると、テストが2つ失敗します。

リスト5-17

```
FAIL  src/components/atoms/Heading/index.test.js
  ● HeadingContainer  1 未満の見出しレベルは 1 とする

    expect(received).toBe(expected)

    Expected value to be (using ===):
      1
    Received:
      0
...（省略）...
 ● HeadingContainer  7 以上の見出しレベルは 6 とする

    expect(received).toBe(expected)

    Expected value to be (using ===):
      6
    Received:
```

```
7
```

このテスト失敗の原因は、第5章の実装において、見た目レベルに関して、1〜6の範囲外にある数値を入力されたときに、1〜6に収めてプレゼンテーショナル・コンポーネントに渡すようなロジックを入れていなかったからです。テストが失敗したおかげで、実装漏れを発見できました。HeadingContainerの実装が書いてあるindex.jsを開いて修正します❶。

リスト5-18　src/components/atoms/Heading/index.test.js

```
...（省略）...
export const HeadingContainer = ({
  presenter,
  level = 2,
  visualLevel,
  ...props,
}) => {
  level = Math.max(1, Math.min(6, level));
  visualLevel = Math.max(1, Math.min(6, (typeof visualLevel !== 'undefined') ?
visualLevel : level));                                                          ❶
  const tag = `h${ level }`;

  return presenter({ tag, visualLevel, ...props });
};
...（省略）...
```

修正を保存したら再度テストを実行します。今度は、HeadingContainerは期待する処理を返してテストは成功します。

```
$ yarn test
...（省略）...
PASS  src/components/atoms/Heading/index.test.js
...（省略）...
```

効率的な開発を実現するテスト駆動開発

HeadingContainerは、本書の説明の順番の関係もあり、先に実装を行ってからそれに対する単体テストを後で書きました。書いた単体テストはHeadingContainerにどう振る舞ってほしいかを4項目に定義してそれをコード化したものです。

- **見た目レベルが指定されていないとき見出しレベルに合わせる**
- **見た目レベルが指定されているときは見出しレベルに合わせない**
- **1未満のレベルは1とする**
- **7以上のレベルは6とする**

コンポーネントにどう振る舞ってほしいかは、そのコンポーネントの仕様とも言えます。もし、実装する前に、コンポーネントの仕様を先に決めて単体テストを先に書いておけば、実装自体は、そのテストが成功するように書くことで完了します。比較的大きなコンポーネントだと実装が複雑になるため、1度正しく処理できた実装が、後に書いたコードの影響で正しく動作しなくなるデグレードを引き起こすこともあります。また、複雑すぎる仕様だとどこから実装していいのか皆目検討がつかないこともあるかもしれません。

そんなときは、仕様すべてを満たす実装を最初から書こうとするのではなく、マイルストーンとなる挙動を決めて、その挙動をテストするコードを先に書き、そのテストを成功させるというサイクルをくり返しながら実装する方法をおすすめします。これはテスト駆動開発（Test-Driven Development、TDD）と呼ばれる開発手法です。マイルストーン単位でテストをくり返しているため、複雑な実装でも最終的に完了することができます。テスト駆動開発もコンポーネント・ベース開発と同様、最終的に解決すべき大きな問題を小さくマイルストーンごとに分割することで、解決を容易にしてくれる手法です。テスト駆動開発については、書籍などもたくさん出版されているので、ぜひ学習してみてください。

5-5 インタラクション・テスト

UIはユーザーのアクションに反応して応答を返します。インタラクションとはUIとユーザーの相互作用（インタラクション）のことを意味していて、インタラクション・テストでは、ユーザーのアクションを適切にUIが処理しているかをテストします。

インタラクション・テストは手動で行う場合は、StorybookでIconコンポーネントなどを開いて実際にクリックします。手動テストの節ではACTION LOGGERを確認してテストしました。このテストをコードに置き替えてしまい、テストを自動化できるようにしましょう。

説明の前に、サンプルコードを整理するため、以下のコマンドを実行してください。

```
$ yarn checkpoint 8
```

Enzymeを使ってテストする

Reactコンポーネントのインタラクションをテストするときは、Enzyme★5というReact用のテスト・ユーティリティが便利です。Enzymeは、Airbnbが作ったサード・パーティー製のReact用ツールです。Reactには、Facebookが作ったReactTestUtilsという公式のテスト・ユーティリティが別にあるのですが、Facebook自身がEnzymeを推奨しています★6。

● Reactコンポーネントを単体でレンダリングできる

Enzymeには、ReactTestUtilsにない2つの主な利点があります。1つはReactコンポーネントを単体でレンダリングすることができることです。Atomic Designで、小さいコンポーネントから大きいコンポーネントを構成していった場合、Templates層やOrganisms層のコンポーネントは、入れ子になっているたくさんの子コンポーネントで構成されることになります。すると、コンポーネントをテストするときも、これら子コンポーネントすべて

★5 http://airbnb.io/enzyme/
★6 https://reactjs.org/docs/test-utils.html

をレンダリングする必要があります。

Enzymeは、Shallow Rendering（浅いレンダリング）という方法で、対象のコンポーネントのみをレンダリングし、入れ子のコンポーネントをモックに差し変えてくれます。このため、入れ子コンポーネントに影響されることなく、単体のUIコンポーネント・テストが可能になります。

◉ インタラクション・テストを書きやすくするAPIが揃っている

さらにEnzymeは、インタラクション・テストをとても書きやすくするAPIを揃えています。Reactはそれをあまり意識しないように作られているUIライブラリですが、こういったUIライブラリが普及していなかった一昔前は、UIを扱うといったらDOMを操作することでした。DOM操作といえばjQueryを思い浮かべる方も多いでしょう。EnzymeはjQueryのように任意のReactコンポーネントをレンダー・ツリーから簡単に取得するAPIを提供していて、おかげでテストを書くのが容易になります。

インタラクション・テストを自動で行う

では、手動でもテストしたIconコンポーネントに対して、今度はインタラクション・テストするコードを書いてみましょう。第4章で作成したTrashCanIcon（ゴミ箱アイコン）やChevronRightIcon（山形アイコン）のコンポーネントの実装内容は、`iconFactory()`関数を介して、IconContainerとIconPrensenterに集約されています。そのため、1つのアイコンのインタラクションをテストすれば、アイコンすべての挙動に関してテストできます。

ここでテストしたい挙動は、アイコンをユーザーがクリックしたときにonClickとして渡した関数が実行されているかどうかです。まず、`src/components/atoms/Icon`ディレクトリを開いて、`index.test.js`ファイルを新規作成します。そして、EnzymeでTrashCanIconをShallow Renderingして、クリックをシミュレートします。

リスト5-19　src/components/atoms/Icon/index.test.js

```
import React from 'react';
import { shallow } from 'enzyme';
import { TrashCanIcon } from './index.js';

describe('TrashCanIcon', () => {
  it('クリックをコールバックする', () => {
    const wrapper = shallow(<TrashCanIcon />);
    wrapper.simulate('click');
```

```
  });
});
```

Enzymeのshallow()関数に、テストしたいReactコンポーネントをJSXで記述して第一引数として渡すと、そのコンポーネントがShallow Renderingされたアウトプットを包括したラッパー・オブジェクトが返されます。このラッパー・オブジェクトを介して、レンダリング後のReactコンポーネントに対する処理をシミュレートできます。ここでは、wrapper.simulate('click')とクリック・イベントをシミュレートしています。

しかし、TrashCanIconのonClickプロパティには、コールバック関数を渡していません。Iconコンポーネントは、クリックされたときに指定されたコールバック関数を実行するまでが責務であり、どんな関数の中身に関心はありません。実行されたことが確認できればよいので、ここではモックの関数を作ってonClickとして渡します。JavaScriptでは、ほかにSinon.JSやtestdouble.jsなどの有名なモック・ライブラリがありますが、Jestはオール・イン・ワンのテスティング・フレームワークを売りにしていて、モック関数を作るAPIが用意されています。。

リスト5-20　src/components/atoms/Icon/index.test.js

```
  it('クリックをコールバックする', () => {
    const onClick = jest.fn();
    const wrapper = shallow(<TrashCanIcon onClick={ onClick } />);
    wrapper.simulate('click');
    expect(onClick.mock.calls.length).toBe(1);
  });
```

jest.fn()がモック関数を作成して返すAPIです。モック関数は、実行されると実行された回数を記録していて、回数はonClick.mock.calls.lengthのように取得できます。ここでは、この回数が期待値と一致しているかをテストしています。テストを実行して成功することを確認しましょう。

5-6 コード・カバレッジ

自動化されたテスト・ケースが多くなってくると、どこまでの実装をテストできているかが管理しづらくなってきます。そこで、コードによるテストがどの程度まで網羅されているかを確認する手段があります。コード・カバレッジ（網羅率）です。この節では、コード・カバレッジ（コード網羅率）を取得することで、テストすべきコードが実際どのくらいテストされたかを計測します。

サンプルコードを整理するために、まず、以下のコマンドを実行してください。

```
$ yarn checkpoint 9
```

コード・カバレッジを取得するには、専用のツールを使うのが便利です。JavaScript用のツールとしては、Istanbul★7が有名です。本書で扱っているテスト・フレームワークのJestも、Istanbulを使ってコード・カバレッジを取得し、レポートを出力してくれます。

サンプル・プロジェクトでは、Jestが実行されたときにコード・カバレッジのレポートをプロジェクト・ルートのcoverageというディレクトリに保存するように設定してあるので、それを確認してみましょう。登録されているnpm scriptを使ってJestを実行します。

```
$ yarn test
```

coverage/lcov-report/index.htmlをブラウザで開くと、componentsディレクトリ以下のテスト対象のファイルやそのファイルを含んでいるディレクトリが列挙されています。Istanbulは、コードの「Statements(文)」「Branches(分岐)」「Functions(関数)」「Lines(行)」ごとに網羅率をレポートしてくれます。網羅していない箇所があれば、どのコードがテスト時に実行されていないかも確認することができます。

★7　https://istanbul.js.org/

●図5-10　カバレッジ・レポート画面

All files

30.43% Statements 119/391　**16.15%** Branches 26/161　**37.19%** Functions 45/121　**56.92%** Lines 111/195

File ▲		Statements		Branches		Functions		Lines	
src		0%	0/7	0%	0/4	0%	0/1	0%	0/4
src/components/atoms/Anchor		100%	2/2	100%	0/0	100%	1/1	100%	2/2
src/components/atoms/Balloon		100%	4/4	100%	0/0	100%	2/2	100%	4/4
src/components/atoms/Button		100%	5/5	100%	0/0	100%	2/2	100%	5/5
src/components/atoms/Heading		100%	11/11	100%	3/3	100%	3/3	100%	11/11
src/components/atoms/HoverTipInteraction		88.24%	15/17	100%	4/4	60%	3/5	100%	15/15
src/components/atoms/Icon		100%	14/14	100%	5/5	100%	5/5	100%	12/12
src/components/atoms/Img		100%	2/2	100%	0/0	100%	1/1	100%	1/1
src/components/atoms/MediaObjectLayout		100%	2/2	100%	1/1	100%	1/1	100%	2/2
src/components/atoms/StickyHeaderLayout		100%	2/2	100%	1/1	100%	1/1	100%	2/2
src/components/atoms/TextBox		100%	2/2	100%	0/0	100%	1/1	100%	2/2
src/components/atoms/Time		100%	14/14	83.33%	5/6	100%	4/4	100%	13/13
src/components/atoms/Txt		100%	7/7	100%	2/2	100%	2/2	100%	6/6
src/components/molecules/Breadcrumb		100%	4/4	66.67%	2/3	100%	2/2	100%	4/4

　ソフトウェアは多くの関数や条件分岐によって構成されていることがほとんどだと思います。分岐処理があるということは、ある条件下にないと実行されないコードが存在するということですが、コード・カバレッジはそういった盲点となる条件を含めて、きちんとテストできているかを定量的に教えてくれます。

5-7 レイアウト・テスト

レイアウト・テストは表示テストの一部といえますが、ここでは、異なる画面サイズにおける表示やページ全体のレイアウト表示のテストについて説明します。

まず、以下のコマンドを実行して、サンプルコードを整理してください。

```
$ yarn checkpoint 10
```

レスポンシブ・レイアウト・テスト

レスポンシブ・デザインとは

読者の皆さんが開発しているWebアプリケーションでは、レスポンシブ・デザインを導入されていることも多いと思います。レスポンシブ・デザインとは、PCやスマートフォン端末など画面サイズが異なる端末に対して、同一のHTMLソースを使って、画面サイズに応じた異なる画面デザインを表示する手法です。画面サイズに応じてCSSのメディアクエリで適用するスタイルを切り換えることで、デザインを切り換えます。

レスポンシブ・デザインのメリットは、多くの端末に対して同一のHTML・CSS・JavaScriptソースで管理できるので、メンテナンス・コストを下げられることです。同一ソースなので、「PCでは発生しないが、スマートフォン端末でだけ表示エラーが発生する」という事態の発生率も下げられます。

一方、デメリットは、画面サイズが小さくて通信環境が安定しないスマートフォンなどの端末でも、PCと同じソースを読むことになるので、不必要なペイロード・コストが発生することです。

一般的に、レスポンシブ・デザインで作る画面レイアウトは難易度が高いです。デザインカンプ作成時から、画面サイズが異なる端末での表示を常に意識し続けなければいけないですし、画面サイズ変更時の不必要な処理を極力少なくするために、HTML・CSSの特性を意識しながらデザインする必要があります。

難易度が高いデザイン手法なので、表示テストの重要性が増します。通常の画面表示テストだけではなく、レスポンシブ・デザインでは、さらに画面サイズごと（ブレイクポイントごと）にテストする必要があります。手動で画面サイズを切り替えながら同じテスト・

ケースを何度も網羅していくのは大変ですが、そういうテストこそ自動化しましょう。

◉ Templates層コンポーネントでレスポンシブ・デザインをテストする

ページの雛形に相当するTemplates層コンポーネントは、レスポンシブなレイアウト・テストに最適です。なぜなら、Templatesはページからコンテンツを切り離してレイアウトだけをデザインしたコンポーネントだからです。ページがレスポンシブ・デザインで実装されているということは、Templates層コンポーネントもレスポンシブにデザインされています。そのため、複数パターンの表示領域上でビジュアル・リグレッション・テストをTemplatesコンポーネントに対して実施することにより、レスポンシブ・レイアウト・テストを自動化することができます。

第4章で作成した通知一覧ページのレスポンシブ・レイアウト版を作ってみましょう。第4章で作成したHolyGrailLayoutコンポーネントを使うと、通知一覧ページをかんたんにレスポンシブな聖杯レイアウト型にできます。src/components/templatesにNotificationList2Templateという名前で新規ディレクトリを作成して、まずはstyles.cssに次のようにコードを書きます。

リスト5-21　src/components/templates/NotificationList2Template/styles.css

```
@import "../../properties.css";

.root {
  background-color: var(--color-info-layer1);
}

.header {
  margin-bottom: calc(var(--space) * 4) !important;
}

.footer {
  padding-bottom: calc(var(--space) * 4) !important;
  padding-top: calc(var(--space) * 4) !important;
}

.main {
  padding: calc(var(--space) * 2) calc(var(--space) * 4) !important;
  margin-bottom: calc(var(--space) * 2) !important;
}

.nav {
  margin-bottom: calc(var(--space) * 2) !important;
```

```
  padding-left: calc(var(--space) * 2) !important;
  padding-right: calc(var(--space) * 2) !important;
}

@media (--breakpoint-s) {
  .main {
    margin-bottom: 0 !important;
  }

  .aside {
    padding-left: calc(var(--space) * 2) !important;
    padding-right: calc(var(--space) * 2) !important;
  }
}
```

HolyGrailLayoutコンポーネントを使うので、このTemplates層コンポーネントは、ページ・レイアウト自体を聖杯型にする実装には、関心を持つ必要がありません。しかし、レイアウトされた各パーツたちの余白調整は、Templates層コンポーネントの関心になるため、ブレークポイントの値をカスタムメディアから参照して、レイアウトが変化したときの余白に関するCSSの記述をTemplates層側で行っています。

JSXでUIコンポーネントを組み立てます。

リスト5-22 src/components/templates/NotificationList2Template/index.js

```
import React from 'react';
import styles from './styles.css';
import HolyGrailLayout, {
  HolyGrailTop,
  HolyGrailBottom,
  HolyGrailMain,
  HolyGrailLeft,
  HolyGrailRight,
} from '../../atoms/HolyGrailLayout/index.js';
import Card from '../../atoms/Card/index.js';
import PageHeader from '../../organisms/PageHeader/index.js';
import Header from '../../organisms/Header/index.js';
import Footer from '../../organisms/Footer/index.js';
import ChannelList from '../../organisms/ChannelList/index.js';
import NotificationList from '../../organisms/NotificationList/index.js';

const NotificationList2Template = ({
  notifications,
```

```
  navigations,
  breadcrumb,
  channels,
  onClickDeleteNotification
}) => (
  <HolyGrailLayout className={ styles.root }>
    <HolyGrailTop>
      <Header className={ styles.header } navigations={ navigations } />
    </HolyGrailTop>
    <HolyGrailBottom>
      <Footer className={ styles.footer } />
    </HolyGrailBottom>
    <HolyGrailMain>
      <Card tag="main" className={ styles.main }>
        <NotificationList
          programs={ notifications }
          onClickDelete={ onClickDeleteNotification }
        />
      </Card>
    </HolyGrailMain>
    <HolyGrailLeft>
      <PageHeader className={ styles.nav } navigations={ breadcrumb } />
    </HolyGrailLeft>
    <HolyGrailRight>
      <aside className={ styles.aside }>
        <ChannelList channels={ channels } />
      </aside>
    </HolyGrailRight>
  </HolyGrailLayout>
);

export default NotificationList2Template;
```

次のようなストーリーを作成して、Storybookで確認してみましょう。

リスト5-23　src/components/templates/NotificationList2Template/index.stories.js

```
import React from 'react';
import { action } from '@storybook/addon-actions'
import NotificationList2Template from './index.js';
import {
  notifications,
  navigations,
  breadcrumb,
```

```
  channels,
} from '../../../mock/data.js';

export default stories => stories
  .add('デフォルト', () => {
    return (
      <NotificationList2Template
        notifications={ notifications }
        navigations={ navigations }
        breadcrumb={ breadcrumb }
        channels={ channels }
        onClickDeleteNotification={ action('削除ボタンがクリックされました') }
      />
    );
  });
```

Storybook上で聖杯レイアウトがレスポンシブに変化することを確認できました。これをBackstopJSで自動テストするように設定します。BackstopJSは、複数パターンの表示領域を設定でき、全テスト・シナリオをパターンごとに実行してくれます。

テンプレートのbackstop.jsonを開き、表示領域を設定するための`viewports`プロパティの値が配列型になっているので、そこに要素を追加します。テンプレート・プロジェクトでは、ブレークポイントを**768px**に設定しています。タブレットくらいのPCの画面より少しだけ小さな端末向けのレイアウトを、PCと同じコードで表現することを意図しています。下記のように、プロパティ値を変更します。

リスト5-24　backstop.json

```
"viewports": [
  {
    "name": "tablet",
    "width": 568,
    "height": 1024
  },
  {
    "name": "pc",
    "width": 1024,
    "height": 768
  }
],
...（省略）...
"scenarios": [
...（省略）...
```

```
  {
      "label":  "NotificationList2Template",
      "url": "http://localhost:9001/iframe.html?selectedKind=NotificationList2
Template&selectedStory=デフォルト",
     "misMatchThreshold": 0.0000000001
  }
  ],
...（省略）...
```

スマートフォンなどさらに小さいスクリーンサイズを持つ端末もサポートする場合は、viewports配列に要素を追加しましょう。これで、タブレットの表示領域で表示されたパターンもテストできるようになりました。これらの表示領域での表示もBackstopJSの参照画像として登録します。

```
$ yarn storybook:visual
```

```
$ yarn spec:visual
```

これで、PCだけでなくタブレットで表示されたときのレイアウトが意図せず崩れていたとき、すぐに発見できます。今度はBackstopJSでテストを実行して、各表示領域のテスト結果を確認してみましょう。

```
$ yarn test:visual
```

●図5-11　レスポンシブ・レイアウト・テスト結果画面（タブレット）

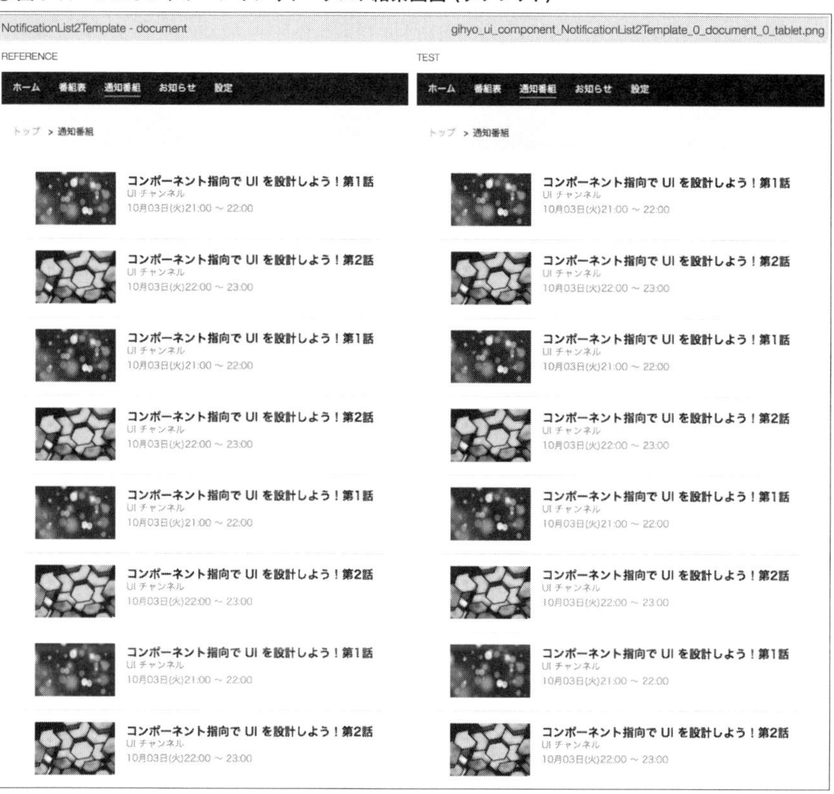

●図5-12　レスポンシブ・レイアウト・テスト結果画面（PC）

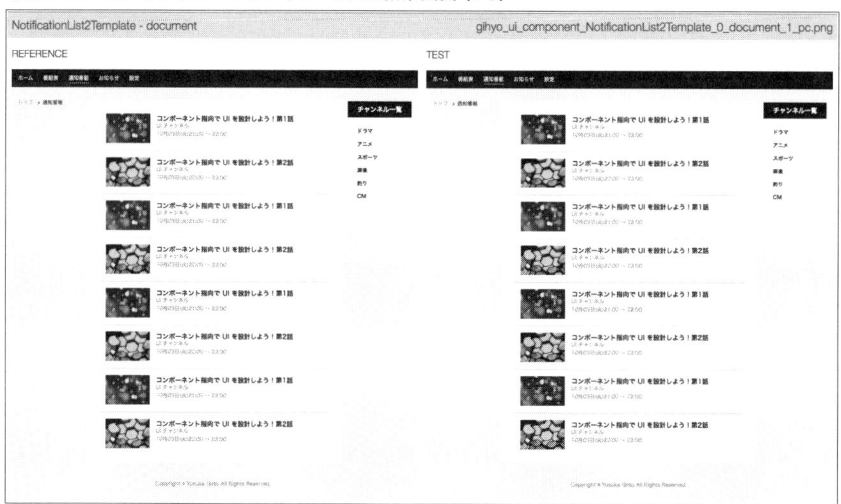

Templates層のコンポーネントは、あくまでページの雛形ですが、さまざまなパターンのコンテンツをTemplatesにあてはめて、ストーリーを作成できます。レスポンシブ・デザインに限らず、レイアウトが崩れる原因で最も多いのは、想定していなかったパターンのコンテンツが動的にUIに流し込まれることでしょう。たとえば、Templates層のコンポーネントに想定するより文字数が多いコンテンツを流し込んだり、大きなサイズの画像を流し込んだり、逆に小さい画像を流し込んだストーリーを作成しておくことで、レスポンシブなデザインが動的なコンテンツに意図した形で表示できるのかを自動でテストすることが可能です。

リキッド・レイアウト・テスト

仮に、アプリケーションがレスポンシブ・デザインでレイアウトしていないとしても、アプリケーションが可変の画面サイズに対応できるようにしておくことは重要です。特にPCの場合、画面サイズが異なるだけではなく、ユーザーが使用するブラウザの画面サイズもまちまちです。CSSのメディアクエリでブレイクポイントごとに画面レイアウトを劇的に変化させない場合でも、レイアウトが表示領域に対して最適化されている必要があります。

レイアウトを最適化するためには、コンポーネントが少なくともリキッド・レイアウトで表示できることが重要です。リキッド・レイアウトとは、画面の横幅サイズを固定せず、可変長の幅に対してレイアウトを最適化する手法です。

コンポーネントの再利用性を高めるためにも、コンポーネント化したUIの1つ1つが、リキッド・レイアウトで作られていることが重要です。リキッド・レイアウトで作られたUIコンポーネントは、自由なサイズで別コンポーネントに組み込むことができます。反対に固定レイアウトで作られたUIコンポーネントは、決められた幅の場所にしか組み込むことができません。

そういった観点で、Templates 以外のコンポーネントに関しても、BackstopJSで表示領域を区切ってテストします。サンプル・プロジェクトのbackstop.jsonを開いて、Molecules層コンポーネントのMailAuthFormをシナリオに追加します。

リスト5-25　backstop.json

```
  "scenarios": [
    ...（省略）...
    {
      "label": "MailAuthForm",
      "url": "http://localhost:9001/iframe.html?selectedKind=MailAuthForm&selected
Story=デフォルト",
      "misMatchThreshold": 0.0000000001
```

```
    }
  ]
```

このシナリオを追加した状態でビジュアル・リグレッション・テストを実行すると、横幅568pxに設定したタブレット・ビューポートでは送信ボタンがカラム落ちしてしまっていることが確認できます。

```
$ yarn storybook:visual
```

```
$ yarn spec:visual
$ yarn test:visual
```

●図5-13　カラム落ちしたMailAuthForm

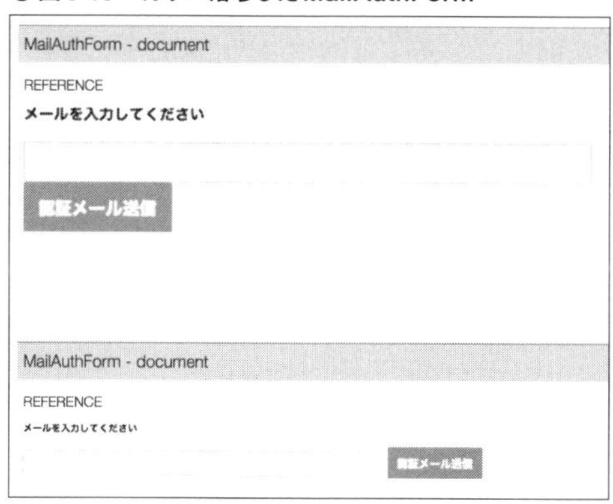

これは、固定の横幅でコンポーネントのスタイルが設定されているため、想定した横幅より小さくなったときに対応できていません。カラム落ちを防ぐために、このMailAuthFormコンポーネントをリキッド・レイアウトに変更してみましょう。

リスト5-26　src/components/molecules/MailAuthForm/styles.css

```
...（省略）...
controls {
  display: flex;
  align-items: center;
}

.textbox {
  flex: 1;
  margin-right: var(--space);
```

```
}
...（省略）...
```

リスト5-27　src/components/molecules/MailAuthForm/index.js

```
...（省略）...
const MailAuthForm = ({ onSubmit, ...props }) => (
...（省略）...
    <div className={ styles.controls }>
      <TextBox className={ styles.textbox } />
      <PrimaryButton onClick={ onSubmit }>認証メール送信</PrimaryButton>
    </div>
...
);
```

テキスト・ボックス部分が、全体の横幅に合わせて伸縮するリキッド・レイアウトで表示されるようになりました。これで、タブレット・ビューポートの横幅でもカラム崩れしません。これを保存してビジュアル・リグレッション・テストを再度実行して確認してみましょう。

●図5-14　リキッド・レイアウト化されたMailAuthForm

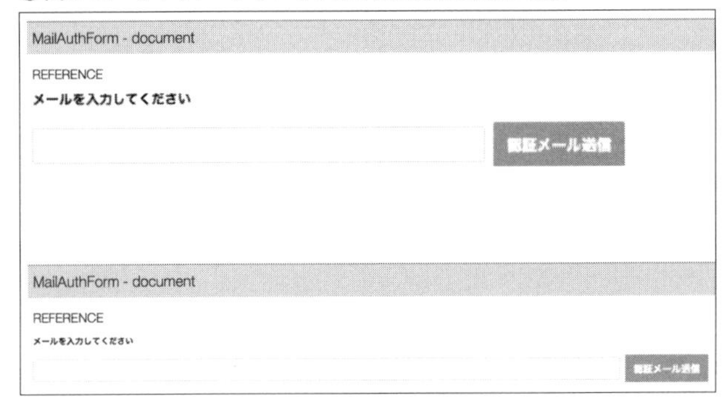

このようにスクリーンの横幅自体が変更されるときはもちろんですが、リキッド・レイアウトのコンポーネントは画面レイアウトのさまざまな枠に配置しやすいので、とても再利用性が高くなります。

テストが終了したらControl-CでStorybookを停止しておきましょう

5-8 パフォーマンス・テスト

サービスを快適に利用できる状態に保つために、アプリケーションのパフォーマンスが高いことは重要です。Atomic DesignでUIをどれだけ使いやすく設計したとしても、動作が重いアプリケーションだったら、利用を止めてしまうでしょう。UIコンポーネントを組み合わせて作るアプリケーションでは、単体のUIコンポーネントがパフォーマンス高く動作していれば、アプリケーション全体のパフォーマンスが向上します。

しかし、Webアプリケーションのパフォーマンスは、多くの要素に影響されます。どれだけ軽量なフロントエンドを実装しても、Webサーバーから最初のHTMLが返って来るのが遅ければ、ユーザーは軽快にアプリケーションを使うことができません。

これまで説明したとおり、UIをコンポーネント化する利点は、解決する問題を小さくすることにあります。Storybookのように、UIをプロダクトから分離して表示できる環境でパフォーマンスを計測できることは、雑音が少ない環境で解析できるということです。プロダクトのサーバー環境やコンテンツから切り離してUIコンポーネント自体のパフォーマンスをテストすることにより、サーバーやコンテンツ起因によるパフォーマンスのボトルネックとUI自体の実装によるボトルネックを自ずと切り分けることができます。コンポーネントが関心を持つべきパフォーマンスの問題だけを切り出して計測して対処することで、少なくともUIの実装に起因したパフォーマンスのボトルネックを生むことを回避できます。

UIコンポーネントに限らずWebフロントエンドで意識するべきパフォーマンスのポイントは、ネットワーク・アクセス、JavaScript実行時間、レイアウト／ペイント処理、体感速度です。Storybook上で、これらのポイントをテストするためのさまざまなパターンの入力を試したストーリーを作っていきます。

まず、サンプルコードを整理するために、以下のコマンドを実行してください。

```
$ yarn checkpoint 11
```

ネットワーク・アクセス

ネットワークを通じて外部リソースにアクセスするUIコンポーネントを作成した場合は、Webブラウザのネットワーク関連のタブで、各リソースごとのネットワーク・アクセスにかかった時間を計測できます。

ネットワーク・アクセスに関するパフォーマンスをテストする場合、確認する項目は以下の2つです。

- **必要以上に多くのリソースをリクエストしていないか**
- **必要以上のデータ・サイズのリソースをリクエストしていないか**

● 必要以上に多くのリソースのリクエストを防ぐ

最近は、HTTP2などを利用してWebサービスを提供できるようになってきました。しかし、HTTP1.1を使っている場合は、リソースへのリクエスト数が増えた場合は大量のオーバーヘッドが発生します。たとえば、Storybook起動後、Iconコンポーネントの「一覧」ストーリーをChromeで開いて、DevToolsのNetworkタブで見てみましょう。

●図5-15　アイコンのリソースを大量にダウンロード

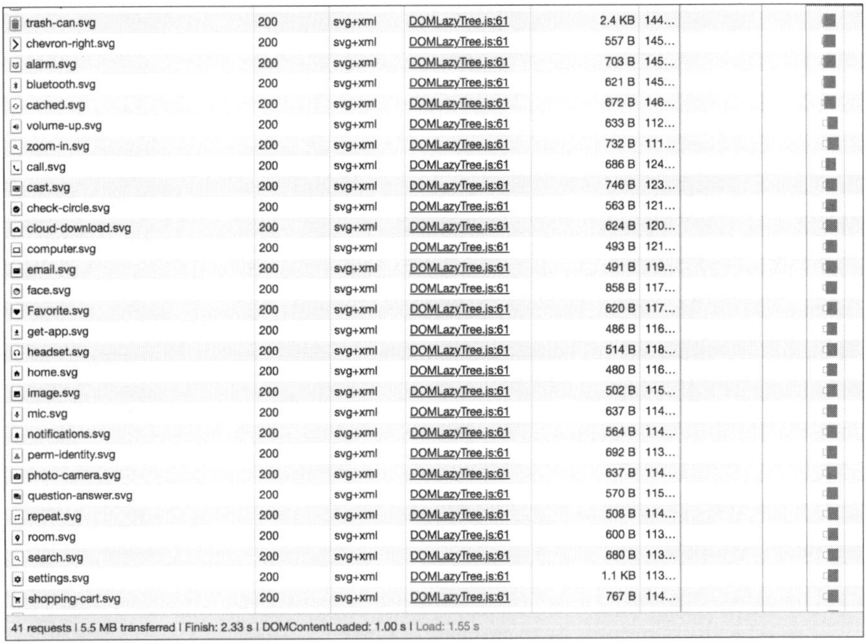

trash-can.svg	200	svg+xml	DOMLazyTree.js:61	2.4 KB	144...
chevron-right.svg	200	svg+xml	DOMLazyTree.js:61	557 B	145...
alarm.svg	200	svg+xml	DOMLazyTree.js:61	703 B	145...
bluetooth.svg	200	svg+xml	DOMLazyTree.js:61	621 B	145...
cached.svg	200	svg+xml	DOMLazyTree.js:61	672 B	146...
volume-up.svg	200	svg+xml	DOMLazyTree.js:61	633 B	112...
zoom-in.svg	200	svg+xml	DOMLazyTree.js:61	732 B	111...
call.svg	200	svg+xml	DOMLazyTree.js:61	686 B	124...
cast.svg	200	svg+xml	DOMLazyTree.js:61	746 B	123...
check-circle.svg	200	svg+xml	DOMLazyTree.js:61	563 B	121...
cloud-download.svg	200	svg+xml	DOMLazyTree.js:61	624 B	120...
computer.svg	200	svg+xml	DOMLazyTree.js:61	493 B	121...
email.svg	200	svg+xml	DOMLazyTree.js:61	491 B	119...
face.svg	200	svg+xml	DOMLazyTree.js:61	858 B	117...
Favorite.svg	200	svg+xml	DOMLazyTree.js:61	620 B	117...
get-app.svg	200	svg+xml	DOMLazyTree.js:61	486 B	116...
headset.svg	200	svg+xml	DOMLazyTree.js:61	514 B	118...
home.svg	200	svg+xml	DOMLazyTree.js:61	480 B	116...
image.svg	200	svg+xml	DOMLazyTree.js:61	502 B	115...
mic.svg	200	svg+xml	DOMLazyTree.js:61	637 B	114...
notifications.svg	200	svg+xml	DOMLazyTree.js:61	564 B	114...
perm-identity.svg	200	svg+xml	DOMLazyTree.js:61	692 B	113...
photo-camera.svg	200	svg+xml	DOMLazyTree.js:61	637 B	114...
question-answer.svg	200	svg+xml	DOMLazyTree.js:61	570 B	115...
repeat.svg	200	svg+xml	DOMLazyTree.js:61	508 B	114...
room.svg	200	svg+xml	DOMLazyTree.js:61	600 B	113...
search.svg	200	svg+xml	DOMLazyTree.js:61	680 B	113...
settings.svg	200	svg+xml	DOMLazyTree.js:61	1.1 KB	113...
shopping-cart.svg	200	svg+xml	DOMLazyTree.js:61	767 B	114...

41 requests | 5.5 MB transferred | Finish: 2.33 s | DOMContentLoaded: 1.00 s | Load: 1.55 s

図のように、アイコン画像を表示するためのSVGファイルのリソースが大量にダウンロードされていることがわかります。Waterfallチャートのtrash-can.svgファイルの詳細を見てみると、実際にリソースデータをダウンロードしている「Content Download」の時間より、リクエストしてからダウンロードを開始するまでの「Waiting (TTFB)」の時間がほとんど占めている場合もありえます。

●図5-16　trash-can.svgのWaterfall詳細画面

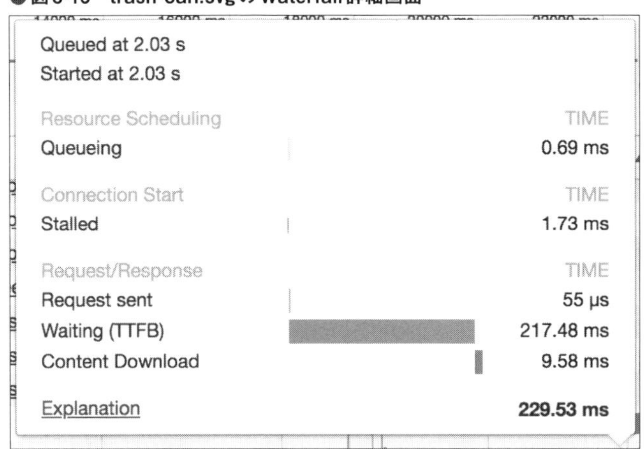

　このような場合は、スプライトなどのテクニックを使ってリソースを1つにまとめられないか検討します。スプライトというのは、コンピューター上に画像や図形などを高速に表示する技術です。CSSスプライトなどで馴染みがあるでしょう。

　SVGの場合は、1つのファイルにシンボル化したSVGオブジェクトを複数保存するできます。それを使って、画像表示のために必要なネットワークへのリクエスト数を抑えるスプライトが実現可能です。たとえば、1つのファイルに複数のSVGオブジェクトが記述すると、次のようになります。

```
<?xml version="1.0" encoding="utf-8"?>
<svg xmlns="http://www.w3.org/2000/svg">
  <symbol id="alarm" viewBox="0 0 24 24">
    <path d="M0 0h24v24H0z" fill="none"/>
    <path d="M22 ..."/>
  </symbol>
  <symbol id="bluetooth" viewBox="0 0 24 24">
    <path d="M0 ..." fill="none"/>
    <path d="M17.71 ..."/>
  </symbol>
</svg>
```

　このSVGファイルをHTML側から、<use>要素を使って任意のSVGシンボルをid指定で呼び出して、インライン埋め込みすることができます。

リスト5-28

```
<svg><use href="/icons.svg#alarm"></use></svg>
<svg><use href="/icons.svg#bluetooth"></use></svg>
```

このテクニックを、既存のIconコンポーネントに適用してみましょう。まず、アイコンのリソースが、1アイコンにつき1SVGファイルになっているので、これを1つのSVGファイルにまとめます。SVGファイルの中身はテキスト・データなので、エディターを用いて手動でまとめることもできますが、効率が悪いので、単体SVGファイルを自動でスプライト化するツールを使用します。ここでは、frexy/svg-sprite-generator★8というSVGジェネレーターを使います。テンプレートには、svg-sprite-generatorがインストールされており、package.jsonにはsvgという名前でnpm scriptが登録されています。

```
$ yarn svg
```

このnpm scriptを実行すると、assets/iconsディレクトリに保存されているSVGファイルをスプライト画像として使用できるSVGにまとめて、assets/icons.svgという名前のファイルとして出力してくれます。

それでは、このスプライト化されたSVGファイルをIconコンポーネントから呼び出すように変更します。今回修正するのはJSXだけなので表示処理を担当するIconPresenterコンポーネントのみです。

リスト5-29　src/components/atoms/Icon/index.js

```
... (省略) ...
export const IconPresenter = ({
  iconName,
  width = 20,
  height = 20,
  ...props,
}) => (
  <svg
    height={ height }
    width={ width }
    { ...props }
  >
```

★8　https://github.com/frexy/svg-sprite-generator

```
    <use href={`/icons.svg#${ iconName }`}></use>
  </svg>
);
```

<use>要素を使って、**icons.svg**ファイルをid指定でリクエストするように変更しました。これで、アイコン・リソースへのリクエストは、1度に抑えられます。修正を保存したら、Iconコンポーネントの「一覧」ストーリーを確認してみましょう。

●図5-17　SVGスプライト後のNetwork画面

icons.svg　200　svg+xml　DOMPropertyOpera…　11.2 KB　144…

11 requests | 5.4 MB transferred | Finish: 1.85 s | DOMContentLoaded: 1.08 s | Load: 1.59 s

アイコンの表示に変化はありませんが、画像リクエストの数が減りました（画面では41から11）。icons.svgのWaterfallを確認してみると、1つのSVGファイルとしてのContent Downloadにかかる時間は増加していますが、Waiting(TTFB)が発生する回数はicons.svgファイルのリクエスト時の1度だけに抑えられています。

●図5-18　icons.svgのWaterfall詳細画面

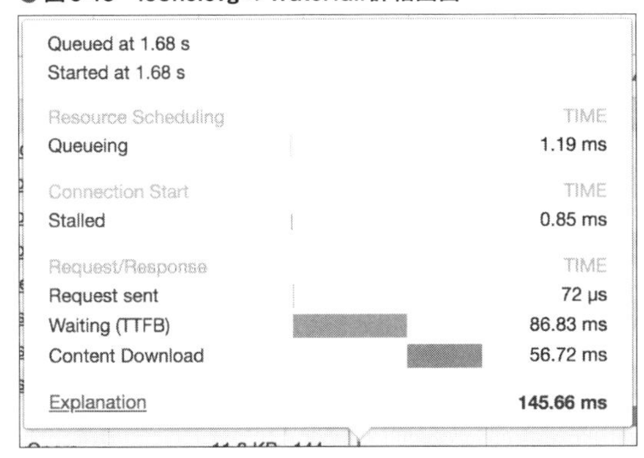

アイコン・リソースの取得方法を個々のSVGファイルからスプライト化したSVGファイルに変更しましたが、IconPresenterコンポーネント以外のコードには変更を加えていません。アイコン・リソース取得に対する関心がIconコンポーネント内で完結しているため、アプリケーションのほかの箇所に影響を与えることなく、修正できました。

◉ 必要以上にデータサイズが大きいリソースのリクエストを防ぐ

Imgコンポーネントに、192x108と3840x2160という異なる2つの解像度の画像ファイルを読み込ませるストーリーを追加してみましょう。

リスト5-30 src/components/atoms/Img/index.stories.js

```
...（省略）...
export default stories => stories
...（省略）...
  .add('適切なサイズ指定', () => <Img src="/mock/images/192/108/img01.jpg"
width="192" height="108" />)
  .add('20倍の画像', () => <Img src="/mock/images/3840/2160/img01.jpg" width="192"
height="108" />);
```

「20倍の画像」ストーリーを開きます。画像ソースとして読み込む画像の解像度は3840x2160ですが、widthやheightはそれぞれ192x108です。Chromeでこのストーリーを見てみましょう。3840x2160の画像をダウンロードしていますが、実際の表示は192x108でされるので、解像度192x108の画像を読み込んだときと違いがないように見えます。しかし、DevToolsのNetworkタブを開いてリロードしてみると、もちろん3840x2160の画像がダウンロードされ、そのサイズは1.5MBです。192x108の解像度ではサイズが22.3KBなので、およそ70倍のデータをダウンロードしていることになります。

Imgコンポーネントは画像を適切に表示することに責務があるので、もしUIコンポーネントが、自身のサイズに合わせて、表示に必要なサイズの画像を取得するようにすれば、必要以上に大きな画像をリクエストすることを防げます。

さまざまな端末から接続されることを想定したサービスを開発している場合、画像コンテンツをRIaS(Responsive Image as Service)★9として提供することが多いでしょう。RIaSは、画像データのリクエスト時にパラメータなどを渡すことで、マスター画像に動的な操作を施した状態で取得できるサービスです。RIaSをうまく使えば、異なる端末が同じ画像コンテンツを取得する場合でも、端末に最適な解像度やフォーマットをオンデマンドで指定して、ネットワーク・アクセスにおけるデータサイズを抑えられます。

RIaSを実現するためのサービスは多く存在し、それぞれのメリットや相性があるので、自身の環境に応じて選択してください。

コンテンツ画像を取得するImgコンポーネントが端末ごとに最適化したRIaSのAPIを実行できれば、端末ごとに最適なデータだけを取得できます。本書ではRIaSの使用方法は省略いたしますが、サイズに応じた解像度の画像をリクエストするように実装してみ

★9 https://abhishek-tiwari.com/responsive-image-as-service-rias/

ましょう。src/components/atoms/Img/index.jsファイルを開いて次のように変更します。

リスト5-31 src/components/atoms/Img/index.js

```
import React from 'react';
import { containPresenter } from '../../utils/HoC.js';

const ImgPresenter = props => <img { ...props } />;

function createSrc(src, width, height) {
  if (!width || !height) return src;
  return src.replace(/images¥/([0-9]+)¥/([0-9]+)/, (match, p1, p2) => `images/$
{ width }/${ height }`);
}

const ImgContainer = ({ presenter, src, width, height, ...props }) => {
  src = createSrc(src, width, height);
  return presenter({ src, width, height, ...props });
};

const Img = containPresenter(ImgContainer, ImgPresenter);

...（省略）...
```

ここでコンテナー・コンポーネントに分割したものは、リクエストするリソースURLを決定するロジックです。保存したらStorybookで開いてみます。Networkを確認すると、今度はwidthとheightに合わせて192x108の解像度の画像を取得しています。これで、意図せず無駄に大きなリソースをダウンロードすることはなくなりました。

●図5-19 解像度192×108の画像のリクエストURL

img01.jpg	200	jpeg	DOMLazyTree.js:61	22.3 KB
http://localhost:6006/mock/images/192/108/img01.jpg				

◉ 端末に最適なリソースをダウンロードする

近年のPCやスマートフォンは、画像の1ピクセルを1ピクセル以上で描画する性能を持っています。つまり、「端末で、1ピクセルを何ピクセルで描画するかを表した比率」をデバイスピクセル比と言いますが、2010年にAppleがRetinaディスプレイを搭載したiPhone 4を発売して以降、デバイスピクセル比が1.5:1、2:1、3:1、4:1などのディスプレイでWebアプリケーションを使うことも多くなりました。もちろんスマートフォンだけではなく、PCにおいてもデバイスピクセル比が1とは限りません。先ほどの実装だと端末の描画性能を活かしきれません。そこで、デバイスピクセル比に応じてリクエストするリソースを変更する実装を追加します。

リスト5-32 src/components/atoms/Img/index.js

```
...（省略）...

const riasRegexp = /images¥/([0-9]+)¥/([0-9]+)/;

function createSrc(src, width, height) {
  if (!width || !height) return src;

  const ratio = window.devicePixelRatio || 1;
  const w = width * ratio;
  const h = height * ratio;
  return src.replace(riasRegexp, (match, p1, p2) => `images/${ w }/${ h }`);
}

function createSrcSet(src, width, height) {
  if (
    !riasRegexp.test(src) ||
    !width ||
    !height
  ) return src;

  const [ path, rest ] = src.split('images/');
  const file = rest.match(".+/(.+?)([¥?#;].*)?$")[1];

  return [ 1, 1.5, 2, 3, 4 ]
    .map(dpr => `${ path }images/${ width * dpr }/${ height * dpr }/${ file }
${ dpr }x`)
    .join(', ');
}

const ImgContainer = ({ presenter, src, width, height, ...props }) => {
  const srcSet = createSrcSet(src, width, height);
  src = createSrc(src, width, height);
  return presenter({ src, srcSet, width, height, ...props });
};

...（省略）...
```

この実装では、srcset属性を使っています。srcsetは、Webブラウザのスクリーン要件に応じて異なる画像リソースを読み込むように指定できる属性です。なお、JSXではsrcSetという名前になっているので注意が必要です。srcset属性は、HTML5の新属性で残念ながらInternet Explorerではサポートされていないので、フォールバックとしてwindow.devicePixelRatioからデバイスピクセル比を取得して計算した解像度のリソースもsrc属性に設定しています。window.devicePixelRatioプロパティは、Internet Explorer 10以前などの古いWebブラウザを除いてほとんどの主要ブラウザで使用可能ですが、値が参照できない場合は1とします。

変更を保存してストーリーを確認すると、今度は使用している端末のデバイスピクセル比に応じた解像度の画像をダウンロードするようになります。たとえば、私の環境では、2016年モデルのMacBook Proのデバイスピクセル比が2:1のため、Imgコンポーネントは解像度384x216の画像をダウンロードするように変化しました。

●図5-20　解像度384×216の画像のリクエストURL

img01.jpg 200 jpeg DOMLazyTree.js:61 59.0 KB
http://localhost:6006/mock/images/384/216/img01.jpg

◉ Webブラウザに最適なリソースをダウンロードする

閲覧環境に最適化するという視点で考えると、Imgコンポーネントはさらにネットワーク・パフォーマンスを向上させることができます。より圧縮率が高い画像フォーマットに対応しているWebブラウザでは、そのフォーマットを優先することで、より少ないデータ量でリソースを取得できます。Imgコンポーネントの実装を次のように変更します。

リスト5-33　src/components/atoms/Img/index.js

```
import React from 'react';
import { containPresenter } from '../../utils/HoC.js';

const ImgPresenter = ({ src, srcSet, webpSrcSet, alt, width, height, ...props })
=> (
  <picture { ...props }>
    <source srcSet={ webpSrcSet } type="image/webp" />
    <img src={ src }
         alt={ alt }
         srcSet={ srcSet }
         width={ width }
         height={ height } />
```

```
  </picture>
);

...（省略）...

function createSrcSet(src, width, height, extension) {
  if (extension) {
    src = src.replace(/¥.[a-z0-9]+[^#¥?]?/, `.${ extension }`);
  }
  if (
    !riasRegexp.test(src) ||
    !width ||
    !height
  ) return src;

  const [ path, rest ] = src.split('images/');
  const file = rest.match(".+/(.+?)([¥?#;].*)?$")[1];

  return [ 1, 1.5, 2, 3, 4 ]
    .map(dpr => `${ path }images/${ width * dpr }/${ height * dpr }/${ file }
${ dpr }x`)
    .join(', ');
}

const ImgContainer = ({ presenter, src, width, height, ...props }) => {
  const srcSet = createSrcSet(src, width, height);
  const webpSrcSet = createSrcSet(src, width, height, 'webp');
  src = createSrc(src, width, height);
  return presenter({ src, srcSet, webpSrcSet, width, height, ...props });
};

...（省略）...
```

source要素を利用するため、ImgPresenterのJSXを変更しました。sourceは、同一のメディアコンテンツをWebブラウザのサポートごとに形式を変えて提供するための要素です。picture要素、audio要素、video要素に対して使います。デフォルトのsrcset同様、ImgContainerでWebP用にもデバイスピクセル比を指定したsrcsetも作成しています。

これで、サポートするWebブラウザでは、WebPを優先するようになります。WebPはChromeでサポートされているので、Chromeでストーリーを開いてみてください。DevToolsのNetworkパネルでWebP画像をダウンロードしているのが確認できると思います。

●図5-21　WebPのリクエストURL

img01.webp	200	webp	DOMLazyTree.js:61	10.3 KB
http://localhost:6006/mock/images/384/216/img01.webp				

解像度384x216のJPG画像を読み込んでいたときのデータサイズが59KBだったのに対して、WebPを読み込むようにしたらデータサイズが、6分の1の10.3KBまで減ったようです。

Imgコンポーネントの実装にいろいろ手を加えて、ネットワーク・パフォーマンスを最適化してきましたが、ストーリーの実装にはまったく手を加える必要はありませんでした。コンポーネント化されたUIのインターフェースにはまったく変更を加えなかったためです。外部との依存関係がインターフェースに集約しているため、リファクタリングがしやすくなるのはコンポーネント化の大きなメリットです。

●表5-2　Webブラウザごとのメディア・フォーマット・サポート状況（執筆時点2018年1月現在）

ブラウザ	JPEG	WebP	MPEG-4/H.264	WebM
Chrome	○	○	○	○
Firefox	○	×	○	○
Edge	○	×	○	△※
Safari	○	×	○	×

※ 部分的に対応

ネットワーク・アクセスが発生するコンポーネントをまとめる

ここまで説明したように、画像や動画、音声などを扱うUIコンポーネントは、ネットワーク・アクセスを発生させます。そのため、Imgコンポーネントのように画像表示や動画再生に特化したUIを、できる限りAtoms層のコンポーネントとして作成して、画像や動画を使うUIをすべてこれらのコンポーネントで構成するようにすると、テスト対象が減るため工数も下げられます。ネットワーク・アクセスが発生するような機能はプラットフォームに関わる機能の場合も多く、Atoms層の責務と密接に関わっていることもあるので、おすすめの方法です。

JavaScript実行時間

複雑なデータ構造を扱うUIコンポーネントや、大量の配列データの解析結果を表示するUIコンポーネントなどを作成した場合は、特にJavaScript実行時間を配慮する必要があります。ほとんどのWebブラウザは、どんな環境でも動作することを最優先に考えるため、シングルスレッドで動いています。もしUIコンポーネント内のJavaScript実行に時間がかかってしまうと、別のUIのアニメーションがカクついたり、ユーザーの画面スクロールなどがつっかかったり、コンポーネント外の要素にも影響が出てしまいます。

具体的には、1秒間に60フレームの速度で画面を描画できていれば、ユーザーはカクついていると感じません。そのため、1フレームは、1秒÷60フレーム＝16.6666...ミリ秒で処理される必要があります。シングルスレッドであるWebブラウザでは、JavaScriptの処理とWebブラウザの描画処理が順番に実行されるため、ブラウザの描画タスクの前に16.6666...ミリ秒以上かかるJavaScript処理が実行されてしまうと、ユーザーは描画にカクつきを感じ始めるのです。

◉ 更新処理のテスト

Reactコンポーネントも JavaScriptでレンダリングされています。そのため、レンダリングするReactコンポーネントの数が増えるほど、JavaScript実行時間は長くなります。初期レンダリングはもちろんですが、状態に変更が発生した場合の更新処理でも、Reactコンポーネントをレンダリングする必要があります。

状態を変更させた場合に、Reactコンポーネントに対してどれだけのJavaScriptが実行されているか確認してみましょう。第4章で作成したNotificationコンポーネントは、複数のReactコンポーネントで構成されているので、これに更新処理を実行するストーリーを追加します。

リスト5-34　src/components/organisms/Notification/index.stories.js

```
...（省略）...
import withPerf from 'react-perf-container';

export default stories => stories
...（省略）...
.add('性能確認：タイトル変更', () => {
    const actions = {
      'タイトル変更': function (end) {
        this.setState({ program: { ...this.state.program, ...{ title: 'a' } } },
end);
      },
    };
    return withPerf({
      props: {
        program: notification,
```

```
    },
    actions: {
      'タイトル変更': function (end) {
        this.setState({ program: { ...this.state.program, ...{ title: `【新】${ this.state.program.title }` } } }, end);
      },
    }
  })(({ program }) => (
    <Notification program={ program } onClickDelete={ action('削除ボタンがクリックされました') } />
  ));
});
```

このストーリーをStorybookで開くと、メインペインの上部には、「タイトル変更」というラベルのボタンが表示されています。その状態で、コンソール画面を表示（ChromeであればDevToolsでConsoleタブを選択）して、「タイトル変更」ボタンをクリックしてみましょう。Notificationコンポーネントの「コンポーネント指向で UI を設計しよう！第1話」というテキストの表示が、「【新】コンポーネント指向で UI を設計しよう！第1話」という表示に変更されます。コンソール画面を確認すると次のようなテーブルが表示されていると思います（値は多少異なります）。

●表5-3

(index)	Owner > Component	Inclusive wasted time (ms)	Instance count	Render count
0	"NotificationPresenter > InfoText"	0.4	2	2
1	"NotificationPresenter > Time"	0.4	2	2
2	"Time > TimeContainer"	0.4	2	2
3	"NotificationPresenter > Img"	0.1	1	1
4	"Img > ImgContainer"	0.1	1	1
5	"ImgContainer > ImgPresenter"	0	1	1
6	"TimeContainer > TimePresenter"	0	2	2
7	"DeleteButton > Balloon"	0	1	1
8	"PerfContainer > ControllerContainer"	0	1	1
9	"HoverTipInteractionContainer > HoverTipInteractionPresenter"	0	1	1
10	"DeleteButton > TrashCanIcon"	0	1	1
11	"TrashCanIcon > IconContainer"	0	1	1
12	"TimeContainer > TimePresenter"	0	2	2
13	"IconContainer > IconPresenter"	0	1	1

14	"BalloonTip > Balloon"	0	1	1
15	"PerfContainer > ControllerContainer"	0	1	1

このテーブルは、react-addons-perf★10のprintWasted()メソッドを使って出力しています。printWasted()は、表示に変更がないにも関わらず更新処理が実行されたReactコンポーネントを一覧出力してくれるメソッドです。actionsの'タイトル変更'プロパティの関数で実行しているsetState()メソッドで実行されたReactコンポーネントたちを一覧表示しています。計7個のコンポーネントが実行されていることが確認できます（8つ目のPerfContainerはパフォーマンス計測を実行するためのReactコンポーネントなので、ここでは無視します）。

「Owner > Component」のカラムでどの親コンポーネントからどの子コンポーネントを実行しているかがわかります。このカラムを見ると少しおかしなことに気付きます。タイトルの変更で影響があるのは、Headingコンポーネントだけのはずです。しかし、このカラムを見ると、DeleteButtonやImgなどまったく表示が変更されていないコンポーネントも実行されているようです。

じつは、Reactコンポーネントでは、あるコンポーネントでレンダリング処理が走ると、基本的にそのコンポーネントにぶら下がっている子孫コンポーネントすべてがレンダリング処理を実行します。

●図5-22　再描画のツリー図

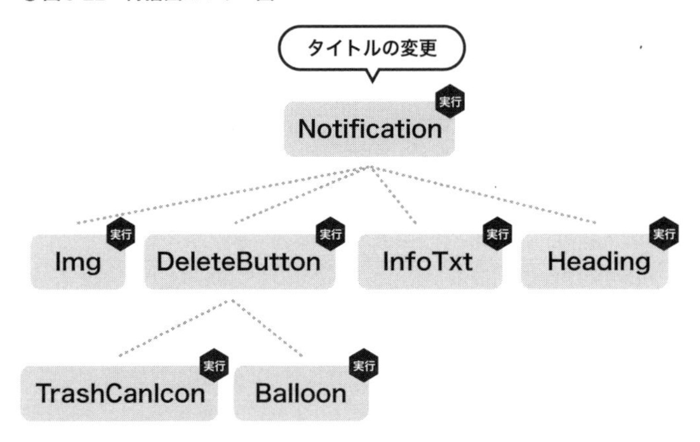

★10　react-addons-perfは、現時点の最新バージョンであるReact v16では動作しなくなっているので注意が必要です。Reactの公式ブログではv16以降用に新ツールをリリースする可能性がある旨がアナウンスされています。

しかし、今回の視聴期限表示の変更のように、実際には大部分に変更がない場合は、不必要な処理が大量に実行されていることになり、無駄にJavaScriptの実行時間を消費しています。理想的には、変更がないReactコンポーネントには何の処理も実行させたくありません。

●図5-23　理想的な再描画のツリー図

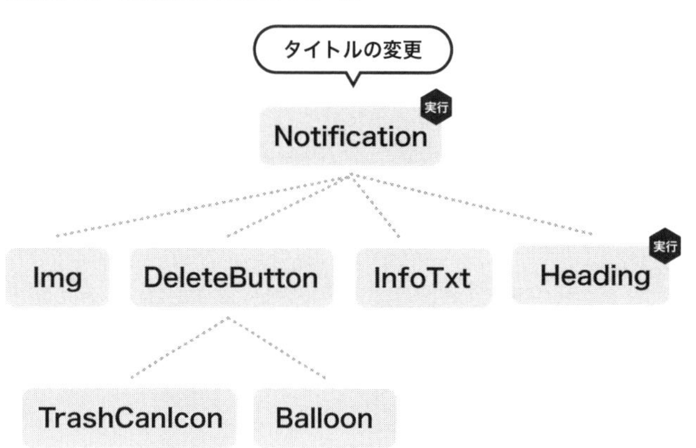

この理想的なReactコンポーネントの更新処理は、ライフサイクル・メソッドを持ったクラス・ベースのReactコンポーネントでは、shouldComponentUpdate()というメソッドを使うことで実現できます。たとえば、次のようなReactコンポーネントを作ります。

リスト5-35　src/components/examples/Update/index.js

```
import React, { Component } from 'react';

export class Update extends Component {
  render() {
    return <p>{ this.props.something }</p>;
  }
}

export class NeverUpdate extends Component {
  shouldComponentUpdate(nextProps, nextState) {
    return false;
  }
  render() {
    return <p>{ this.props.something }</p>;
  }
}
```

```
export class ShouldUpdate extends Component {
  shouldComponentUpdate(nextProps, nextState) {
    return nextProps.something !== this.props.something;
  }
  render() {
    return <p>{ this.props.something }</p>
  }
}
```

Updateコンポーネントは、render()メソッドがあるだけのシンプルなクラス・ベースのReactコンポーネントです。一方、NeverUpdateとShouldUpdateコンポーネントでは、render()メソッドに加えて、shouldComponentUpdate()メソッドを実装してあります。Reactコンポーネントは、shouldComponentUpdate()メソッドが返す真偽値を評価して、真の場合はレンダリング処理を実行し、偽の場合は実行しません。

NeverUpdateコンポーネントのshouldComponentUpdate()メソッドは、常にfalse（偽）を返すので、最初のレンダリング以降更新されることはありません。更新されないので、表示が固定された静的なコンポーネントであれば、この実装はパフォーマンス向上に貢献します。

ShouldUpdateコンポーネントは、親から渡されるプロパティに変化があった場合のみ更新されます。shouldComponentUpdate()メソッドは、2つの引数を渡されて実行されます。第1引数には今から更新されるProps（nextProps）、第2引数には今から更新されるState（nextState）が渡されるので、現在のProps（this.props）とnextPropsを比較することで、レンダリングに反映したい変更を選んで更新することができます。

では、この3つのコンポーネントをテストしてみましょう。

リスト5-36　src/components/examples/Update/index.stories.js

```
import React from 'react';
import { Update, NeverUpdate, ShouldUpdate } from './index.js';
import withPerf from 'react-perf-container';

const actions = {
  '意味がない更新': function (end) {
    const { something } = this.state;
    this.setState({ something }, end);
  },
  '意味がある更新': function (end) {
    const something = this.state.something ? '' : this.props.something;
```

```
    this.setState({ something }, end);
  },
};

export default stories => stories
  .add('毎回更新される例', () => {
    return withPerf({
      props: { something: '毎回更新される例' },
      actions,
      defaultPrintTypes: { printInclusive: true },
    })(({ something }) => <Update something={ something } />);
  })
  .add('絶対更新されない例', () => {
    return withPerf({
      props: { something: '絶対更新されない例' },
      actions,
      defaultPrintTypes: { printInclusive: true },
    })(({ something }) => <NeverUpdate something={ something } />);
  })
  .add('shouldComponentUpdate() を使った例', () => {
    return withPerf({
      props: { something: 'shouldComponentUpdate() を使った例' },
      actions,
      defaultPrintTypes: { printInclusive: true },
    })(({ something }) => <ShouldUpdate something={ something } />);
  });
```

Storybookで「毎回更新される例」ストーリーを開き、printInclusiveにチェックが入っていることを確認してください。printInclusiveは、処理が実行されたすべてのReactコンポーネントを一覧表示してくれます。この状態で「意味がない更新」ボタンをクリックしても「意味がある更新」ボタンをクリックしても、"PerfContainer > Update"が実行されます。逆に「絶対更新されない例」では、printInclusiveチェック状態で「意味がある更新」ボタンをクリックしても、"PerfContainer > NeverUpdate"は実行されません。「shouldComponentUpdate() を使った例」のprintInclusiveチェック状態では、「意味がある更新」ボタンでは"PerfContainer > ShouldUpdate"が実行されますが、「意味がない更新」では実行されません。

なお、ShouldUpdateコンポーネントでは、shouldComponentUpdate()を自前で実装しましたが、1つ1つのコンポーネントにこれを実装するのは大変です。Reactはバージョン15.3からPureComponentというAPIを提供しています。PureComponentは、

React.Componentと同じように使えますが、shouldComponentUpdate()を別途実装しなくても、次と今のPropsとStateの各プロパティを比較して、更新処理が必要かどうかを自動で判断してくれます。

リスト5-37　src/components/examples/Update/index.js

```
import React, { Component, PureComponent } from 'react';

...（省略）...

export class PureUpdate extends PureComponent {
  render() {
    return <p>{ this.props.something }</p>;
  }
}
```

React.Componentの代わりにPureComponentを拡張したPureUpdateを、さきほどのストーリーでShouldUpdateと入れ替えても同様の挙動をします。PureComponentによる更新制御はとても汎用的です。もちろん、細かく更新制御したほうがパフォーマンスを最適化できる場合も多いので、パフォーマンスを計測しながら必要に応じて選択しましょう。

◉ Stateless Functional Componentでパフォーマンスを最適化する

shouldComponentUpdate()による更新制御について説明してきましたが、第4章では、クラス・ベースではなく関数ベースのStateless Functional Componentを使うことをおすすめしました。Stateless Functional Componentは関数なので、もちろんライフサイクル・メソッドは使えません。しかし、acdlite/recompose★11というStateless Functional Component用のライブラリを利用することで、Stateless Functional ComponentでもPureComponentと同じ恩恵を受けられます。テンプレートのプロジェクトには、recomposeがすでにインストールされているので、インポートして次のように使います。

リスト5-38

```
import React, { Component, PureComponent } from 'react';
import { pure } from 'recompose';
```

★11　https://github.com/acdlite/recompose

```
...（省略）...

export const PureFunctionalUpdate = pure(
  props => <p>{ props.something }</p>
);
```

recomposeは、Stateless Functional ComponentとHigher-order Componentを効率的に使うためのユーティリティ関数を多数提供してくれるライブラリです。その関数の1つであるpure()は、Stateless Functional ComponentにPureComponentと同じ更新制御を適用してくれます。ShouldUpdateコンポーネントと同様のストーリーをPureFunctionalUpdate用に追加します。

リスト5-39

```
import React from 'react';
import { Update, NeverUpdate, ShouldUpdate, PureUpdate, PureFunctionalUpdate }
from './index.js';
import withPerfContainer from '../../utils/perf.js';

...（省略）...
export default stories => stories
...（省略）...
  .add('recompose pure を使った例', () => {
    return withPerf({
      props: { something: 'recompose pure を使った例' },
      actions,
      defaultPrintTypes: { printInclusive: true },
    })(({ something }) => <PureFunctionalUpdate something={ something } />);
  });
```

このストーリーを開いて、先ほどと同様にprintInclusiveにチェックが入っていることを確認してください。「意味がある更新」ボタンをクリックした場合だけ、"PerfContainer > PureFunctionalUpdate"と"pure(Component) > Unknown"（pureの内部処理）が実行されます。

レイアウト／ペイント処理

画面表示は、ボタンや文字などのUIオブジェクトをレイアウト（配置）後、そのレイアウトされた座標にペイント（描画）処理を行うことで完成します。JavaScriptによるWebフロントエンド開発においては、DOM操作を介して、このレイアウト／ペイント処理を頻繁にくり返します。近年のWebブラウザでは、DOMのノード操作自体の処理はかなり高速ですが、それでも、DOMに何らかの変更処理を加えたときに、画面の出力結果を求めるためにCSSを再計算する必要があれば、計算結果に応じて画面上のほかのノードも再度レイアウトしてペイントすることになります。場合によっては、非常に多くのノードに対して処理が走るため、これが頻繁な場合は、描画フレームレートを引き下げて画面にカクつきを発生させる大きな原因になります。

Reactのような UIのライブラリやフレームワークを使用する別のメリットは、こういったUIのパフォーマンスに関する問題を、フレームワーク側である程度面倒を見てくれるという恩恵も得られることです。JavaScriptによるWebフロントエンド開発において、UI実装はDOM操作から切り離せませんが、Reactを通したUIに対する変更内容は、直接DOMを操作するわけではありません。Reactは、実際のDOMの代わりにVirtual DOM（仮想のDOM）を操作します。Virtual DOMは、実際のDOMの内容を反映したツリー構造のノードの集合体になっており、ReactのAPIを通してアプリケーションの状態に変更を加えた場合は、Virtual DOMを更新してその内容がスナップショットされます。このスナップショットを、更新前のスナップショットと比較して差分だけ算出し、パッチを当てるように実際のDOMを差分更新します。そのため、ReactのAPIを正常に使用している場合はDOM操作のタイミングと更新範囲が最小限になります。

ただし、ReactはUIに対する処理を可能なかぎり宣言的に記述する方法を採用しているため、場合によっては細かいUIの表現が難しくなってしまいます。その場合は、直接DOM操作を行うという手段をあえて選ぶことも仕方ないでしょう。Reactで直接DOM操作をする場合、クラスベースのReactコンポーネントで、**this.refs**というAPIからJSXで指定したDOMノードを参照することができます。

リスト5-40

```
class DOMOperation extends PureComponent {
  componentDidMount() {
    this.doSomething();
  }

  render() {
    return <p ref="text">ノードの取得</p>;
  }

  doSomething() {
    this.refs.text.innerText = '更新';
  }
```

```
}
```

このように手動でDOM操作を行う場合は、特に、パフォーマンスを低下させる要因がないか気を遣う必要があります。サンプルプロジェクトの**src/components/examples/LayoutThrashing/index.js**に、次のようなReactコンポーネントが用意してあります。

リスト5-41　src/components/examples/LayoutThrashing/index.js

```
import React, { PureComponent } from 'react';
import styles from './styles.css';

export default class LayoutThrashing extends PureComponent {
  componentDidMount() {
    this.resizeItems();
  }

  componentDidUpdate() {
    this.resizeItems();
  }

  render() {
    const { items } = this.props;
    return (
      <ul ref="list">
        { items.map((item, idx) => (
          <li key={ idx } ref={ `item_${ idx }` } className={ styles.item }>
{ item.value * 100 }%</li>
        )) }
      </ul>
    );
  }

  resizeItems() {
    if (!this.refs.list) return;
    const { items } = this.props;
    items.forEach((item, idx) => {
      const itemEl = this.refs[`item_${ idx }`];
      if (itemEl) {
        itemEl.style.width = `${ this.refs.list.offsetWidth * item.value }px`;
      }
    });
  }
}
```

このように、一覧表示するUIコンポーネントで手動DOM操作を行う場合、for文やforEach()メソッドなどを使って、複数の要素に対してDOM操作を実行することがあります。しかし、このコードは、スタイルの再計算とレイアウト処理をくり返さないと実行できない処理を含んでいるため、レイアウト・スラッシングという現象を引き起こします。スラッシングとは、頻繁に処理が発生することが原因で要求に対する返答が遅くなる現象です。レイアウト・スラッシングは、レイアウト処理の頻発が起因してパフォーマンスが低下してしまっていることを指します。

DOM APIの中には、画面の最新レイアウト情報がないと返り値を返すことができないものがあります。その1つは、要素全体の横幅を取得するためのoffsetWidthプロパティです。この例の場合は、resizeItems()メソッドで、this.refs[`item_${ idx }`]のスタイルが変更されるたびに、既存のレイアウト情報が無効になり、再計算しないとthis.refs.list.offsetWidthの値を返すことができません。そのため、items配列要素の数分レイアウト算出を実行することになります。

Storybookを起動して、examples > LayoutThrashing > デフォルトというストーリーをChromeで開いてみましょう。最初は何も表示されていません。DevToolsの「Performance」パネルを開いて、「Record」ボタンをクリックします。StatusがProfilingになったら、Storybookのメインペイン内の「アイテム追加」ボタンをクリックします。少し間が空いた後、メインペイン内にグラフが表示されます。グラフが表示されたら、「Performance」パネルのRecordを停止しましょう。しばらくすると、プロファイルが完了して図のような結果が表示されます。

●図5-24 LayoutThrashingのプロファイル結果画面

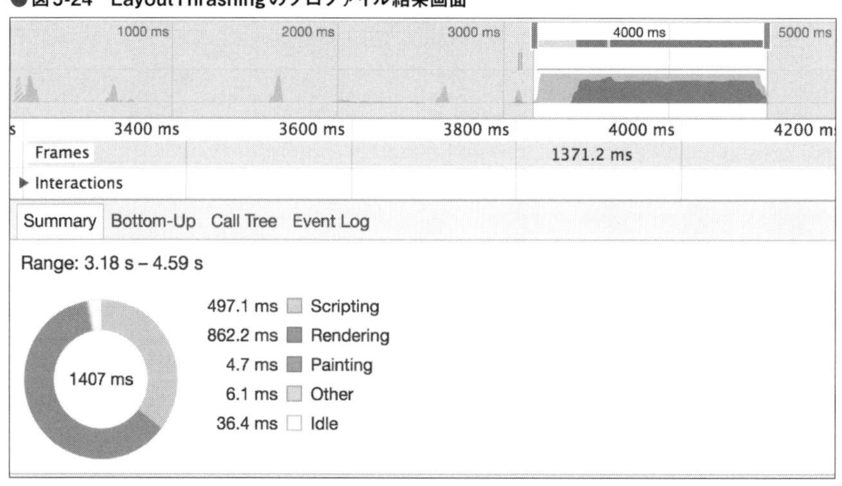

プロファイル結果を見ると、紫色で表示されている「Rendering」処理に、時間がかかっていることが明確にわかります。「Performance」パネルの「Event Log」タブを選択すると、「Activity」カラムに次のような「Recalculate Style」と「Layout」処理の連続を確認できます（確認しやすいように、「Rendering」と「Painting」だけチェックしてみましょう）。

●図5-25　LayoutThrashingのEvent_Log

Summary　Bottom-Up　Call Tree　Event Log

Filter　All ▼　☐ Loading　☐ Scripting　☑ Rendering　☑ Painting

Start Time	Self Time	Total Time	Activity	
3438.0 ms	6.6 ms	6.6 ms	Recalculate Style	index.js:29
3444.7 ms	10.7 ms	10.7 ms	Layout	index.js:29
3455.7 ms	0.3 ms	0.3 ms	Recalculate Style	index.js:29
3456.1 ms	0.7 ms	0.7 ms	Layout	index.js:29
3457.0 ms	0.1 ms	0.1 ms	Recalculate Style	index.js:29
3457.3 ms	0.6 ms	0.6 ms	Layout	index.js:29
3458.0 ms	0.1 ms	0.1 ms	Recalculate Style	index.js:29
3458.2 ms	0.6 ms	0.6 ms	Layout	index.js:29
3458.9 ms	0.1 ms	0.1 ms	Recalculate Style	index.js:29
3459.1 ms	0.6 ms	0.6 ms	Layout	index.js:29
3459.8 ms	0.1 ms	0.1 ms	Recalculate Style	index.js:29
3460.0 ms	0.6 ms	0.6 ms	Layout	index.js:29

今回のケースでは、スタイルの変更と最新のレイアウト情報取得が必要な処理が交互に実行されるためにレイアウト・スラッシングが発生しました。しかし、実際くり返し処理の間で`this.refs.list.offsetWidth`の値に影響があるような処理はないので、この値への参照を1度に抑えることでレイアウト・スラッシングを回避できます。

リスト5-42　src/components/examples/LayoutThrashing/index.js

```
...（省略）...
  resizeItems() {
    if (!this.refs.list) return;
    const { items } = this.props;
    const width = this.refs.list.offsetWidth;
    items.forEach((item, idx) => {
      const itemEl = this.refs[`item_${ idx }`];
      if (itemEl) {
        itemEl.style.width = `${ width * item.value }px`;
      }
    });
  }
...（省略）...
```

`resizeItems()`メソッドを変更したら、再度ストーリーを開いて、Performanceのプロファイルを記録してみましょう。先ほどと比べて「Rendering」処理に費す時間が明らかに減ったことを確認できると思います。

この例のような比較的単純なDOM操作の場合は、JSXで表現することがまだ可能です。しかし、さらに複雑に計算されたレイアウト処理を大量のDOMノードに対して行う場合は、Reactを利用していたとしても、どうしても直接のDOM操作に頼らざるを得ないことがあるでしょう。たとえば、インターネットTVサービスとして提供しているAbemaTVでは、「インターネットだけど地上波TVと同じように視聴できるサービスだ」ということを強調するために、あえてTVの番組表を模したUIで番組一覧を表示しています。この番組表の1枠は、番組自体の尺の長さ、番組に関する情報であるタイトル、サムネイル画像、見どころなどの有無や長さによって、表示条件が変わります。そのため、1枠ごとにレンダリングとその結果に応じたDOM操作をくり返す必要がありました。この複雑な操作をすべてReactのAPIとJSXのみで宣言的に記述することは難しすぎるので、直接的にDOMを参照する部分やReactコンポーネントの更新処理を抑えながら、発生頻度が高いイベントに対するUIへのデータ反映を実現するためにDOMを直接処理することをあえて選択しました。

このような場合でも、パフォーマンスを低下させる原因となってしまっているUIコンポーネントに対して改善を施し、単体で不具合やリグレッションが発生していないことをテストで確認しながら、可能な限りコンポーネントごとに変更範囲を限定して運用できます。

体感速度

ここまで、実際に数値として計測可能なパフォーマンスに関するテストについて説明してきました。しかし、UIは人間が直接触れるものです。アプリケーションのパフォーマンスの感じ方は人の体感によって左右されます。ここでは、UIコンポーネントを単体で操作したときのレスポンスが体感でどう感じるのかをテストします。

もし、UIの動作が遅く感じるようであれば、まずはここまで説明したパフォーマンスのボトルネックがないかを解析してください。明確なボトルネックがない場合や技術的にその解決が難しい場合、技術的なアプローチだけではなく、レスポンスの応答性を変化させることで体感速度を上げることができます。

たとえば、先ほどの画像を表示するAtoms層コンポーネントが、ダウンロードに時間がかかるとても大きな画像を読み込むと、ダウンロードが完了するまでユーザーは何もない空間を見続けることになります。ダウンロードに数秒以上かかれば、ユーザーは「遅いな」とストレスを感じるはずです。データ容量が大きかったり、ユーザーの回線環境によっては、ダウンロードに時間がかかること自体は仕方ありません。そんなとき、画像をダウンロードするまでの間、ローディング・インジケーターを表示するようなUIコンポーネントを用意すると、ユーザーの体感速度が上がります。

●図5-26　画面リストで表示されるローディング・インジケーター

画像のように自動で読み込まれるものではなく、ユーザーのアクションに対してレスポンスを返すようなUIでも、同様のことが言えます。

たとえば、SNSでよく使われる「いいね」ボタンは、ボタンがクリックされたことを受けて、サーバーに「いいね」数を追加するリクエストを送信します。そして、サーバーから返ってきた成功レスポンスを受けて、UIは「いいね」アクションが成功したことをユーザーに通知します。この場合、たしかにサーバーからのレスポンスを待って確実なフィードバックをユーザーに返すことは大切です。しかし、「いいね」のような頻繁に行うアクションで毎回サーバーのレスポンスを待っていたら、ユーザーのストレスが溜まってしまいます。また、アクション自体の成功に関する優先度が高くない場合もあります。このようなユーザーのアクションに対して、ネットワーク・アクセスやJavaScript実行時間が長い処理を含むとき、処理の完了を待たず、成功することを前提としてユーザーにフィードバックを返すことで、ユーザーはストレスを感じることなく操作をテンポよく継続することができることがあります。

パフォーマンス・ボトルネックを解決できなかった場合の対処方法

パフォーマンスのボトルネックになるケースをテストにより発見できたとしても、その原因を技術で解決できるとは限りません。そんなときもガッカリする必要はありません。解決できない場合は、その場面でそのUIコンポーネントを使わなければよいからです。私たちは、コンポーネント・リストにUIコンポーネントを共有しています。そのため、コンポーネント・リストの備考欄にひと言「○○○の条件下でこのコンポーネントを使わないこと」と書いておけばいいのです。「表示テストのフィードバックをコンポーネントリストに追加する」を説明をした際にBalloonコンポーネントに文字数についての注意書きをしたように、@storybook/addon-notesなどで共有するとよいでしょう。コンポーネント・リストはUIコンポーネントを広く共有することを目的としていますが、使い方によっては、パターン・ライブラリの役割も果たします。

パターン・ライブラリとは、UIデザインにおける課題への解決案を共有するために作成されるものです。つまり、「どういった問題に対して、このUIを使うのが正しいのか」「どのように使うのが正しいのか」「どういう場面では使ってはいけないのか」を共有するものです。コンポーネント・リストがUIコンポーネントのコード・スニペットとともに課題解決パターンを共有することで、プロダクトにおける不具合の発生を防ぐガイドラインとして活きることになります。

5-9 インクルーシブ・ユーザビリティ・テスト

1
2
3
4
5
6

Webフロントエンド開発では、「情報アクセシビリティ」「Webアクセシビリティ」という考え方があります。UIに関するアクセシビリティは、「目が見えない人や耳が聞こえない人にとってもサービスを使いやすくする」という意味合いで使われがちですが、このアクセシビリティの対象はもっと広く捉えることができます。

多くのユーザーにサービスを使ってもらおうと考えたとき、私たちは視力や聴力の違いのような身体的特徴による差異だけではなく、ユーザーが一時的に片手でスマートフォンで利用している場面や、ネットワーク帯域が狭い場所で利用している場面など、アプリケーションを利用するのに最適でない状態においても機能がアクセスしやすいように作る必要があります。

たとえば、あるスマートフォン向けのサービスが、iPhoneなどの人気機種のスマートフォン端末からWiFi経由で利用することを暗黙のうちに想定して作られたものだとします。これは、言い換えると、マイナーなスマートフォン端末で3Gのような比較的低速度の回線を使う人のユーザー体験を、デザインから除外しているとも言えます。「できる限り、あらゆる条件の環境からアクセスしてくるユーザーを考慮に含めて(インクルードして)サービスをデザインする」という手法を、インクルーシブ・デザインと呼びます。ここでは、さまざまな条件化におけるサービスの使い勝手のテストを押さえましょう。

はじめに、サンプルコードを整理するために、以下のコマンドを実行してください。

```
$ yarn checkpoint 12
```

クロス・プラットフォーム・テスト

さまざまなWebブラウザを使っているユーザーを考慮して、同じ体験を提供できることを保証することは、インクルーシブ・ユーザビリティの1つです。クロス・ブラウザ・テストと呼ぶこともあります。

1つのWebアプリケーションを、複数のWebブラウザでテストするのは大変です。世の中には非常に多くのWebブラウザがあり、各Webブラウザのバージョンによっても挙動が変わることがあるので、すべてのWebブラウザですべての挙動をテストすることは、現実的に不可能です。

Storybookなどの Webベースのコンポーネントリストは、コンポーネント化したUI単体を複数Webブラウザ上で実際に実行させせることを可能にします。各Webブラウザにおけるレイアウトなどの見た目の崩れはもちろん、アプリケーション上では再現しづらい条件をあらかじめストーリーとして用意しておくことで、クロス・プラットフォーム・テストも効率化します。

また、スクリプトでWebブラウザを制御可能にするツールを使えば、各Webブラウザごとの自動テストを実行することも可能です。有名なものは、Seleniumです。Seleniumを使えば、各Webブラウザ用のドライバーを介すことで、さまざまなWebブラウザに対して自動テストを実行できます。外部からWebブラウザの操作を可能にするための標準インターフェースを規定するW3C WebDriverも各Webブラウザにおいて自動テストを可能にするでしょう。

●表5-4 各ブラウザのWebDriverサポート状況

ブラウザ	ドライバー実装	URL
Chrome	ChromeDriver	https://sites.google.com/a/chromium.org/chromedriver/
Firefox	geckodriver	https://github.com/mozilla/geckodriver
Edge	Microsoft WebDriver	https://developer.microsoft.com/en-us/microsoft-edge/tools/webdriver/
Safari	OSによるネイティブサポート	https://webkit.org/blog/6900/webdriver-support-in-safari-10/

◉ Webブラウザのヘッドレス・モード

Chromeのバージョン59以降やFirefoxのバージョン55もしくは56以降では、ヘッドレス・モードでこれらWebブラウザを使うこともできます。ヘッドレス・モードとは、WebブラウザをGUIなしで起動する機能です。内部的には指定されたページを読み込んで描画しているので、実際にユーザーがGUIでWebブラウザを使っている時と同じ挙動をテストすることができます。ヘッドレス・モードではAPIやコマンドラインなどから操作します。

たとえ、複雑な処理を自動化しなくても、クロス・ブラウザでスクリーンショットを撮ってビジュアル・リグレッション・テストを自動化するだけでも、相当な効率化になります。本書で紹介したBackstopJSは、ヘッドレスChromeとGecko（FirefoxのHTMLレンダリング・エンジン）上で動作するSlimerJSというヘッドレス・ブラウザでスクリーンショットを撮り、リグレッション・テストを可能にします。執筆時点の2018年1月では、SlimerJSのベータ版であるバージョン1.0.0-beta.1はヘッドレスFirefoxを利用していますが、ベータ版のため、公式Webサイト上で本運用には使用しないようにと注意書きされています。

しかし、ヘッドレス・モードのFirefoxでは任意のページのスクリーンショットをコマンドラインでかんたんに撮ることができるので紹介します。まず、Storybookを下記のnpm scriptで起動します。

```
$ yarn storybook:visual
```

次にFirefoxをヘッドレス・モードで起動し、StorybookのBalloonコンポーネントのURLを指定して、スクリーンショットを撮影してみます。

```
$ path/to/firefox -headless -screenshot http://localhost:9001/iframe.html\?selecte
dKind\=Balloon\&selectedStory\=2文字ラベル
```

macOSの場合の例で示すと、ApplicationsディレクトリにFirefoxがインストールされていると思うので、次のようになります。

```
$ /Applications/Firefox.app/Contents/MacOS/firefox -headless -screenshot http://
localhost:9001/iframe.html\?selectedKind\=Balloon\&selectedStory\=2文字ラベル
```

ヘッドレス・モードで起動したFirefoxは手動で終了します。Ctrl＋Cキーを押して終了しましょう。現在のディレクトリにscreenshot.pngという画像が作成されています。

これが、FirefoxでBalloonコンポーネントをレンダリングしたときの画像です。

Chromeでもヘッドレス・モードでBalloonコンポーネントのスクリーンショットを撮影してみましょう。Chromeも現在のディレクトリにscreenshot.pngというファイル名で画像を作成するので、先ほどFirefoxが作成した画像をscreenshot_firefox.pngと名前を変更しておいてください。

```
$ path/to/chrome --headless --disable-gpu --screenshot http://localhost:9001/
iframe.html\?selectedKind\=Balloon\&selectedStory\=2文字ラベル
```

これもmacOSの場合は次のようになります。

```
$ /Applications/Google\ Chrome.app/Contents/MacOS/Google\ Chrome --headless
--disable-gpu --screenshot http://localhost:9001/iframe.html\?selectedKind\=
Balloon\&selectedStory\=2文字ラベル
```

再度、現在のディレクトリにscreenshot.pngという画像が作成されています。

これがBalloonコンポーネントをChromeでレンダリングした結果です。画像を開いて正しくレンダリングしたことを確認したら、Control-CでStorybookを終了しましょう。

こうしてWebブラウザごとに収集したスクリーンショットを過去に撮ったものと比較すればクロス・プラットフォームのビジュアル・リグレッション・テストができます。画像の比較はreg-viz/reg-cli（※ https://github.com/reg-viz/reg-cli）などのツールを使用すると、レポーティングまで行ってくれるため便利です。

アクセシビリティ・テスト

多くのWebサービスがどんなWebブラウザでも利用できるかというと、じつはそうではありません。視力に難があるユーザーはスクリーンリーダーなどの支援技術を使用してWebブラウジングしていることは広く知られていますが、このような支援技術に対するユーザービリティを高めることは、容易ではありません。特に、近年のWebアプリケーションは静的なHTMLではなく、シームレスで直感的なトランジションを多く含む状態変化が激しいHTMLで作られています。この激しい状態変化を支援技術をユーザーにもわかりやすく伝えるのは、非常に難易度が高いです。それでも、世の中は障害者を含めできる限り多くの人が情報にアクセスできることを保証する環境を作るように動いていっています。

コラム　情報アクセシビリティ環境づくりに向けた世の中の動き

◉ 米国における情報アクセシビリティ訴訟

米国にはThe Americans with Disabilities Act (ADA) という障害者差別を禁止する法律があり、Webなどの情報サービスが提供する情報に障害を持つ人がアクセスできない場合は訴訟対象になります。Webアクセシビリティに関する多数の論文を発表している東洋大学教授の山田肇氏は、民間のWebサービスに対する訴訟の事例を報告していて、その事例には、ウォルトディズニーやAmazon、Netflixなどが含まれます。そして、Webアクセシビリティ訴訟は年々増加する傾向にあるとも報告されています。

◉ 障害者の権利に関する条約

もちろん米国だけの問題ではありません。日本においても「Convention on the Rights of Persons with Disabilities」(障害者の権利に関する条約) という国際条約に加盟しています。この条約では「情報通信システム」、すなわち私たちが開発しているアプリケーションも「他の者との平等を基礎」とする対象になっています。私たちは、アプリケーションのアクセシビリティを高くすることを求められているのです。

◉ 情報アクセシビリティとSEO

アプリケーションの情報アクセシビリティを高くするということは、あらゆる機械が読めるようにアプリケーションのUIを作るということです。その中には、検索エンジンのロボットももちろん含まれます。そのため、アクセシビリティを向上させることが、検索エンジンの順位に影響することは十分に考えられます。Google ChromeのDeveloper Toolsには、アクセシビリティを監査するツールが搭載されています。

●図5-27　Chromeのアクセシビリティ監査ツール

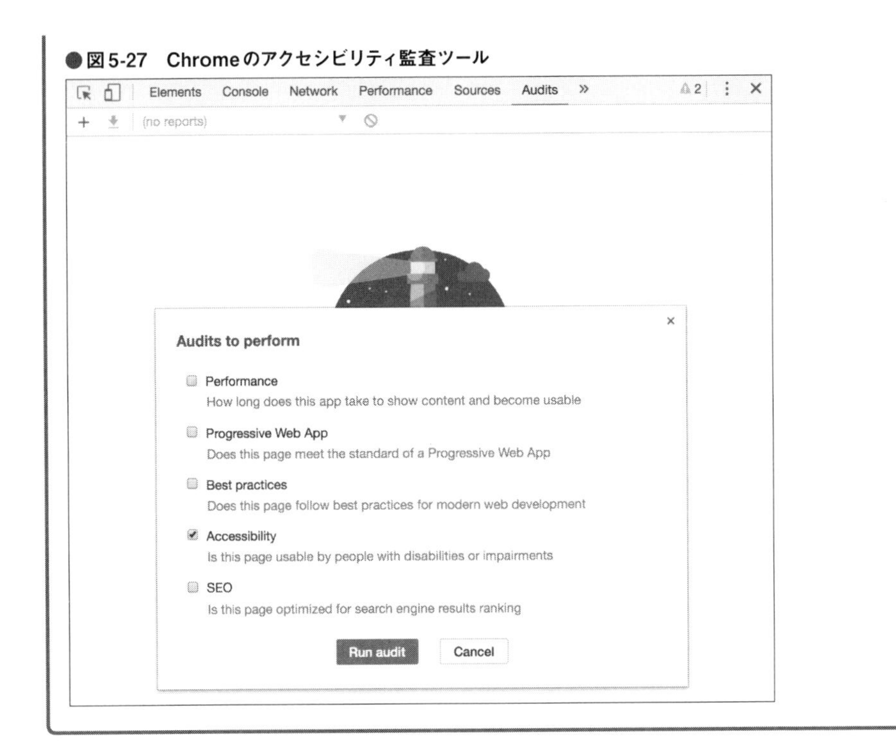

◉ Chromeでアクセシビリティをチェックする

アクセシビリティが大事だということはよく知られていることだと思いますが、とはいえ何から始めればいいか分からないという人も多いと思います。そういう時は機械的にHTMLをチェックしてくれるツールを使うと、最初の1歩を踏み出しやすいでしょう。

Googleは、任意のWebページの品質を向上する目的でLighthouseという自動化ツールを開発しています。LighthouseはChromeのDeveloper Toolsにも搭載されているので、開発してきたUIのアクセシビリティをChromeでチェックしてみましょう。次のnpm scriptを実行して、UIコンポーネントをビルドします。

```
$ yarn build
```

ビルドしたら`http://localhost:8000/`を開き、Developer ToolsのAuditsタブを選択してください。これがLighthouseです。ここの「Perform an audio...」と書いたラベルのボタンをクリックします。「Progressive Web App」「Performance」「Best Practices」、「Accessibility」などのチェックボックスが表示されていますが、今回は「Accessibility」

にだけチェックを入れて、「Run audit」で実行してみましょう。「Auditing your web page …」というメッセージが表示された後、しばらくすると監査結果が表示されます。

●図5-28　Lighthouseのアクセシビリティ監査の結果画面

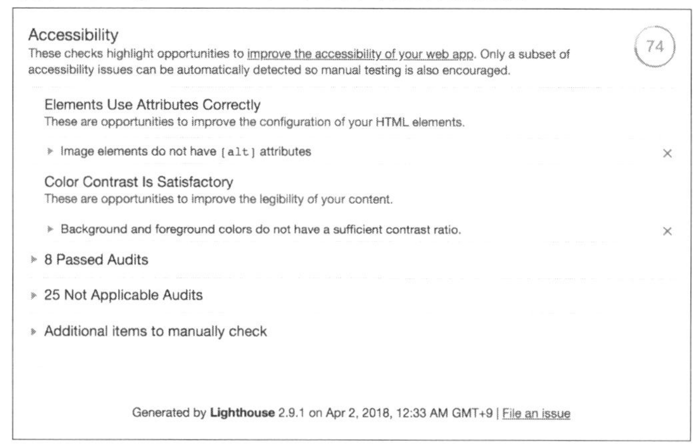

今回の例では、結果は74点だったようです。詳細を確認すると、以下の2つが問題だと言っています。

- **「Img elements do not have [alt] attributes (いくつかのImg要素にalt属性が設定されていない)」**
- **「Background and foreground colors have a sufficient contrast ratio (背景色と文字色の色コントラストが十分でない)」**

1つめは、画像がコンテンツとして情報を持っている場合、画像の代わりにそれを説明する文言を設定しておくことで、音声だけのスクリーンリーダーを使っているユーザーにもコンテンツ情報を伝えることができます。2つめは、低いコントラストの色の組み合わせにより、多くのユーザーにとって文字が読みづらくなり、文字情報へのアクセシビリティの低下につながっています。色弱など特定の色の色差を認識しないユーザーも世の中にはいますので、そういったユーザーはまったく文字を認識できないかもしれません。

◉ Webブラウザ拡張版aXeで詳細な修正点を把握する

Lighthouseによるアクセシビリティ監査ツールは手軽に利用できますが、具体的にどの要素に修正を加えればアクセシビリティが向上するのかが若干分かりづらい部分があります。たとえば、「View failing elements」を開くと監査に合格しなかった要素を一覧してくれるのですが、それがどこの部分の要素かはすぐには判断できないでしょう。

アクセシビリティ・テスト・エンジン「aXe」を開発するDeque社からは、Chrome拡張機能版とFirefoxのアドオン版のaXeも公開されています。Chrome拡張機能版を試してみましょう。以下のURLにアクセスするか、検索エンジンからChrome Web StoreのaXeページから、拡張機能をダウンロードします。

・Chrome Web StoreのaXeのページ

https://chrome.google.com/webstore/detail/axe/lhdoppojpmngadmnindnejefpokejbdd

●図5-29　Chrome Web StoreのaXeページ

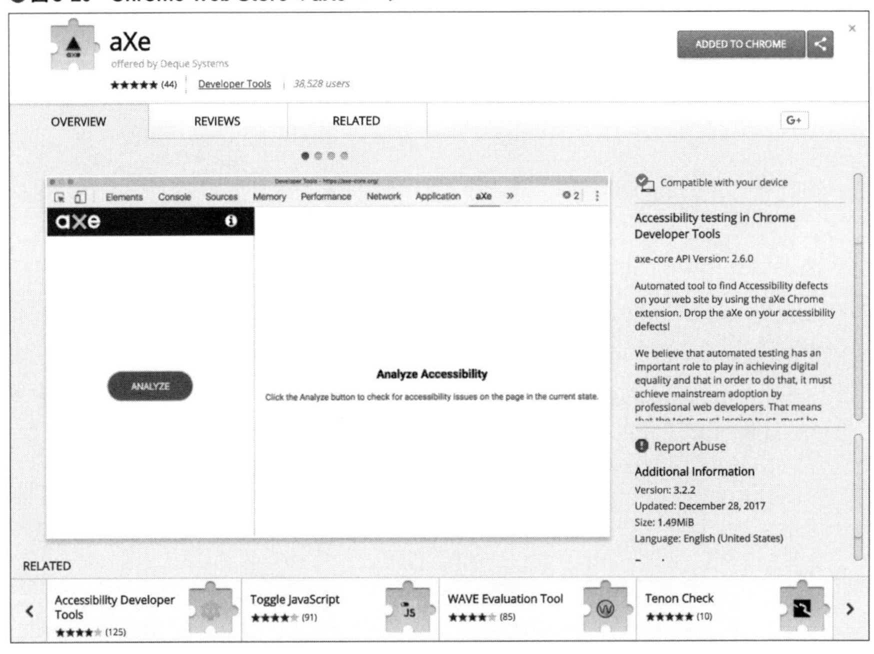

Chromeにインストールされるとツールバーに図のようなアイコンが追加されます。

●図5-30　Chrome拡張機能版aXeのアイコン

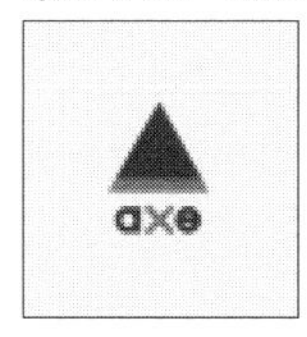

先ほどLighthouseを実行した`http://localhost:8000/`を開いて、今度はDeveloper ToolsのaXeタブを開きます。青いANALYZEボタンがあるのでこれをクリックすると解析が始まります。

●図5-31　Chrome拡張機能版aXe画面

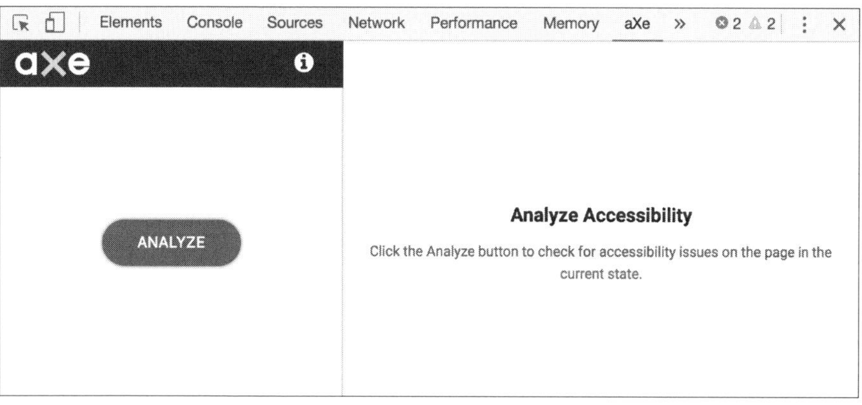

解析が完了すると、当然先ほどと同じことを指摘されます。aXeの画面の中に「</> Inspect Node」と「○Highlight」というクリッカブルなラベルがあるので、「○Highlight」をクリックしてみます。すると、Webページ表示ペインの方でアクセシビリティに問題がある要素が図のようにハイライトされます。

●図5-32　問題がある要素をハイライト

図では、パンくずリストの「ホーム」というリンクがハイライトされています。このリンク色が、背景色の白に対してコントラストが十分ではないと指摘していることがわかります。また「</> Inspect Node」の方をクリックすると、Elementsタブに切り替わって該

当のノードにフォーカスを当ててくれます。

アクセシビリティ・テストを自動化する

aXeを利用して基本的なアクセシビリティに関する問題を見つけられますが、これを手動でテストするのも大変です。こういったテストこそ自動化できると嬉しいです。

じつは、aXeはJavaScriptで書かれたライブラリなので、WebのUIテストにも組み込みやすくなっています。テンプレートには、すでにライブラリがインストールされているので、これを使ってJestで自動で実行できるようにテストを書いてみましょう。

まず、Reactコンポーネントに対してaXeの単体テストをかんたんに実行するためのユーティリティ関数を書いてみます。**src/components/utils/**ディレクトリに**a11y.js**というファイルを新規で作成します。さらに、axe-core★12をインポートして次のように記述します。

リスト5-43 src/components/utils/a11y.js

```
import axe from 'axe-core';
import { findDOMNode } from 'react-dom';
import { mount } from 'enzyme';

export function testA11y(component, config) {
  return new Promise((resolve, reject) => {
    const div = document.createElement('div');
    document.body.appendChild(div);

    const wrapper = mount(component, { attachTo: div });
    const node = findDOMNode(wrapper.component);

    const originalNode = global.Node;
    global.Node = node.ownerDocument.defaultView.Node;

    axe.run(node, config, (err, results) => {
      global.Node = originalNode;
      if (err) {
        reject(err);
        return;
      }
      resolve(results);
    });

    document.body.removeChild(div);
```

★12 https://github.com/dequelabs/axe-core

```
  });
}
```

testA11y()関数は、Reactコンポーネントとa Xeの設定を受け取って、その設定にしたがってコンポーネントをテストします。aXeはDOMノードに対してのみテストを実行できるので、EnzymeとReactDOMを使って、ReactコンポーネントをDOMノードに変換しています。

先ほどChromeのLighthouseや拡張機能版aXeでテストしたページに相当するTemplates層のNotificationListTemplateコンポーネントに対して、testA11y()を使って次のような単体テストを記述します。

リスト5-44　src/components/templates/NotificationListTemplate/index.test.js

```
import React from 'react';
import { testA11y } from '../../utils/a11y.js';
import NotificationListTemplate from './index.js';
import {
  notifications,
  navigations,
  breadcrumb,
} from '../../../mock/data.js';

describe('NotificationListTemplate', () => {
  it('アクセシビリティに問題がない', () => {
    const config = {
      rules: {
        'color-contrast': { enabled: false },
      },
    };
    return expect(
      testA11y(
      <NotificationListTemplate
        notifications={ notifications }
        navigations={ navigations }
        breadcrumb={ breadcrumb }
        onClickDeleteNotification={ () => {} }
      />, config)
        .then(results => results.violations.length)
    ).resolves.toBe(0);
  });
});
```

aXeは、アクセシビリティに関するルールを定義していて、`config`ではどのルールに対してテストを実行するのかを細かく指定することもできます。ルールの一覧は、以下のURLで確認できます。

- **aXeで設定できるアクセシビリティ・ルール一覧**
  https://dequeuniversity.com/rules/axe/

何も定義しなければすべてのルールについてテストされますが、ここでは色のコントラストのアクセシビリティに関するルールを定義しているルールID「color-contrast」を実行しないように指定しています。これは、執筆時点現在、残念ながらJestとaXeで色のコントラストについてテストできないためです★13。

NotificationListTemplateにモック・データを与えて、レンダリングした結果を`testA11y()`でテストすると、aXeのルールに違反した項目数が`results.violations.length`で結果として返ってきます。「アクセシビリティに問題がない」ようにするためには、この数字を0にする必要があります。先ほどChrome上では色のコントラストの問題と画像にalt属性が設定されていない問題が指摘されていたので、ここでは、alt属性の違反が1つでテストに失敗します（色のコントラストはここではテストが未完了になります）。

```
$ yarn test

...（省略）...

  ● NotificationListTemplate　アクセシビリティに問題がない

    expect(received).toBe(expected)

    Expected value to be (using ===):
      0
    Received:
      1
```

★13　Jestは、jsdomという純粋なJavaScriptで実装されたDOMエミュレータを利用しています。テストに必要なDOM APIを提供していますが、色コントラストのテストでaXeが使用するAPIが、まだjsdomに実装されていません。

◉ テストで指摘された項目を修正する

それでは、このテストの指摘項目を修正します。Chrome拡張機能版aXeで確認したとおり、NotificationコンポーネントのImgコンポーネントにalt属性を指定していないのが原因です。

リスト5-45 src/components/organisms/Notification/index.js

```
export const NotificationPresenter = ({
...（省略）...
}) => (
  <MediaObjectLayout tag="section" className={ [ styles.root, className ].join
(' ') } { ...props }>
    <Img src={ program.thumbnail } alt={`番組「${ program.title }」のサムネイル画
像`} className={ styles.media } width="128" height="72" />
...（省略）...
```

alt属性に何の番組のサムネイルが表示されているのかを説明する文章を設定するように変更しました。これで再度テストを実行すると違反数が0になりアクセシビリティ・テストに成功します（DOM構造に変更があるためにストラクチュラル・リグレッション・テストの方が失敗するので、yarn test -- -uで更新する必要があります）。aXeは、alt属性値の有無だけを判定しているので、どんな値を入れてもテストに成功してしまいます。しかし、alt属性は本来、画像情報にアクセスできないユーザーのための代替テキスト（alternate text）情報を記述する場所です。できる限り、画像を見られないユーザーにも「画像にどんな情報が含まれているか」を伝えられる情報を記述しましょう。

色のコントラストについての指摘は、LinkコンポーネントのCSSで設定しているリンク色が原因です。このリンク色は、properties.cssでCSSのカスタムプロパティとして一元管理しているので、このリンク色を変更することで解決できます。Atomic DesignによるUIコンポーネント設計では、プラットフォームに依存したUI部分はAtoms層などの下位層のコンポーネントに集中する傾向にあります。そのため、プラットフォーム依存のアクセシビリティに関する問題もコンポーネントの責務として解決できるので、より上位の層では、その部分を考えることなくコンテンツの組み合わせなどに集中してデザインを考えられます。

コラム　色のコントラストについて、自動化を試みる

色のコントラストについては、Jestで自動テストすることができないため手動で確認することになります。しかし、どうしても色のコントラストも自動テストに含めたいという場合は、Karmaなど別のテストランナーを試してみるとよいでしょう。Karmaは、Jestとは異なり、実際のWebブラウザ上で単体テストを実行するテストランナーです。そのため、jsdomのようなDOMエミュレーターを必要としません。

Karmaとa Xeを使ったアクセシビリティ・テストの設定方法についての詳細は、以下の記事を参考にしてみてください。

- **「KarmaとmochaとaXeでアクセシビリティチェックを行う」(ミツエーリンクス)**
  https://www.mitsue.co.jp/knowledge/blog/a11y/201601/05_1400.html

最終的には人が評価する

WCAGなどのアクセシビリティの達成基準はありますが、これを達成できればアクセシビリティが高いアプリケーションという証明にはなりません。それぞれ異なる環境に置かれているより多くの人を包括的（インクルーシブ）に、最大限情報にアクセスしやすくすることがアクセシビリティをテストする目的です。最終的にはスクリーンリーダーなどを使って実際に使いやすさを検証することになります。また、屋外で歩きながら使用したり電車の中で使用することを前提としているアプリケーションであれば、屋外の日光の下でも視認できるコントラスト比を持っているか、電車内の電波が不安定な状況でも使いやすいように設計されているか、などアプリケーションごとに異なる達成基準を設定することになるでしょう。しかし、UIコンポーネント単位での自動テストはアクセシビリティにおいて最低限の水準を保つ助けになります。現実ではアクセシビリティ対応の開発が後手に回ってしまう現場の方が多いかもしれませんが、こういったしくみを手軽に揃えられることでアクセシビリティへの敷居が下がる効果もあるでしょう。

アクセシビリティ・レイアウト・テスト

多くのWebブラウザは視力に難がある人でも快適にWebサービスを利用できるようにズーム機能を提供しています。しかし、Webアプリケーションの提供者側がこのズームされることを想定していないために、ズーム機能を使用するとレイアウトが崩れてユーザビリティを損なう場合があります。

視力に難がある人に対してもサービスのアクセシビリティを保つために、ユーザーがズーム機能を使用してもUIのレイアウトが崩れないようにしたい場合にもUIコンポーネントごとにレイアウト・テストを行うとよいでしょう。特にプロダクト上ではある特定の状態でしか発生しないケースなどは優先的にStorybook上にストーリーで再現して、効率的にテストを実施しましょう。

コラム　i18nテスト

日本語を母国語としていない人や日本に住んでいない人もインクルードするという意味では、i18n（国際化：Internationalization）を考慮したサービスもインクルーシブにデザインされていると言えます。

m17nテスト

i18nで最初に頭に思い浮かぶのは、m17n（多言語化：Multilingualization）です。作成したUIコンポーネントそれぞれがサポートする言語のテキストを入力として与えられたとき問題なく表示することができれば、アプリケーション全体の表示も正しくできるはずです。これをテストするため、たとえば日本語の代わりに英語のテキストをコンポーネントに入力するストーリーをStorybookに別途追加し、表示に問題がないかを確認します。

リスト5-46　src/components/atoms/Balloon/index.stories.js

```
export default stories => stories
...（省略）...
  .add('BalloonTip in a long sentence', () => (
    <p style={{ padding: '50px', width: '300px' }}>
      When it comes to terminology, you would like to add an note to that in
order to describe the meaning.  That is when <BalloonTip label="UI for
additional information">BalloonTip</BalloonTip> comes to the resque.  It only
shows up when a user puts his or her mouse cursor on the terminology.
    </p>
  ));
```

●図5-33　BalloonTipのm17n（多言語化）した画面

When it comes to
terminology, you would
like to add an note to
UI for additional information
the meaning. That is
when BalloonTip comes
to the resque. It only
shows up when a user
puts his or her mouse
cursor on the
terminology.

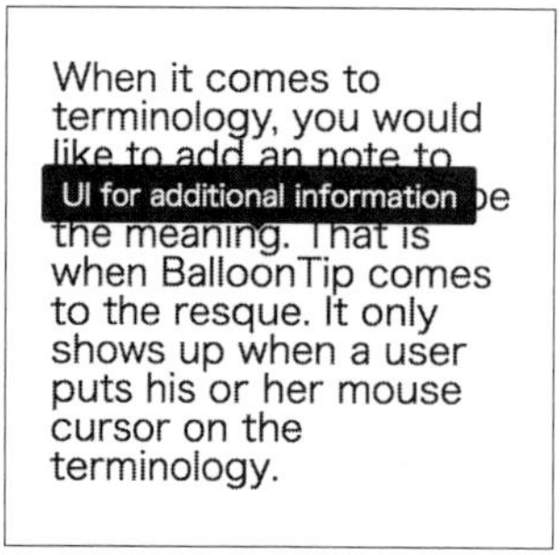

問題がなければ、追加開発や修正などで意図しないレイアウト崩れが発生しないようにビジュアル・リグレッション・テストにも追加しておきましょう。m17nに関してもプロダクト上はある特定の状態でしか発生しないケースをストーリーで常に再現できることが重要です。多言語化されれば、もちろんその分だけアプリケーションで表示しうる状態も増えるため、気付かないうちに英語版でだけ表示崩れが発生していたということがないようにしておきましょう。

◉l10nテスト

i18n（国際化）の第1歩は多言語化だと思います。しかし、日本に住んでいない人や日本の文化に馴染みがない人も考慮に入れたデザインを考えたとき、多言語化に加えて物理的な場所や文化的な側面、いわゆるl10n（ローカライゼーション：Localisation）も考慮したアプリケーション設計が必要です。

Atomic Designでは、UIコンポーネントを責務に応じて階層化しているため、l10nを考慮したUI設計がしやすくなります。

- **Molecules：ユーザーのタスクをコンポーネント化したもの**
- **Organisms：コンテンツとして独立しているもの**
- **Templates：ページの雛形。複数のコンテンツをページにレイアウトするもの**

文化圏ごとにユーザーが興味を示すコンテンツには差異があります。それぞれの文化圏ごとにコンテンツの優先順位を最適化して出し分けたいと考えたとき、このレイヤーでコンポーネントが分割されていると、Templatesコンポーネント内でOrganisms層コンポーネントの順序を入れ換えるだけで、最も興味を示してくれるものを画面の1番目立つ位置に配置することができます。実装の手軽さだけではありません。テスト範囲も単純になります。なぜなら、この優先順位を切り換える処理はTemplatesコンポーネントの中だけで完結しています。そのため、このTemplatesコンポーネント単体をストラクチュラル・テストするだけで済みます。

この階層設計は、独立したコンテンツ単位でも効果を発揮します。たとえば特定の地域だけにしか提供しない機能がある場合、その機能はユーザーの関心があるタスクとして分割できます。Organisms層コンポーネントの中で地域情報に応じてそのMolecules層コンポーネントを配置するかしないかを条件分岐することで機能単位のl10nが可能です。そしてこのl10nもOrganisms層コンポーネント内で完結しているので、これもOrganisms層コンポーネント単体をストラクチュラル・テストするだけで済みます。

5-10 A/Bテスト

ページ内に配置されたコンテンツの組み合わせや順番によりユーザーの滞在時間が上がったり、商品の購入につながるなどのコンバージョン率に変化があることはよくあります。定義した指標に対するコンバージョン率を最大化するような組み合わせを誰しも知りたいと思っていますが、こういった組み合わせをユーザーの実際の行動結果から定量的に検証できるため、A/Bテストなどの手法を利用することが多いでしょう。

しかし、A/Bテストですぐに期待する結果が得られるとは限りません。多くの場合、問題の原因を仮定に対して何パターンも検証することになります。そうなると、迅速かつ手軽に、不具合なくコンテンツの組み合わせを切り替えることが重要です。

TemplatesのA/Bテストで最適なページ・レイアウトを検証する

Atomic DesignではOrganisms層のコンポーネントが独立してコンテンツを提供できるUIとしてコンポーネント化するため、検証のくり返しが比較的容易になります。

たとえば、ページ内のコンテンツ配置に課題を設定した場合、そのページのTemplates内のOrganisms層コンポーネントの順番と組み合わせに集中して、テストに取り組めます。仮説を検証するため、実際には、一定の確率で異なるコンテンツの組み合わせを表示するための実装を行いますが、Organisms層のコンポーネントは独立したコンテンツとして場所を選ばず再配置可能なので、きれいに組み合わせを分岐することが可能なはずです。

●図5-34　Organismsは自由に配置できる

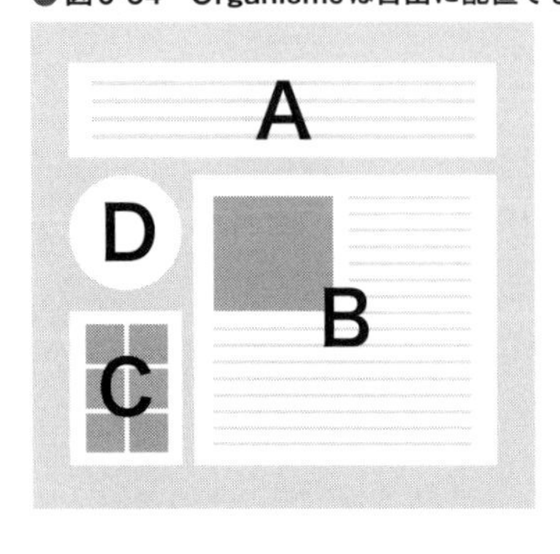

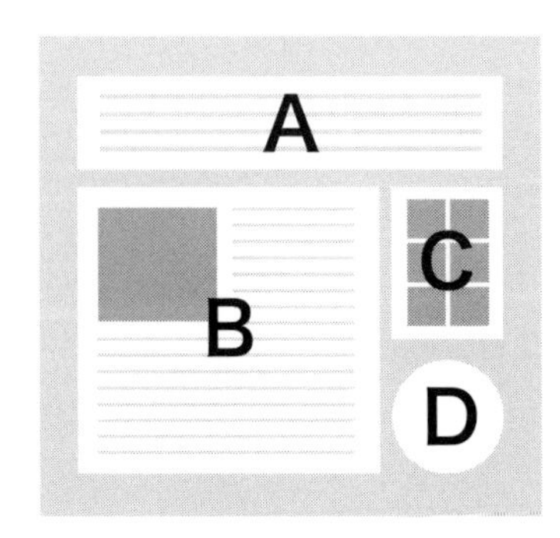

しかし、基本的に、リリース後十分に有効だと考えられる期間（1週間や1ヶ月などの期間）のトラッキング・データを集めても、1回のテストで数字的な有意な違いを得られることはほとんどありません。何度も仮説を立てるところに戻り、異なるコンテンツの組み合わせパターンに対する検証を何度もくり返すことになります。しかし、コンポーネントの責務が階層化されているおかげで、検証のための実装も比較的ラクにできるので、スピーディーにA/Bテストをくり返せます。

OrganismsのA/Bテストで最適なコンテンツの見せ方を検証する

コンバージョン率は、コンテンツの組み合わせだけではなく、細かいコンテンツ自体の見せ方や情報の配置の仕方によっても変化します。そのため、Templates上でOrganisms層のコンポーネントの組み合わせを入れ替えるだけでなく、より細かい単位でもUIを検証する必要があります。この場合、コンテンツとして独立しているOrganisms層のコンポーネントの中だけにスコープを絞り、その最適なデザイン解を模索することに集中することができます。

たとえば、AbemaTVではリリース初期、トップページ上のチャンネル一覧の情報の見せ方に課題を感じていました。同じコンテンツに対する責務でも、見せ方が異なるOrganismsを複数用意して何度もA/Bテストをくり返しました。

MoleculesのA/Bテストでタスクの最適なユーザビリティを検証する

Molecules層のコンポーネントでは、ユーザーのタスクに対するユーザビリティに絞ってデザインを検証できます。たとえば、「番組を検索する」というユーザーのタスクを考えたとき、検証したい項目は以下のようにたくさんあります。

たとえば、「番組を検索するというユーザーのタスクを考えたとき最適なUIは何か?」「検索するというボタンは明示的にあったほうがよいか?」「最近のユーザーは検索キーワード入力ボックスでEnterキーを押すと検索が実行されることに慣れているから、ボタンはないほうが、余計な情報量が減ってわかりやすいか?」「文字が入力されるごとに行う逐次検索は、ユーザーの利便性を向上させるか?」など、番組を検索するというタスクを考えたとき、最適なユーザビリティに辿り着くために検証したい項目はいろいろ頭に思い浮かぶでしょう。

AbemaTVの場合は、Headerコンポーネントの中に番組検索UIがありますが、検索のユーザビリティ・デザインはこの番組検索コンポーネントの中だけで完結することができます。

A/Bテストでは特に変更に強いUI設計が求められる

この節の冒頭で述べたように、A/Bテストはすぐに期待する結果が得られる銀の弾丸ではありません。しかも、実際のサービス開発の現場では、A/Bテストで結果を出せるプロフェッショナルな人材がいない場合が多いと思います。すると、適切な仮説が立てられなかったり、結果を急ぐあまり複数の変更対象を1度のテストに盛り込んで結果に依存する要素が限定できなかったり、信頼度が低い検証結果から自分が欲しい結論を出してしまったりすることもあるでしょう。

A/Bテストを実施してる期間中は、サービスにほかの変化を与えるとかんたんに結果に影響してしまいます。しかし、A/Bテスト期間中だからといって、集客のためのイベント実施などテスト結果に大きく影響が出るような変化を止めることはできないでしょう。このような外部要因も正確な分析を難しくします。

また、サービスの性質上、定量的に評価するA/Bテストの分析にとても苦労する場合もあります。1訪問（1セッション）内で評価することができないセッションをまたいだ指標を設定した場合は、資料請求や購入などのようにセッション内で完結する指標を設ける場合よりも評価／分析が難しくなります。たとえば、AbemaTVでは、エンターテイメント・コンテンツを提供するサービスなので、リピート率（ユーザーに毎日くり返し使ってもらえるか）の向上を目指します。そのために、ユーザー・レベルでの行動をトラッキングするために間接的な別の先行指標を用意して、どのようなコンテンツの見せ方や回遊導線でサービスを提供すればくり返し使ってもらえるか仮説を立て、複数のパターンのデザインをA/Bテストでくり返し検証します。しかし、残念ながら定量的に解釈できる単一の指標から信頼できる結果を導き出すことが難しいことも多いです。

もちろん、スマートフォン用Webサイトからの iOS／Androidアプリのダウンロード数のような定量的に図ることができる指標もありますが、それでも統計的に有意な差を得られるような適切な仮説はなかなか立てられず、何度も打ち合わせを重ねて泥臭くPDCAを回しました。単純に「ほかの画面でコンバージョン率が高いモジュールをトップページのヒーローイメージ（メインビジュアル）が配置されている場所に使うことでコンバージョン率が変わる（といいな）」という仮説とも言えない淡い期待のようなA/Bテストから始まり、「番組サムネイル画像がより魅力的に見えると訪問者はアプリをダウンロードする」という仮説から、画像をより映えさせる背景色を選ぶために白い背景と黒い背景を比較したり、「コンテンツの魅力を思いっきりアピールされるとアプリ・ダウンロードへのモチベーションが上がる」という仮説から、訪問者がみどころ番組をクリックしたときの遷移先を番組詳細情報とアプリ・ストアへの直行に分岐してみる、など何度もテストを実施しました。しかし、ほとんどの場合は残念ながら統計的に有意な差はほとんど得ることはできませんでした。

一般的に、A/Bテストで統計的に有意な差を得られるのは、数十回に1回と言われています。そのため、本当に何度も粘り強く「アイデア出し→デザイン変更→テスト」をくり返す必要があります。このくり返しの変更に耐えられるように、変更に強いAtomic Designのような設計手法を有効活用するとよいでしょう。

また、コラムで紹介している「トリバゴ」のように、ユーザーの訪問時の最終目的が直接的な商品を購入することである場合などは、もっと直接的な指標で定量評価できるため、A/Bテストとより相性が良いかもしれません。

コラム　トリバゴのユーザーテスト事例

Atomic Designによる方法論を上手く活かしてユーザーテストで得たデータをリデザインを成功させた例があります。ホテル料金比較サービスを展開しているトリバゴは、初めてのスタイルガイドをリリースしたとき、Atomic Designを採用しています。そして、スタイルガイド・リリースしたすぐ後に、サービスのコアUIであるホテル検索結果一覧の1アイテムUIのリデザインに取りかかりました。

アイテムUIもコンテンツとして単独で成立できるので、Organisms層のコンポーネントとしてリデザインされました。リデザインのプロセスの中でユーザーテストを行って、実際のユーザーがホテルを比較する時にどんな情報を必要としているのかを検証しました。

詳細なリデザイン・プロセスに興味がある方は、トリバゴのデジタル・プロダクト・デザイナー、Dejan Ulcej氏の以下の記事を参考にしてみてください。

- **Designing a Flexible Organism for the Hotel Search Website**
  https://medium.com/@dejanulcej/designing-a-flexible-organism-for-the-hotel-search-website-d262d64b6610

5-11 CIツールを利用して継続的に自動テストする

ここまで、テストは開発者の環境で実行してきました。しかし、これでは開発者の環境にテスト結果が依存してしまいます。また、開発者は自分が加えた変更による影響範囲をテストしますが、本人が認識していないところで変更の影響を受けてデグレードが発生する可能性もあります。そこで開発者が変更を加えたコードが統合ブランチにマージされたタイミングで継続的インテグレーション（CI）を実施すると、そういった懸念を解決することができます。

継続的インテグレーションとは

コードの変更がソフトウェアに統合されたときに自動で各種テストやコーディング・ルールのチェックなどを実施することを継続的インテグレーション（Continuous Integration またはCI）と言います。自動テストを適切なタイミングで行うことにより、問題のあるコードが追加されたことを早期に発見できます。適切なテストが定義されていれば、自動でテストを実行することでソフトウェアの品質管理において属人化する部分が少なくなり、品質の安定につながります。

CircleCIで継続的なテスト環境を構築する

継続的インテグレーションのしくみを作るのは大変です。しかし、現在はCIのしくみを簡単に構築できるツールがいろいろあります。Jenkins、Travis CIなどいろいろなツールやサービスがありますが、今回はGitHubでソースコードを管理しているときに簡単に連携でき、パラレル稼動でテスト・ビルド処理が速いCircleCIというサービスを使ったテスト環境構築例を紹介します。

まず、サンプルコードを整理するために、以下のコマンドを実行してください。

```
$ yarn checkpoint 13
```

CircleCIのアカウントを持っていない場合は、以下のURLからアカウントを作成してください。

・**CircleCI**
https://circleci.com

プロジェクト・ディレクトリのルートに.circleciというディレクトリを新規に作成し、中にconfig.ymlというファイルを作成します。

リスト5-47 .circleci/config.yml

```
version: 2
jobs:
  build:
    docker:
      - image: circleci/node:8.5.0
    environment:
      TZ: /usr/share/zoneinfo/Asia/Tokyo
    steps:
      - checkout

      - restore_cache:
          key: v1-dependencies-{{ checksum "package.json" }}

      - run: yarn

      - save_cache:
          paths:
            - node_modules
          key: v1-dependencies-{{ checksum "package.json" }}

      - run: yarn test
```

ここでは、GitHub上でブランチに変更がpushされたタイミングで、これまで自動化してきたストラクチュラル・リグレッション・テスト、ロジック・テスト、インタラクション・テスト、アクセシビリティ・テストなど各種テストを実行する例です。実行するには、CircleCIのアカウントが必要です。

Chromeなどのwebブラウザをインストールすることで、CircleCI上でもビジュアル・リグレッション・テストを実行することも可能です。リグレッション・テストで参照する画像は、生成した環境に強く依存するので注意が必要です。特に、CircleCIを無償で利用する場合は、ビルド環境がLinux（Ubuntu）となる★14ので、搭載フォントや描画の違

★14 https://circleci.com/pricing/

いなど本来テストしたい部分と異なる原因で開発環境（WindowsやmacOS）で生成した参照画像とテスト時のスクリーンキャプチャがマッチしないケースが発生してしまいます。

また、今回の例では設定していませんが、CIでのテスト時のコード・カバレッジをレポートする処理などを組み込むと、網羅性を常に意識することができるようになります。以下のようなコード・カバレッジ取得に特化したCIサービスがあり、CircleCIとかんたんに連携できるので、利用してみるとよいでしょう。

- **Codecov**
  https://codecov.io/
- **Coveralls**
  https://coveralls.io/

コラム　macOS／LinuxでCircleCI環境を再現する

macOSやLinux環境で作業している人は、アカウントがなくても手元でCircleCI環境を再現できるツールを下記コマンドでインストールできます。

```
$ curl -o /usr/local/bin/circleci https://circle-downloads.s3.amazonaws.com/
releases/build_agent_wrapper/circleci && chmod +x /usr/local/bin/circleci
```

インストール後、サンプル・プロジェクトのルート・ディレクトリで次のコマンドを実行すると、CircleCIに設定したタスクを実行できます。

```
$ circleci build
```

第6章

現場における
コンポーネント・ベース
開発のポイント

6-1 エンジニアとデザイナーの問題解決におけるアプローチの違いを知る

ここまでコンポーネント・ベースのUI開発をどうやって行うかを見てきました。しかし、実際のアプリケーション開発現場においては、UI開発はWebフロントエンド・エンジニアだけの問題ではなく、UIデザイナーやほかのチーム・メンバーとの協業によって生まれるものです。この章では、コンポーネント・ベースでのUI開発のメリットをどのように実際の開発現場に取り入れていくのが良いかを見ていきます。

ボトムアップとトップダウンのアプローチ

エンジニアはプログラムを書きます。プログラムは最小単位の命令を組み合わせて大きなソフトウェアを作るための手段で、どちらかというとボトムアップ型のアプローチを取ることを要求されます。そのため、小さなコンポーネントを組み合わせて、より大きな画面を作っていく開発手順はコードを書くエンジニアにとっては、しっくりくるものです。

●図6-1　ボトムアップのアプローチ

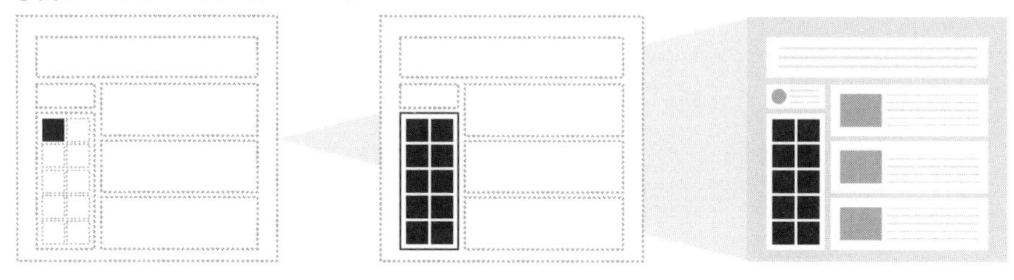

しかし、デザイナーにとっては、コンポーネントを組み合わせてUIデザインを作っていくことは経験が長いベテランのデザイナーでも難しいことです。デザイナーはより大きな問題を解決するために全体像から詳細を作り込んでいくトップダウン型のアプローチで考えることを要求されます。

●図6-2　トップダウンのアプローチ

これは、両者が扱う問題の性質の違いから生じるものです。エンジニアリングにおいては、「あるプラットフォーム上に置いて動作するものを作ること」が最優先です。そのためには、動作することが証明されている部品を使って大きなものを組み立てることが最も合理的な道です。

しかし、デザインとは、用意できる資源を使って、人間にとって価値があるものを生み出す行為です。それには、まず「人間にとって何が価値あるものなのか」を考える必要があります。全体像から考えはじめ、人間にとっての問題になるものを見つけて、それを取り除くためにUIの詳細を考え込んでいきます。

デザインの仕組み化で、両者の方向性を合わせる

デザイナーとエンジニアが考えるモノ作りのアプローチは真逆の方向なので、デザイナーが考えたデザイン・カンプがコンポーネント・ベースでのUI開発に適していない場合がしばしばあると思います。理想的なモノ作りは、人間にとって価値があるものを作ることです。エンジニアリングの目的も最終的にはそこにあります。

しかしながら、先述したように、「用意できる資源を使って作る」ということが重要です。資源には人件費も含まれますし、現在の技術の限界を考慮することも含まれます。Webアプリケーションで言えば、ユーザーがアプリケーションを動作させるためのコードや画像、動画などをダウンロードするコストも無限ではありません。使用することでスマホのキャリアの通信制限を越えてしまうようなアプリケーションは、誰も使いたくないでしょう。

それを考慮すると、じつはエンジニアとデザイナーの目的は結果的に同じです。しかし、どちらか片方のアプローチだけでは、使いやすいアプリケーションは作れません。エンジニアが得意とするボトムアップのアプローチだけでは、解決すべき問題の全体像を把握することが難しくなりがちです。かといって、デザイナーが得意とするトップダウンのアプローチだけでは、インターフェースの整合性が取れなくなり、結果的にユーザーにとって細かいところで使いづらいアプリケーションという印象を残してしまいます。

私たちは、両者のアプローチを尊重する必要があります。特にAtomic Designの場合は、デザインのワークフローも含めて開発フローを変えたほうが効果が大きいため、デザイナーとエンジニアが協業することが重要です。

6-2 デザインカンプとコンポーネント・ベース開発のかい離を解決する

デザインカンプから生まれやすい問題

デザイナーが作ったデザインカンプをベースに、エンジニアがUIをコンポーネント化していくと、「よく似ているけど少しだけ異なる」というコンポーネントがたくさん作成される場合があります。

多くのデザイナーは、ユーザー視点でアプリケーションのデザインを考えます。そのため、デザインカンプでは、より人間に近い視点から問題を解決するために作られます。ユーザーは大まかなレイアウトを目で確認して、少しずつ中にあるパーツに目を向けていきます。デザイナーも、大まかな構造から詳細へとデザインしていく傾向があります。

しかし、私たちが本書で学んできたコンポーネント・ベースでのUI開発は、先述したとおり、真逆のアプローチだと言えます。つまり、詳細から全体へと問題を捉え、パーツを先に作って、それらを組み合わせて全体を作り上げます。

全体から出発して詳細へと（トップダウンで）作られるデザインカンプは、詳細から出発して（ボトムアップで）全体を構築していくコンポーネント・ベースUI開発とすれ違いがちです。エンジニアリングは「ソフトウェアを動作させる」という問題を第1に抱えています。この問題解決を追求したうえで、使うことができる手段の組み合わせでアプリケーションが解決する問題に挑みますが、
デザインカンプは画面上でのユーザーの動き方を問題を解決することが第1です。それを解決した後に、ソフトウェアを動作させるという問題に取りかかることになります。

デザインカンプがソフトウェアを動作させるための問題を含めて問題を解決していれば理想ですが、多くの現場のワークフローでは時間をかけて作成したデザインカンプがエンジニアリングの問題を差し置いて作られてしまうことあります。その場合は、ソフトウェア上の設計的に無理をしてデザインに合わせるか、デザインカンプを差し戻すしかありません。後者は無駄な工数が発生していますし、前者も将来的に設計に無理をした帳尻合わせで膨大な工数が発生する可能性があります。

1つの問題を解決する手段は1つとは限りません。大抵の場合、どんな問題にも複数の解決手段を見つけることができます。しかし、デザインカンプは複数ある解決手段のう

ち1つしか表現できません。なぜならデザインカンプの場合、1つの問題を解決する際に全体から詳細へと問題解決されるので、詳細に関しては解決の手段にブレが生じる可能性があります。コンポーネント・ベースでのUI開発では、詳細から全体へと構成していくため、手段が統一されます。

既存のデザインのワークフローを活かす

コンポーネント・ベースでUIをデザインするメリットは理解できても、現実的には、デザイナーがパーツから先にデザインしてから全体を組み立てていくことは、かなり大変です。なぜなら、多くのデザイナーは全体から問題を俯瞰してからパーツをどのようにレイアウトしていくかを考えることに慣れているからです。「パーツを先にデザインする」といっても、「画面上でほかのUIパーツと一緒にレイアウトされたとき、そのパーツがどのように見えるのか」をイメージすることは、実力があるベテランのデザイナーであっても難しいことです。

この状態にあるうちにコンポーネント・ベースでUIデザインを進めても、デザイナーは本来の力を発揮することができません。こういったUIデザインに慣れていないデザイナーと協業するときは、既存のワークフローを活かし、ゆるやかにUIデザインにコンポーネントという概念を馴染ませていきましょう。

デザインカンプを活かすためのインターフェース・インベントリ

多くのプロジェクトでは、デザインカンプ・ベースのワークフローを採用しているでしょう。ここでは、デザインカンプを活かしてUIをコンポーネント化していく手段として、Brad Frost氏が提唱したインターフェース・インベントリというメソッドを紹介します。

インターフェース・インベントリは、アプリケーション上の既存UIに関する課題を見つけ出すためのアクティビティです。Web制作に関わる方は、Webサイト上の既存コンテンツを整理して課題を見つけ出すために、コンテンツ・インベントリというアクティビティを行ったことがあるかもしれません。インターフェース・インベントリはそのUI版です。インターフェース・インベントリでは、アプリケーションの全画面に実装されている既存のUIのスクリーンショットを取って、同じ役割を持っているものごとに適当なドキュメント上に並べます。

●図6-3　インターフェース・インベントリの画面

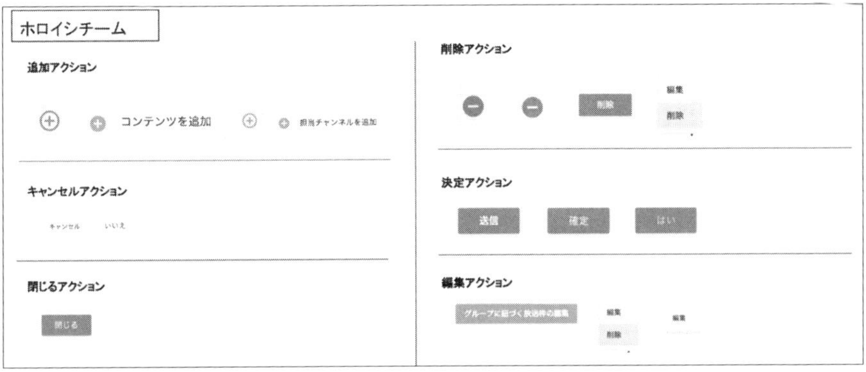

※AbemaTV内部で使用する管理アプリケーションのUIに対して、インターフェース・インベントリを実施した際の作業アウトプット。内部ツールということもありUIデザインの注力度合いは低かったが、ツールの効率化を図る作業の一環としてチームに分かれてインターフェース・インベントリを実施した。結果、「ユーザーにとって同じ種類のアクションなのにUIの挙動や色が違うと、ユーザーを迷わせてしまう」「特定の色が持つ役割の認識がメンバーによって微妙に異なっていて、UIのブレにつながっている」ことなどがわかった。

たとえば、同じ「投稿を削除する」役割を持ったボタンを並べたとき、以下のように見た目のパターンが複数あることを発見したとします。

- **ゴミ箱アイコンが付いているボタン**
- **×アイコンがついているボタン**

同じ役割に対して見た目が統一されていないと、ユーザーが「あれ、以前投稿を削除したときにクリックしたボタンと感じが少し違うけど、これクリックしても大丈夫かな？」と不安になる可能性があります。

また、インターフェース・インベントリでは、同じ役割を持ったUIを探すため、「そのUIの役割とは何か」を深く考えるきっかけになります。ユーザーにとっては、UIの種類が増えれば増えるほど、アプリケーションを使うために覚えなければいけないことが増えます。役割が非常に似ている2つのUIがあるのであれば、その役割を再考することで、見た目や使い勝手を統一でき、アプリを利用するための学習コストを少し軽減できることもあります。

このようにインターフェース・インベントリを行うと、アプリケーションのUIを役割ごとの見た目のブレを発見し、見た目と役割に統一性を持たせることができます。これを開発初期から、アプリケーションに実装する前のデザインカンプ上にあるUIに対して直接行うことで、デザインカンプ上にあるUIを随時コンポーネント化していきます。開発初期なので、デザインカンプ上のUIもそれほど多くないため、時間もかかりません。同時に、そのUIの役割や、それがデザイン上のどんな課題を解決するように作られているのかを言語化してコンポーネント・リストに記述しておきます。そして、徐々にコンポーネント・リスト上に整理されたUIを使ってデザインカンプを作るようにデザイナーに促します。この工程でデザイナーに、コンポーネント・リストとAtomic Designのコンポーネント設計の考え方にも慣れてもらいます。

6-3 長期の開発でコンポーネント・リストを死なせない工夫

コンポーネント・リストがプロダクトからかい離する原因

開発が長期に渡ると、プロジェクトが何度も架橋に入り、修羅場をくぐることになると思います。そんなとき、コンポーネント・リストはプロダクトより優先順位が低いので、更新が後回しになることがよくあります。1度そうなると、ただでさえ忙しいのに、コンポーネント・リストをプロダクトの現状を反映させることもひと仕事となるため、更新することが億劫になってしまいます。最後には、コンポーネント・リストを更新することを諦めてしまいます。

また、徐々に更新されなくなったコンポーネント・リスト上のUIは、最新のプロダクトに実装されているUIとかい離してしまっているでしょう。更新されていないコンポーネント・リストを参照しても、そこにある情報が正しいとは限らないため、いずれ誰も参照しなくなってしまいます。

ソースコードを共有するしくみで開発の効率化と同期を図る

コンポーネント・リストがプロダクトからかい離する1番の原因は、コンポーネント・リストを開発している時間を取れないことでしょう。しかし、時間がなくてもプロダクトは開発はしなければいけません。UIコンポーネントはプロダクトで利用するために開発するので、UIコンポーネント自体を開発することは必要な工数です。

コンポーネント・リストを追加工数なしで開発するには、UIコンポーネントをモジュール化できるしくみを用意することが重要です。モジュール化できれば実装したUIコンポーネントをコンポーネント・リストとプロダクト両方からモジュールとして読み込ませるだけです。

モジュール化を実現するためには、ChromeやSafariを始めとしたモダンなWebブラウザではES Modulesというモジュール機能が利用できます。古いWebブラウザもサポートする必要がある場合は、本書のサンプルのようにwebpackやBrowserifyに代表されるモジュール・バンドル・ツールを使いましょう。Babelのようなツールで変換することを前提にECMAScriptを使うことでES Modulesの記法で実装をモジュール化できるため、いずれサポート対象全てのWebブラウザでES Modulesを利用できるようになったとき、モジュール・バンドル・ツールやBabelを介すことなくユーザーにソフトウェアを提供できるようになります。

平行実装で開発を加速する

Gitにおけるコンポーネント・リスト・ドリブン開発

プロダクトにUIを組み込む実装より先に、コンポーネント・リストにUIを実装していき、そこに溜められたUIを組み合わせていく開発手法をコンポーネント・リスト・ドリブン開発と呼びます。コンポーネント・リストとプロダクトでソースコードを共有すると、事実上、1画面を複数人で平行実装することが可能になります。

ソースのバージョン管理において、Gitを使っているプロジェクトは多いでしょう。UIの平行実装を行う場合、1コンポーネントごとにブランチを切って開発することをおすすめします。GitHubなどWebホスティングサービスを利用している場合、作業ブランチから統合ブランチへのマージ作業では、1コンポーネントごとにリクエスト（GitHubであればプル・リクエスト）を送りましょう。そうすると、より大きなコンポーネントの実装タスクをブロックすることがなくなるので、平行開発がしやすくなります。もちろん、コンポーネント単位のプル・リクエストであれば、ソースの変更範囲が小さくなり、レビュー・コストが下がるのもメリットです。

先にモック・コンポーネントを実装する

コンポーネントごとにプル・リクエストを送るとはいえ、実装難易度が高いコンポーネントの場合、実装に時間がかかり、そのコンポーネントを使うコンポーネントや画面の実装タスクをブロックしてしまう可能性があります。そういったブロッキングを発生させないように、先にUIコンポーネントのモックを作って、プル・リクエストを送りましょう。モックの機能としては、そのUIコンポーネントにPropsやchildrenなどのインターフェースが与えられたときにダミー・データを表示するだけで十分です。

```
const Header = ({ someProp, children }) => (
  <div>ヘッダーです。someProp: ${someProp}, children: ${children} を受け取ります。
</div>
);
```

こうしておけば、モックとはいえ、Headerを使うコンポーネントの実装に入ることができます。この時点でのプル・リクエストのレビュー対象は、定義したインターフェースが適切かどうかです。今回のようなHeaderコンポーネントであれば、アプリケーションのヘッダー部分のコンポーネントだったりするでしょう。コンポーネントのルート要素がブロック要素になってさえいれば、レイアウト的なモックにもなります。もちろん、コンポーネントがインライン要素であったり、レイアウトのモッキングに最低限必要なCSSがあれば、それらも追加しましょう。

小規模プロダクトにおけるコンポーネント・ベース開発のメリット

コンポーネント・ベースでのUI開発は、プロダクトが大規模になればなるほどメリットが大きくなります。しかし、小規模プロダクトにおいてもメリットがあります。

プロダクトを超えて使えるコンポーネントを作る

Atomic DesignのようなUIコンポーネント設計を行う場合、Atoms層やMolecules層などの小さいコンポーネントは抽象的なものになります。これらの抽象的なコンポーネントは、さまざまな画面で再利用できるように設計されているので、プロダクトに依存する部分が非常に小さくなるはずです。そのため、別のプロダクトでも少しの修正を追加するだけで、同じコンポーネントを再利用できるケースが多くあります。

また、Atomic DesignによるUI設計では、コンポーネントがレイヤーごとに切り出されています。そして、コンポーネントが依存する方向が、「より大きいコンポーネント→小さいコンポーネント」と決まっているため、既存のプロダクトで使っているUIコンポーネントを別のプロダクトで使う場合、かんたんに必要なコンポーネントだけ切り出すことができます。たとえば、あるMolecules層コンポーネントを切り出す場合、依存するAtoms層コンポーネントと一緒に新プロダクトに移行するだけで再利用できます。

クロス・プラットフォームに対応しやすい

Webアプリケーション開発の場合、プロダクト自体は小規模であっても、複数種類のWebブラウザでの動作をサポートする必要があるでしょう。世の中にはさまざまなWebブラウザが存在します。また、IoTなどの新しい端末では、アプリケーションを動かすプラットフォームとしてWebブラウザが搭載されているケースが増えています。

よくあるWebアプリケーション開発の現場では、インターネット上で利用比率が高いWebブラウザをサポート対象にすることが多いと思います。たとえば、2016年9月〜2017年9月の日本で3%以上の利用比率があるデスクトップ用のWebブラウザを対象にすると、Chrome、Internet Explorer、Firefox、Safari、Edgeがサポート対象候補になります。この場合、5種類のWebブラウザでアプリケーションが正しく動作するかテストすることになるため、テスト工数は5倍になります。アプリケーションが小規模であっても、運用を考えると非常に大変です。

UIがコンポーネント化されると、こういったクロス・プラットフォーム・テストの工数を下げることにも貢献します。第5章で説明したように、さまざまな単体テストがUIに対して実行できるため、特定のプラットフォームでのテストでUIの不具合を発見した場合、プラットフォームに依存した不具合なのかどうかを素早く切り分けることができます。また、Webブラウザごとに異なる見た目に関しても、Webブラウザ・エンジンごとに継続的なビジュアル・リグレッション・テストを走らせることで、「リリース後にあるWebブラウザでだけ見た目が崩れてしまっていた」などの事故を防ぐことができます。

レスポンシブ・テストの工数を減らす

現在は、Webを閲覧する手段はデスクトップよりもモバイル端末のほうが多いため、多くのWebアプリケーションでは両方をサポートすることも多いでしょう。日本でモバイル端末全体の3%以上の利用比率があるものを対象とすると、モバイルSafari、Chrome、Android標準ブラウザが対象になります。日本市場以外も視野に入れれば、世界の1割が利用しているUC Browserなども対象になり、ブラウザ数はさらに増えます。

デスクトップに加えてモバイル端末もサポートすることになると、レスポンシブ・デザインやアダプティブ・デザインといったデザイン手法を使って、ユーザーにアプリケーションを提供します。たとえば、レスポンシブ・デザインでWebアプリケーションを実装した場合、メディアクエリのブレイクポイントごとにレイアウトをテストするケースが多いでしょう。本書で説明したBackstopJSなどのビジュアル・リグレッション・テスト用のツールでは、ブレイクポイントごとにスクリーンショットを取りテストができるものもあります。

Atomic DesignにしたがってUIコンポーネント設計をした場合、Templates層コンポーネントに、各画面のレイアウトがコンポーネント化されているはずです。そのため、Templates層コンポーネントごとにBackstopJSで自動テストを実行するようにして、あるブレイクポイントでだけ予期しない崩れが発生しているケースを早期に発見できるようになります。

このように、運用において継続的に行うクロス・プラットフォーム・テストやレスポンシブ・テストは、小規模プロダクトの場合もコストが馬鹿になりません。しかし、コンポーネントとして設計されたUIでは、これらのテストの大部分を自動化できるため、人力でテストする物量を大幅に減らすことができます。

6-6 Webフロントエンドエンジニア以外の関心を引く

ここまで説明したとおり、コンポーネント・ベースでのUI開発フローは、直接コードを書くWebフロントエンドエンジニアだけではなく、デザイナーやユーザー、アプリケーション自体にとってもメリットがあるものです。しかし、現実の開発現場ではメリットがなかなか認識されづらいため、プロジェクトに導入できない原因になることもあります。この節では、どのようにコンポーネント・ベースのUI開発フローのメリットをチームに理解してもらい、Webフロントエンドエンジニア以外の関心を引く存在に導くかという課題について話します。

まずはコンポーネント・リストを作って共有する

第4章でも紹介したように、コンポーネント・ベースでのUI開発フローでは、実装したUIコンポーネントを、コンポーネント・リスト上にどんどん追加します。このコンポーネント・リストを開発の初期段階からチームに共有できるしくみをつくり、チーム内の認知を図りましょう。たとえば、最近ではアジャイル開発を行っているプロジェクトも多く、スクラムのようなフレームワークを使った開発手法を採用しているケースが多いです。スクラムであれば、1週間や2週間の間にその期間に作った成果物を共有する機会があるので、そういった機会に定期的にチームにコンポーネント・リスト上での成果物を共有することが重要です。

もちろん、初めてコンポーネント・リストを見せる際には、以下のようなメリットについても説明しましょう。

- **リストのパーツを組み合わせて作ると早く開発できる**
- **再利用できるUIがすぐにわかる**
- **再利用するパーツが増えると不具合も減る**
- **みんながデザインのパーツを一覧できる**
- **デザインのトーン&マナーがブレない**

コンポーネント・リストは、実際に使ってみないと便利さがわからないものです。そのため、特にエンジニア以外のチームメンバーにメリットを説明するときは、できる限りイメージしやすい言葉で説明するとよいでしょう。「エンジニアだけではなく、チーム全体とプロダクトにメリットがある」という認識を共有することが大事です。

デザイン課題をコンポーネント・リストで共有する

コンポーネント・リストは、チームへの成果物共有の場だけではありません。デザイナーとエンジニアがUIについて議論する際に、コンポーネント・リストを参照するようにすることで、デザインの課題を俯瞰して議論することができます。共有されたコンポーネント・リストは、プロダクトのUIデザインがコンテンツから切り離された状態で管理されているので、デザイン上の課題はここに集っているはずです。

デザイナーを含めた開発者は、プロダクト上でデザインの課題を発見することが多いと思います。その課題をプロダクト上で議論してしまうと、画面で今見ている特定の課題にだけ注目してしまうため、目先の問題だけを解決しようとして、そのUIが意図する本来の役割を逸脱した解決案にたどり着いてしまいがちです。しかし、問題となっているUIを画面とは切り離し、Storybookのようなコンポーネント・リストからさまざまなストーリーを俯瞰すると、そのUI自体が持っている役割における根本的な問題へと視点が移ります。ときには、まったく別のアプローチによる解決案が思いつくこともあります。

◉ パターン・ライブラリを兼ねたコンポーネント・リスト

あるUIデザインの課題に対する解決手段は、ときに複数あります。そのため、複数のデザイナーが担当していたり、1人の同じデザイナーであっても気分や体調、成長によっては、「同じデザイン課題に対して、別の手段で解決してしまう」ということが起こり得ます。これを防ぐため、UIデザインに関する課題を解決したときは、コンポーネント・リストの説明欄や備考欄に、その課題と解決方法を記述しておきましょう。こうすることで、UIデザインの解決パターンをコンポーネントと一緒に管理できるので、同じ課題に対する解決手段を統一できます。デザイナーだけではなく、UIデザインの意図が明示的に言語化されているため、エンジニア含めたチーム全員がデザインの解決手段のブレを指摘したり、一緒に解決手段を考えられるツールとなります。

デザインの課題に対する解決手段のパターンを管理しているツールを、パターン・ライブラリと呼ぶこともあります。コンポーネント・リストをパターン・ライブラリを兼ねたツールへと成長させられれば、チームにとってより有用なツールになります。

エンジニア以外が実装に参加できる環境を作る

第2章でも説明したように、コンポーネント化されたUIは、コンポーネント外部に影響を与えないようにカプセル化されているので、UIコンポーネント内部だけで世界が完結します。この性質のおかげで、オンボード前の新規参入エンジニアが早期に実開発に入れます。しかし、それだけではなく、同時に「エンジニア以外のチームメンバーが実際にコードを修正できる」という可能性もあります。

たとえば、デザイナーが、1度実装されたUIを見て、「余白が少し窮屈に感じる」「色味のバランスがおかしい」という場合、修正をエンジニアに依頼することになるでしょう。開発が中盤以降になると、アプリケーションの見た目に関する細かい修正が、大量に発生します。こういった見た目に関する修正は、言葉による指示が難しいため、基本的にデザイナーとエンジニアが一緒に画面を見ながら意図を確認しないと、意図しない修正が発生するなど、コミュニケーション・コストが高くなるケースが多いです。もし、デザイナーが自分で直接余白の値やカラーコードを編集できれば、このコミュニケーション・コストを0にできます。

また、アプリケーション上のある文言表現をより魅力的なものに変更したい場合や、クライアントから変更依頼があったりする場合もあるでしょう。1つや2つの文言修正であれば、エンジニアに文言修正を依頼したほうが早く済みます。しかし、プロジェクトが大きくなってくると、専属のグロースハック・チームがいて、大小さまざまな改善を日々くり返すケースもあるかもしれません。このとき、プランナーやディレクター、もしくはグロースハッカー自身が、エンジニアに頼らずに該当の文言を修正することができれば、エンジニア側は、修正分のコード・レビューをするだけで済みます。つまり、コミュニケーション・コストを最小限に抑えて、改善案のリリースをすばやくくり返すことができます。

◉ コードの知識とGitHubの使い方をレクチャーする

デザイナーなどエンジニア以外がコードを直接触るのは、かんたんではありません。かんたんな修正であっても、HTMLなど少々コード自体に関する知識やGitHubなどの使い方を覚える必要もあります。しかし、修正に必要な知識は限定的なので、それほど難しくありません。

AbemaTVの開発では、Atomic Designをベースとしたコンポーネント・リストを作り、デザイナーやディレクターにコードを直接編集してもらい、GitHub上でプル・リクエストを出してもらうようにしていました。UIコンポーネントのコードの場所や、GUIのGitHub Desktopなどの使い方、自身が行った変更をローカル環境で確認する方法などを必要最低限レクチャーする必要はありましたが、数回の実践を通して1日とかかることなく使い方を覚えてもらえました。

適切にコンポーネント化されたUIであれば、エンジニアでなくても限定的な範囲の知識を覚えるだけでコードを編集することができます。特に、炎上中のプロジェクトであれば、そのことがもたらすコミュニケーション・コスト削減のインパクトは図り知れないでしょう。

6-7 サービスに合わせてAtomic Designをカスタマイズする

フレームワーク利用には、「経験がない人間でも、先人たちが培った知恵を活用できる」という利点があります。Atomic DesignもシステマティックにUIをデザイン（設計）するためのフレームワークです。しかし、フレームワークは知恵を活用するものであると同時に、自由を制限するものでもあります。なぜなら、フレームワークでは、一部を制限することによりUIデザインの統一性や拡張性を生み出すからです。どんなフレームワークにも言えることですが、利用においてはメリットとデメリットがあり、開発するサービスにおいて利用するメリットが勝っている場合にのみ使うべきです。

Atomic Designの良いところだけを取り入れる

Atomic Designのような概念・設計思想に関するフレームワークの場合は、その概念の一部だけを借用することも可能です。つまり「良いところだけを取り入れる」という考え方です。たとえば、AbemaTVのWeb版アプリケーションの開発では、Atomic Designにそのまま則るのではなく、Atoms層、Molecules層、Organisms層のみを設計に取り入れました。Atomic Designの本格的な活用が初めてだったので、試験的に採用しながらも、「慣れていない状態で階層が多くなるとかえって複雑性が増し、いつのまにか破綻する」と判断したからです。開発の初速が著しく下がることを懸念していました。

また、私が携わる別のUI開発では、Atomic Designのすべての階層を採用していますが、階層の名前はサービスに合わせたわかりやすいものに変更しています。サービスの規模や特性に応じて、デザイナーとのコミュニケーションなど総合的に判断し、開発の効率化を求めました。

サービス／開発とフレームワークの相性をきちんと見極める

フレームワークは、特定の問題を解決する道具でしかありません。解決したい問題に対するフレームワークのアプローチが気に入った場合、ますは試験的に利用を開始してみましょう。細かいメリットやデメリットが判別できないうちは、フレームワークが提唱するやり方に完全にしたがってみることをおすすめします。そのうち、フレームワークとサービスと相性が良い部分と悪い部分が見えてくるはずです。そのときは、フレームワークを自身のサービスに合わせてカスタマイズするとよいでしょう。ときには利用自体をやめるのも決断の1つです。合わないフレームワークを使い続けるほど、生産性を下げることはありません。

カスタマイズする際には、「フレームワークがそもそも解決しようとしている問題が解決できなくなる」という本末転倒なことにならないように注意しましょう。本書では、Atomic Designの各階層の関心についての例（Atoms=直接的なインターフェースに対する関心、Molecules=ユーザー・タスクに対する関心など）を示しました。しかし、サービスによっては、関心のグループ分けがこの通りである必要はないかもしれません。Atomic Designは、あくまで「UIデザインにおける関心の分離を、階層化することによって解決するフレームワーク」なので、このアプローチが有効な限りは、カスタマイズしてサービスにとってより使いやすいものにしていくことをおすすめします。

6-8 サービスのフェーズに応じて進化するデザイン・システム

フェーズによってサービスの課題は異なる

最後に、デザイン・システムという概念について説明します。現在私が携っているAbemaTVでは、規模が大きくなるにつれ、サービス・リリース時は意識していなかったデザインにおける課題が出てきました。たとえば、リリース当初はWebアプリケーション、iOSアプリ、Androidアプリしかありませんでしたが、サービスを展開するプラットフォームや端末の種類が増えてきたので、プラットフォーム間のデザインの統一性を保ちにくくなってきたのです。また、デザインする対象となるプラットフォームの数に対して、「デザイナー」という人的リソースが不足することも課題となっています。

サービスは、フェーズによって異なる課題を抱えます。私たちのサービスは、「デザインをスケーラブルな（拡張性が高い）ものにしなければ、今後さらなるサービスの成長に対応できない」という課題を抱えています。それは、デザインという属人化しがちなタスクをできる限り仕組み化していくことで、今あるリソースでもサービスの成長に効率的に貢献していきたいという想いに繋っています。

デザインを仕組み化する

デザインを仕組み化することを、デザイン・システムの構築と呼んでいます。「デザインの仕組み化」といっても、デザイナーが必要なくなることを目指しているわけではありません。デザインを複数のプラットフォーム間で適用できるように、ルールやガイドラインを徐々に整備することで、以下のようなことを実現するのが目的です。

- **担当デザイナーが交代したとしても、最低限のデザイン品質を保つ**
- **エンジニアやほかの職種の人間が。デザイナーとコミュニケーションしやすくする**

第４章で説明した「基本的な視覚デザイン要素の階層化アーキテクチャ」もその一環です。プラットフォーム間でサービスのトーン&マナーを統一したり、第５章で説明したようにインクルーシブなアクセシビリティを保つことを目的として、デザイン・システムの一部として機能します。

フェーズに応じてデザイン・システムを進化させていく場合は、運用しながら仕組み化を行うため、一夜にして完成することはありません。少しづつ方向性を決めて、確実に効果が出そうな部分を優先的に仕組み化していくことが重要です。

コンポーネント・リストからデザイン・システムを拡張する

本書では、コンポーネント・リストを使ったUI開発手法を説明してきました。じつは、コンポーネント・リストもデザイン・システムの一部といえます。コンポーネント・リストもチームに共有することでデザイン作業を効率化するための仕組みとなったり、あるいは実装が難しいデザインカンプを再現することによる技術的な負債を生まないための仕組みとしても働くため、これもデザイン・システムの一部と言えます。UIの自動テストの仕組みなども同様です。

ほかにも世の中にはデザイン・システムを構築するための手段として、よく使われるものにスタイルガイド、パターンライブラリなどがあります。

◉ スタイルガイドで仕組み化する

一般的に、以下のようなルールを設定したものをスタイルガイドと呼びます。

- **ロゴの使用規定**
- **ブランディングに関するガイドライン**
- **編集に関するガイドライン**
- **コーディングのガイドライン　など**

本来はデザイナー寄りのツールとも言えますが、Web業界ではWebフロントエンド・エンジニア起因で導入されることも多く、デザイン要素だけではなくコード・スニペットを含めて、コンポーネント・リストのような使われ方をします。

たとえば、「Dropbox」のブランディングは、スタイルガイドとして仕組み化されている代表例です。

- **「Dropbox」のブランディング**
  https://www.dropbox.com/branding/

パターン・ライブラリで仕組み化する

パターンというのは、デザイン上の特に何回もくり返し発生する問題を解決するための「説明」です。この「説明」をまとめたドキュメントを、パターン・ライブラリといいます。何か課題に対して「どういうときは何をするべきで、何をしてはいけないか」を説明しているものを指します。パターンの説明にも具体的なコードスニペットなどを含む場合が多く、コンポーネント・リストとして使用されている例が多いようです。

たとえば、Yahoo!のパターン・ライブラリは、その代表例です。

- **「Yahoo!」のパターン・ライブラリ**
  `https://developer.yahoo.com/ypatterns/navigation/accordion.html`

サービスが生まれたてのフェーズでは、本書のコンポーネント・リストのように、「UIコンポーネントを一覧するためのショー・ケース」としての機能だけで十分だと思います。しかし、サービスが成長した適切なフェーズでは、スタイルガイドやパターン・ライブラリのような特徴をコンポーネント・リストに取り入れていき、サービスの成長を促すより良いデザイン・システムとして進化させていくことをおすすめします。

さくいん

● **著者プロフィール**

五藤 佑典（ごとう ゆうすけ）

株式会社サイバーエージェント所属のエンジニア。米国カリフォルニア州立大学サンバナディーノ校でグラフィックデザインを学んだ後、大手IT会社にてマーケティングとデザイン業務に従事。現職でエンジニアに転向。「AbemaTV」にてUI設計に携わり、実装レベルで初めてAtomic Designを導入した。現在は、技術領域を動画へと広げて、「AbemaTV」の動画技術戦略に携わり、国内外で動画事業における技術研究を行っている。

・Twitter: @ygoto3_
・GitHub: ygoto3

●お問い合わせについて

本書に関するご質問は、FAX か書面でお願いいたします。電話での直接のお問合わせにはお答えできませんので、あらかじめご了承ください。また、下記の Web サイトでも質問用フォームを用意しておりますので、ご利用ください。

ご質問の際には、以下を明記してください。

・書籍名　・該当ページ　・返信先（メールアドレス）

ご質問の際に記載いただいた個人情報は質問の返答以外の目的には使用いたしません。

お送りいただいたご質問には、できる限り迅速にお答えするよう努力しておりますが、お時間をいただくこともございます。

なお、ご質問は本書に記載されている内容に関するもののみとさせていただきます。

●問い合わせ先

宛先：〒162-0846
東京都新宿区市谷左内町 21-13
株式会社技術評論社　書籍編集部
「Atomic Design」係
FAX：03-3513-6183
Web サイト：http://gihyo.jp/book/2018/978-4-7741-9705-0

Atomic Design（アトミックデザイン）
～堅牢（けんろう）で使（つか）いやすい UI（ユーアイ）を効率（こうりつ）よく設計（せっけい）する

2018 年 5 月 9 日　　初　版　第 1 刷発行

著　者　五藤佑典
発行者　片岡　巌
発行所　株式会社技術評論社
　　　　東京都新宿区市谷左内町 21-13
電　話　03-3513-6150　販売促進部
　　　　03-3513-6166　書籍編集部
印刷 / 製本　日経印刷株式会社

定価はカバーに表示してあります。

ISBN978-4-7741-9705-0 C3055
Printed in Japan

カバーデザイン：キタダデザイン
本文デザイン／レイアウト：SeaGrape
図版作成：五藤碧
編集：西原康智